Electromagnetics Cartoon

전자기학이라면 이제 만화로 공부하세요

조재경 지음 / 전정미 그림

Electromagnetics Cartoon

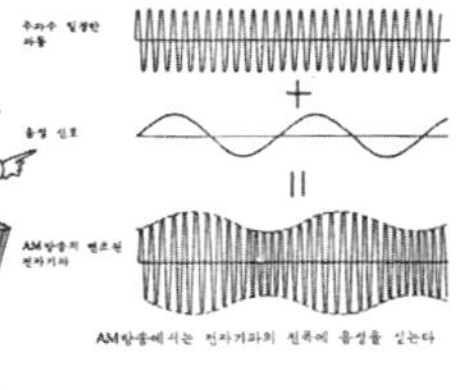

Electromagnetics Cartoon

KYOWOOSA 教友社

전자기학을 펴내면서

전자기학은, 질량을 가진 입자들의 거동을 다룬 고전역학의 뒤를 이은, 전기를 띤 입자들의 거동에 관한 학문입니다. 전기를 띤 입자는 전기를 띠지 않은 입자들과는 다르게 거동합니다. 전기를 띤 입자가 정지해 있으면 전기장이 발생되고, 운동하면 자기장이 발생되며, 가속도 운동을 하면 전자기파가 발생합니다. 전자기파는 전기장과 자기장이 교대로 진동하며 진행하는 파동입니다. 따라서 전자기학의 주인공은 전기를 띤 입자이며, 무대 장치로는 전기장과 자기장이 있다고 할 수 있습니다.

이 책에서는 눈에 보이지 않는 전기를 띤 입자의 전기장과 자기장 하에서의 거동, 그리고 전자기파의 거동을 만화를 통하여 가시화하려고 노력했습니다. 가능한 한 전자기학의 개념들을 쉽게 파악할 수 있도록 집필하였으며, 또한, 여러 가지 개념들을 최대한 이해하기 쉽도록 만화로써 눈에 보이게 하는데 많은 시간을 할애했습니다.

이 책은 원래 대학교 2학년생의 전공과목인 전자기학의 교재로 집필되었으나, 대학을 졸업하고 현장에서 근무하면서 전자기학의 개념들에 대해 의문을 가지

시는 분들, 높은 수준의 공부를 원하는 고등학생들에게도 유용할 것으로 생각됩니다. 본문에는 전자기학의 개념들을 설명했으며, 퀴즈를 통하여 계산 예에 접할 수 있게 했고, 부록에는 벡터 미분학의 핵심 개념들을 정리했습니다.

이 책이 독자 여러분들의 전자기학에 대한 흥미를 유발하여 전자기학 공부의 동기를 제공하고 또한, 전자기학에 대한 이해의 폭을 넓히는데 도움이 된다면 큰 기쁨이겠습니다.

출판에 힘써 주신 도서출판 교우사 오판근 사장님, 바쁜 와중에도 정성스럽게 만화를 그려준 전정미양, 그리고 이 책이 나오기까지 수고해주신 모든 분들께 깊은 감사를 드립니다.

2008년 4월

진주에서 조재경

Contents

1

전자기학이란?

전기를 띤 것들은
모두 내 방정식을 따른다!
우하하하
$\frac{\rho_e}{\varepsilon} = \nabla \cdot E$
$J = \nabla \times H$
$0 = \nabla \cdot H$
$-\mu \frac{\partial H}{\partial t} = \nabla \times E$
나? 맥스웰

전자기학이란
전기를 띤 **입자**들에 대한
학문이야.
찌릿
전기를 띤 입자가 움직이지 않고
가만히 있으면 **정전기**가 생기고,
정전기장
찌릿
움직이면 **전류**와
그 주위에
자기장이 생기지.
전류
자기장
또, 전기를 띤 입자가
가속도 운동을 하면
전파가 발생한단다.
전파
끼익~
전자기학이란 이와 같은 정전기,
전류, 자기와 전파에 대해서 배우는
과목이야.
전자기학?
걱정마!
전기장,
자기장,
전자기파

2

전기장

2_1. 정전기

호박을 그리스어로
elektron이라고 해요.
이것으로부터
electricity(전기), electron(전자),
electronics(전자공학)라는
단어가 생겼지요.

물질 속의 플러스와 마이너스의 전하(전기의 양)의 총량은 평소에는 같아서 물질은 전기적으로 중성이란다.

그런데 두 물질을 마찰하면 한 물질에서 다른 물질로 전자가 이동하거든.

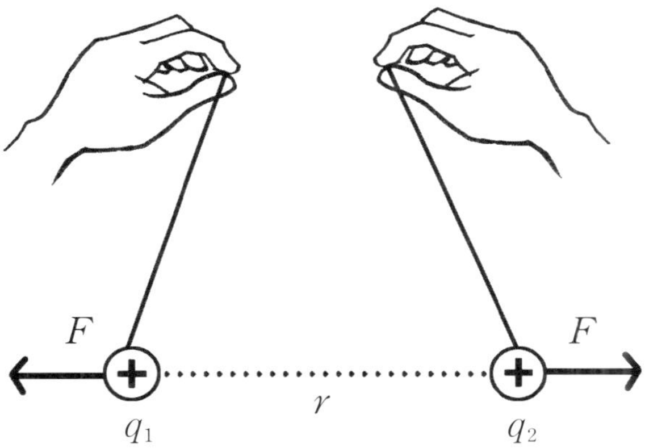

쿨롱의 법칙

$$F = \frac{1}{4\pi\varepsilon_0}\frac{q_1 q_2}{r^2}$$

F : 전기력(뉴턴)
q_1, q_2 : 두 구의 전기량(쿨롱)
r : 두 구 사이의 거리(미터)
ε_0 : 진공의 유전율

작용하는데, 보통 가벼운 물체가 전기를 띠고 있을 때에는 전기력이 훨씬 크단다.

따라서 가벼운 물체의 경우 보통 만유인력은 무시한다.

퀴즈1

자동차 문 손잡이 또는 금속 문고리를 만질 때
따끔따끔한 정전기 또는 스파크는 왜 일어날까요?

퀴즈답

우리가 걸으면 구두 바닥과 땅바닥(실내바닥) 사이에 마찰이 일어나 우리 몸에 정전하(움직이지 않는 전하)가 생긴다. 이 정전하는 손가락 끝 같은 뾰족한 곳에 모여있다가, 공기를 통하여 금속 손잡이로 전달(방전)되기 대문이다.

정전기는 수천 볼트인 경우도 있으나, 내포된 전하량이 아주 작아서 작은 놀람 외에는 심각한 해는 없다.

전자와 양전자(질량과 전하량이 전자와 같으나 전하량의 부호만 양으로 다른 입자)가 진공 중에 떠서 정지해 있을 때, **양전자**가 **전자**에 미치는 전기력(인력)을 계산해 보세요.
또 양전자가 전자에 미치는 만유인력을 계산하여 전기력과 비교해보세요.
단, 전자와 양전자는 각각 점 $P(1,\ -1,\ 0)$와 점 $Q(0,\ 1,\ -1)$에 있고, 하전량은 각각 $-1.60\times10^{-19}\,C$, $+1.60\times10^{-19}\,C$, 질량은 둘 다 $9.11\times10^{-31}\,kg$입니다.

전기력을 계산하기에 앞서, 우선 쿨롱의 법칙에 대해 생각해보자.
전기력은 쿨롱의 법칙에 의하면

$$F=\frac{1}{4\pi\varepsilon_0}\frac{q_1q_2}{r^2}$$

이라고 앞에서 배웠으나, 실제로는 전기력은 크기 (윗 식의 F)와 방향[$\boldsymbol{r}_{12}$벡터와 같은(반발력) 또는 반대 (인력)방향]을 갖는 벡터량이므로
쿨롱의 법칙을 보다 정확하게 쓰면

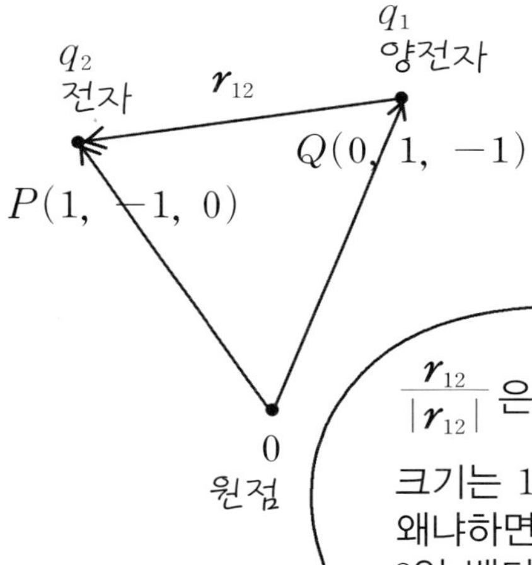

$$\boldsymbol{F}_{12}=\underbrace{\frac{1}{4\pi\varepsilon_0}\frac{q_1q_2}{r_{12}^2}}_{\text{크기}}\cdot\underbrace{\frac{\boldsymbol{r}_{12}}{|\boldsymbol{r}_{12}|}}_{\text{방향}}$$

$\dfrac{\boldsymbol{r}_{12}}{|\boldsymbol{r}_{12}|}$ 은 방향은 $\boldsymbol{r}_{12}$벡터와 같고
크기는 1인 단위벡터이다.
왜냐하면, 예를 들어 크기가 3인 벡터 $\boldsymbol{a}$를

$\vdash\!\!\!-\!\!\!+\!\!\!-\!\!\!+\!\!\!\longrightarrow\ \boldsymbol{a}$

그 크기 $3(=|\boldsymbol{a}|=a)$ 로 나누면

$\vdash\!\!\!\longrightarrow\!\!\!+\!\!\!-\!\!\!+\!\!\!\longrightarrow\ \dfrac{\boldsymbol{a}}{|\boldsymbol{a}|}$

방향은 같고 크기가 1인 벡터가 되기 때문이다.

방향을 나타내기 위하여 단위 벡터를 곱해야 하는 이유는? 만약 단위 벡터가 아닌 벡터를 곱하면 크기마저도 곱하는 것이 되므로 힘의 크기가 변해버려서 곤란하기 때문이다.

$\boldsymbol{F}_{12}$는 q_1, q_2가 둘 다 양 또는 음이면 q_1과 q_2의 곱이 양이 되어 $\boldsymbol{r}_{12}$와 같은 방향(반발력)이 되고, q_1과 q_2가 반대 부호이면 그 곱이 음이 되므로 $\boldsymbol{r}_{12}$와 반대 방향(인력)이 된다.

여기서 단위 벡터란 $\dfrac{\boldsymbol{r}_{12}}{|\boldsymbol{r}_{12}|}$

$\boldsymbol{r}_{12}$의 방향은 q_1에서 q_2

이제, 양전자와 전자 사이에 작용하는 정전기력을 쿨롱의 법칙을 이용하여 구해보자. 앞의 그림에서 $\boldsymbol{r}_{12}$는

$$\boldsymbol{r}_{12}=\overrightarrow{OP}-\overrightarrow{OQ}=(1,\ -1,\ 0)-(0,\ 1,\ -1)$$
$$=(1,\ -2,\ 1)=\boldsymbol{i}-2\boldsymbol{j}+\boldsymbol{k}$$

$\boldsymbol{i}$, $\boldsymbol{j}$, $\boldsymbol{k}$는 x, y, z축의 축벡터(단위벡터)

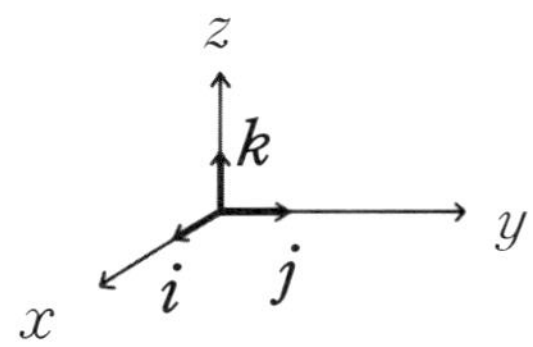

그러므로 $\boldsymbol{r}_{12}$의 크기 r_{12}는

$$r_{12}=|\boldsymbol{r}_{12}|=[(1)^2+(-2)^2+(1)^2]^{\frac{1}{2}}=\sqrt{6}\ cm$$

한편, ε_0는 진공의 유전율로

$$\varepsilon_0=\frac{1}{36\pi}\times10^{-9}\ F/m$$

이고, q_1, q_2는 양전자와 전자의 하전량이므로

$$q_1=1.60\times10^{-19}\ \ C,\ q_2=-1.60\times10^{-19}\ \ C$$

이 값들을 대입하면, 전기력 $\boldsymbol{F}_{12}$ 는

$$\boldsymbol{F}_{12}=\frac{1}{4\pi\dfrac{1}{36\pi}\times10^{-9}F/m}\ \frac{(-1.60\times10^{-19}C)(1.60\times10^{-19}C)}{(\sqrt{6}\ m)^2}\ \frac{(\boldsymbol{i}-2\boldsymbol{j}+\boldsymbol{k})}{\sqrt{6}\ m}$$

$$=-3.84\times10^{-29}\left(\frac{\boldsymbol{i}-2\boldsymbol{j}+\boldsymbol{k}}{\sqrt{6}}\right)N$$

그리고 전기력의 크기 F는

$$\boldsymbol{F}_{12}=|\boldsymbol{F}_{12}|=\frac{1}{4\pi\varepsilon_0}\ \frac{q_1q_2}{r_{12}^2}\cdot\frac{|\boldsymbol{r}_{12}|}{|\boldsymbol{r}_{12}|}=\frac{1}{4\pi\varepsilon_0}\cdot\frac{q_1q_2}{r_{12}^2}$$

$$=-3.84\times10^{-29}\,N$$

$\boldsymbol{F}_{12}$가 음이므로 $\boldsymbol{F}_{12}$는 인력이다.

앞의 식에서 $|\boldsymbol{r}_{12}|=r_{12}$ 이므로,
쿨롱의 법칙을 다음과 같이 쓰는 경우도 있다.

$$\boldsymbol{F}_{12}=\frac{1}{4\pi\varepsilon_0}\frac{q_1q_2}{r_{12}^3}\boldsymbol{r}_{12}^3$$

다음으로 양전자와 전자 사이에 작용하는 만유인력을 계산해보자.
뉴턴의 만유인력 법칙을 벡터를 이용하여 제대로 쓰면, 쿨롱의 법칙과 유사하게, 다음과 같은 식이 된다.

$$\boldsymbol{F}=-G\frac{m_1m_2}{r^2}\frac{\boldsymbol{r}}{|\boldsymbol{r}|}$$

여기서, G는 만유인력 상수로
$G = 6.670\times10^{-11}\,N\,m^2/kg^2$
이고, m_1, m_2 는 전자와 양전하의 질량이므로
$m_1=m_2 = 9.11\times10^{-3}\ kg$

이며, r과 $\boldsymbol{r}$은 전기력에서와 마찬가지로

$r=\sqrt{6}m$
$\boldsymbol{r}= \boldsymbol{i}-2\boldsymbol{j}+\boldsymbol{k}$

이다. 이 값들을 대입하면, 만유인력 F는
$$F=-9.23\times10^{-72}\left(\frac{\boldsymbol{i}-2\boldsymbol{j}+\boldsymbol{k}}{\sqrt{6}}\right)N$$
가 되고, 만유인력의 크기 F는
$$F=|F|=G\frac{m_1m_2}{r^2}=-9.23\times10^{-72}$$
따라서 $$\frac{\text{전기력}}{\text{만유인력}}=\frac{-3.84\times10^{-29}}{-9.23\times10^{-72}}$$
$$= 4.2\times10^{42}$$ 으로

전기력이 만유인력보다 약 10^{42} 배 크므로,
전자, 양전자와 같은 미시적 입자에서는
보통 만유인력을 무시할 수 있다.

2_2. 정전기장

꽈당!!

으아앙!
왜 밀어요!

힘이 어떻게 전달되는지 보여주려고,
찡~
힘이란 이렇게 너와 접촉해야지만 전달되지...

+
+
그런데 전기력은 어떻게 전기를 띤 물체가 떨어져 있을 때에도 작용할까?

그거 신기하네요.
마치 장풍 같네요.
뭐하는 거냐?
이야야

에이, 이번엔 염력!
수리수리 마수리~
세숫대야야 떠라-!
에고, 안뜨네.

미는 물체와 밀리는 물체, 당기는 물체와 당겨지는 물체가 서로 접촉해 있을 때 작용하는 힘을 **접촉력**이라고 부르지.
어때, 힘이 느껴지지?
아이~ 숨막혀
접촉력은 우리가 근육으로 느낄 수 있기 때문에 알기 쉽다.
한편, 멀리 떨어져 있는 물체 사이에 작용하는 힘을 **비접촉력**이라고 해.
전기력 ⊕→ ←⊖
자기력 N→ ←S
만유인력 ○→ ←○
태양 지구
은 비접촉력이구나.
으음~ 내가 보고 싶어져라~
아, 보고 싶어서 도저히 안되겠다.
전기력과 같은 비접촉력은 어떻게 작용하는 거에요?
이상하다. 저 남자한테 내가 왜 끌리는 거지?
그것이 전자기학의 근본 문제이며, 장기간에 걸친 논쟁의 중심과제였단다.
옛날에는 두 가지 설이 경합을 벌였지.

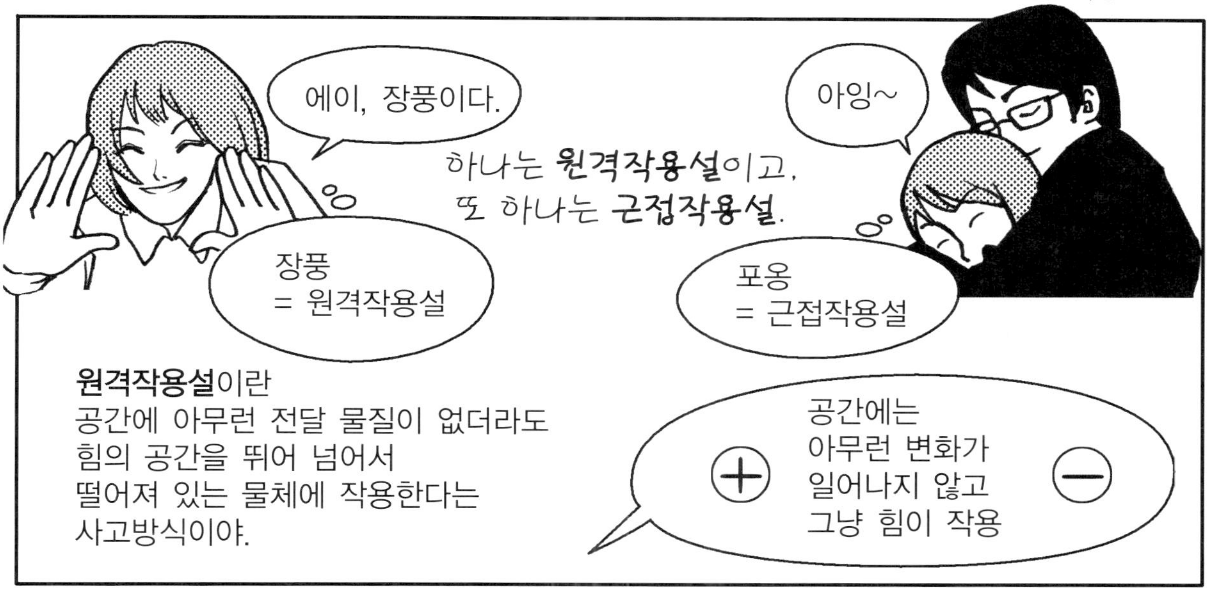

당시, 뉴턴의 만유인력 법칙이
확립되어 있는 유일한 과학이론
이었는데 뉴턴은 원격작용설을
주장했거든.

뉴턴의 만유인력 법칙

$$F = G\frac{m_1 m_2}{r^2}$$

과 쿨롱의 전기력 법칙

$$F = \frac{1}{4\pi\varepsilon_0}\frac{q_1 q_2}{r^2}$$

이 유사한 형태이기 때문에
쿨롱도 원격작용설을 주장했지.

근접작용설이란
전하가 공간에 어떠한 변화를 주어,
그 변화를 매개로 삼아서
전기력이 작용한다는 사고방식이야.
이것이 바로 '장'의 입장이지.
나, 페러데이
나는 변변히 학교를 다닌 적도 없어.
예를 들자면 이렇게 전하가
공간 자체를 변화시키기 때문에
힘이 작용한다는
거지.
에구구! 굴러떨어지네.
공간이 휘어져 있구나!
페러데이의 주장은 그 당시에는 발상전환
에 해당되는 새로운 사고방식이었다.
재는 배운것도 없는 애가 잘난체는!
뉴턴같이 유명한 학자를 따라야지.
재는 따돌리고 우리끼리 놀자.
쿨롱 등의 고명한 당시 학자들
현재는 이 '장'의 입장
(이 경우에는 '전기장')이
받아들여져, 전하와 독립적으로
'장'이 존재할 수 있다고
생각한단다.
이것이 전파야
전파=전기장
안테나
아니, 그 당시에도 왕따가 있었다니?

페러데이는 이에 굴하지 않고,
눈에 보이지 않는
전기장을 어떻게 합리적으로
가시화시킬 수 있을까를 연구했다.

우선, 전기장의 세기는
다음과 같이 약속하는 것이 좋겠군.

공간의 어느 장소에
가령 플러스 1쿨롱의
하전입자를 두었을 때,
그 입자에 작용하는 힘의 크기를
그 장소의 전기장의 세기로 한다.

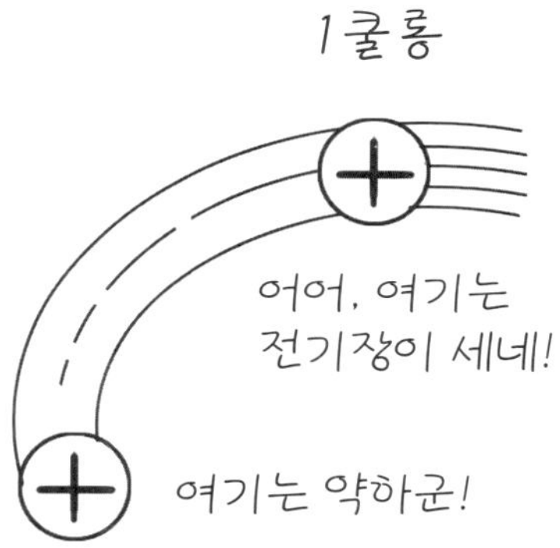

또, 전기장의 방향은 이 플러스의
하전 입자에 작용하는 힘의 방향이라고
약속하면 되겠군.
그러면 세기 E의 전기장 속에서 q쿨롱의 하전 입자가
받는 힘 F는 $F=qE$가 되겠군.

그 다음으로 전기장을 가시화하기 위해서 **전기력선**(전기력이 작용하는 길)이라는
것을 생각하여 전기장이 센 곳에는 촘촘하게, 약한 곳에는 느슨하게 그리면 되겠군.

학력이 없는 페러데이는 수학을 몰랐기 때문에
역선(전기력선, 자기력선)의 이미지를 사용했다.

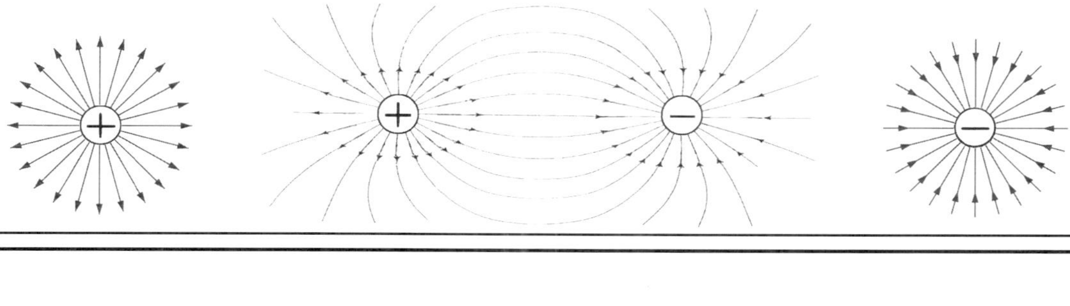

그러니까
전기장은 플러스의 하전입자로부터는 모든 방향으로 분수같이 용출되고,
마이너스의 하전입자는 전기장을 마치 블랙홀과 같이 모두 흡수하는거구나.

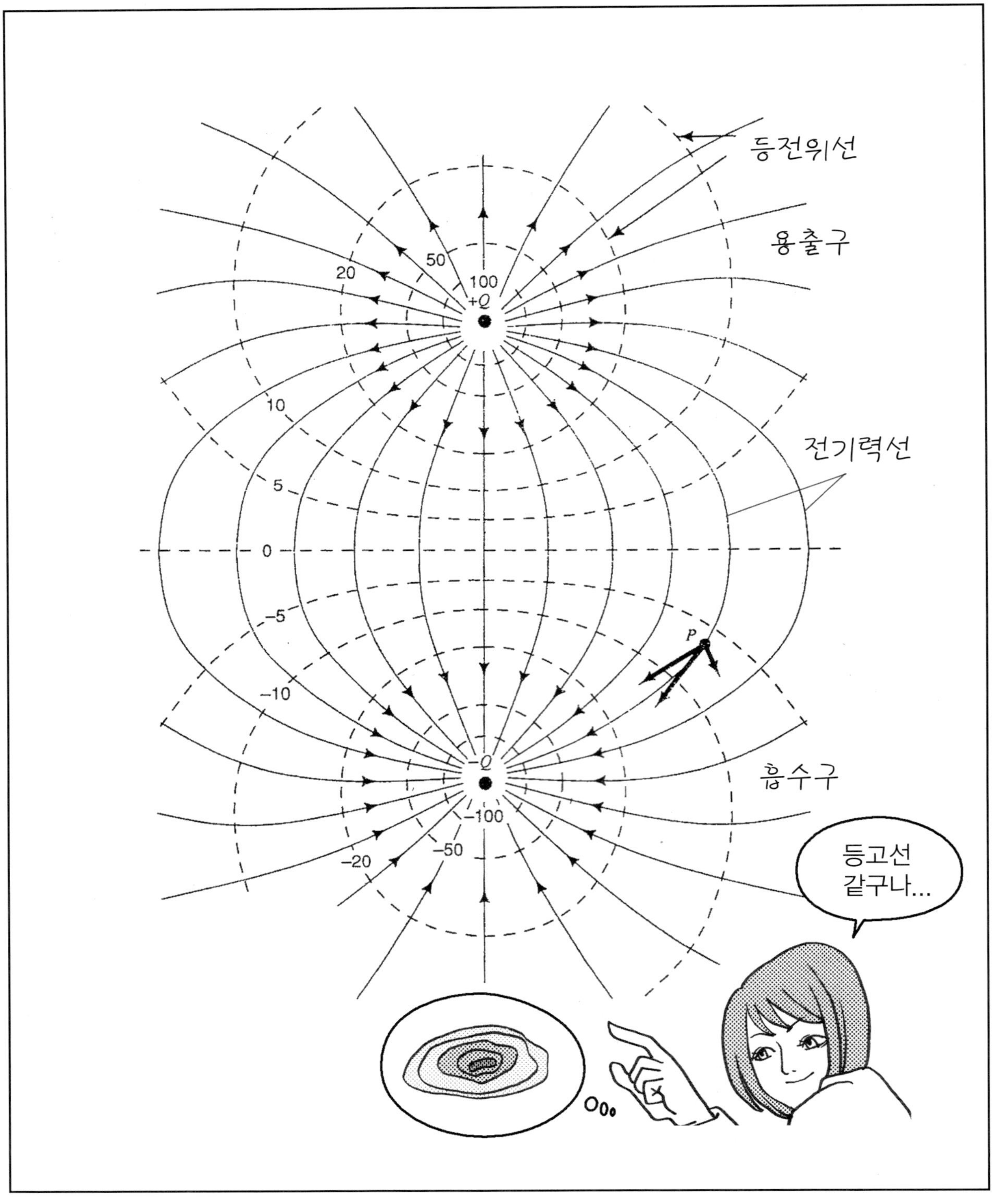

17세기 중엽, 영국의 길버트는 전기소라는 것이 물체로부터 발산되어
그것이 물체 주위를 둘러싸므로써 물체를 끌어당기고 반발한다고 생각했다.

18세기 중엽, 프랑스의 놀렛은 전기유체라는 것을 생각하여, 물체로부터 전기유체가 흘러나가고 들어옴으로써 물체를 끌어당기거나 반발시킨다고 생각했다.
이 두 생각은 근접작용설의 입장이다.

그러나 미국의 플랭클린은
이러한 전기소(유체)의 방출이론을 반박했다.

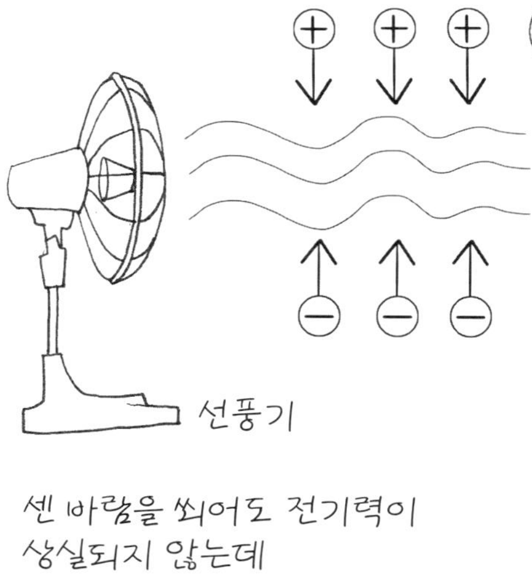

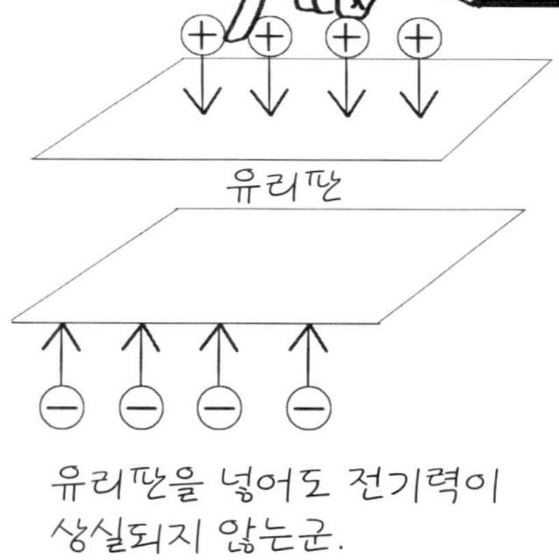

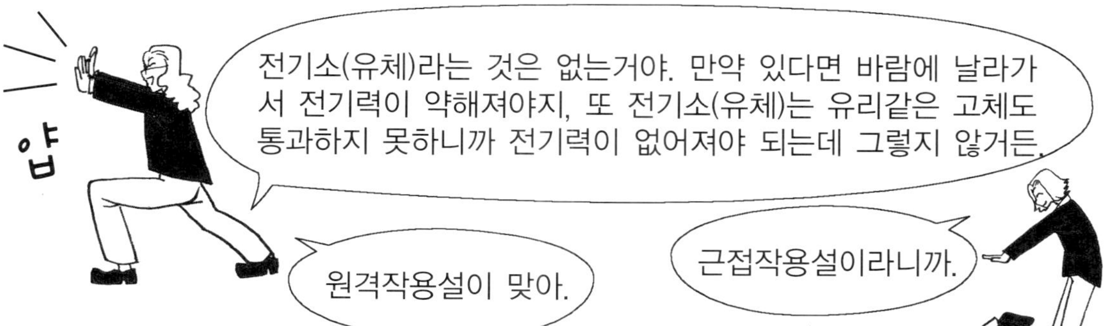

플랭클린은 이러한 실험결과로부터
원격작용설의 입장을 지지했다.

그러나 원격작용설은 페러데이에 의해
다시 부정되어 새로운 근접작용설(전기장)이 주장되었다.

전기장의 단위는?

세기 E의 전기장 속에서 q 쿨롱(C)의 하전입자가
받는 힘의 세기 F는

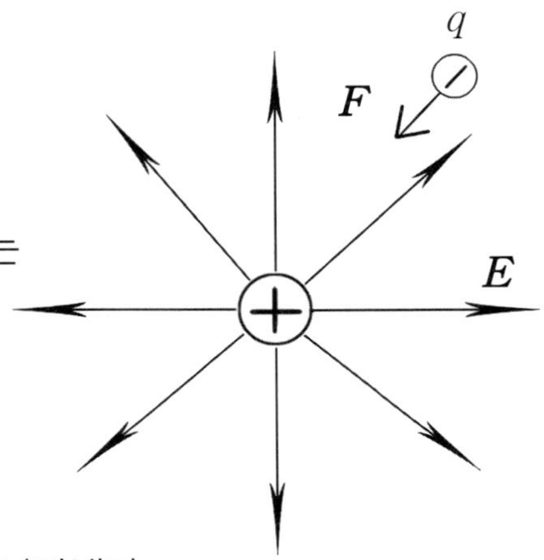

$$F = qE \text{ (뉴턴, } N\text{)}$$

이다. 이때 전기장과 힘은 방향과 크기를 갖는
벡터이고 하전량은 크기만을 갖는
스칼라이므로, 위의 식을 제대로 쓰면

$$\boldsymbol{F} = q\boldsymbol{E} \text{ } (N)$$

여기서, 진하게 쓴 $\boldsymbol{F}$와 $\boldsymbol{E}$는 벡터라는 것을 나타낸다.

따라서 전기장 $\boldsymbol{E}$는

$$\boldsymbol{E} = \frac{\boldsymbol{F}}{q}$$

가 되고, $\boldsymbol{F}$의 단위는 N이고 하전량의 단위는 C이므로
전기장 $\boldsymbol{E}$의 단위는 N/C이 된다.

전기장을 계산하는 공식은?

전하 q_1이 q_2에 미치는 전기력 F_{12}는,
앞 절의 퀴즈 2에서와 같이,

$$\boldsymbol{F}_{12} = \frac{1}{4\pi\varepsilon_0}\frac{q_1 q_2}{r_{12}^2}\frac{\boldsymbol{r}_{12}}{|\boldsymbol{r}_{12}|}$$

여기서, q_1에 의한 전기장 $\boldsymbol{E}_1$속에 전하 q_2가 놓여있다면,

$$\boldsymbol{E}_1 = \frac{\boldsymbol{F}_{12}}{q_2}$$ 가 된다. (앞의 퀴즈 1)

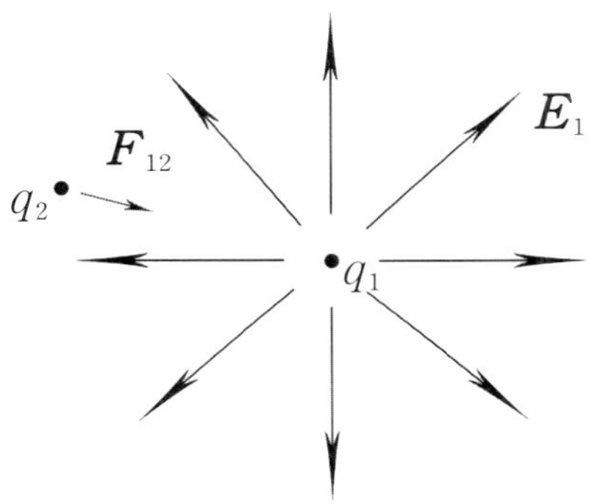

따라서

$$\boldsymbol{E}_1 = \frac{1}{4\pi\varepsilon_0}\frac{q_1}{r_{12}^2}\frac{\boldsymbol{r}_{12}}{|\boldsymbol{r}_{12}|}$$

가 된다. 또는 단순히

$$\boxed{\boldsymbol{E} = \frac{1}{4\pi\varepsilon_0}\frac{q}{r^2}\frac{\boldsymbol{r}}{|\boldsymbol{r}|}}$$

진공 중의 점 $Q(0,\ 1,\ -1)$에 놓여진 $10\ nC$의 점전하에 의한 점 $P(1,\ -1\ ,0)$에서의 전기장을 구해보세요.

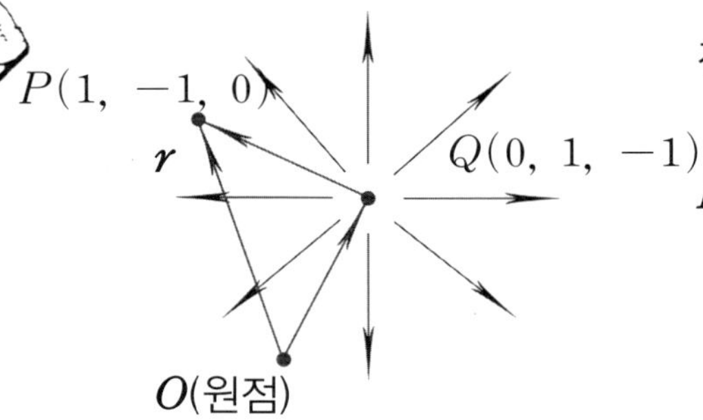

전기장 $\boldsymbol{E}$는

$$\boldsymbol{E} = \frac{1}{4\pi\varepsilon_0}\frac{q}{r^2}\frac{\boldsymbol{r}}{|\boldsymbol{r}|}$$

진공의 유전율 $\varepsilon_0 = \frac{1}{36\pi} \times 10^{-9}$

$q = 10\ nC = 10 \times 10^{-9}\ C$

$\boldsymbol{r} = \overrightarrow{OP} - \overrightarrow{OQ} = (1,\ -1,\ 0) - (0,\ 1,\ -1)$

$= (1,\ -2,\ 1) = \boldsymbol{i} - 2\boldsymbol{j} + \boldsymbol{k}$

$r = |\boldsymbol{r}| = [(1)^2 + (-2)^2 + (1)^2]^{\frac{1}{2}} = \sqrt{6}\ m$

이 값들을 대입하면, P점에서의 전기장 $\boldsymbol{E}$는

$$\boldsymbol{E} = \frac{1}{4\pi\frac{1}{36\pi}\times 10^{-9} F/m}\frac{10\times 10^{-9} C}{(\sqrt{6}\ m)^2}\left(\frac{\boldsymbol{i}-2\boldsymbol{j}+\boldsymbol{k}}{\sqrt{6}}\right)\ N/C$$

$$= \frac{15}{\sqrt{6}}(\boldsymbol{i}-2\boldsymbol{j}+\boldsymbol{k})\ N/C\ or\ V/m$$

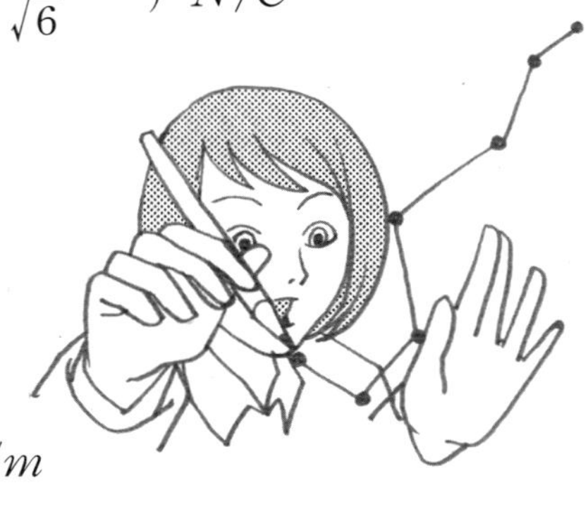

그리고 P점에서의 전기장의 세기 $\boldsymbol{E}$는

$$E = |\boldsymbol{E}| = \frac{1}{4\pi\varepsilon_0}\frac{q}{r^2}\frac{\boldsymbol{r}}{|\boldsymbol{r}|} = \frac{1}{4\pi\varepsilon_0}\frac{q}{r^2} = 15\ V/m$$

퀴즈4

전기장은 플러스의 하전 입자로부터는 방사상으로 용출되고, 마이너스의 하전 입자로는 흡수된다는 것을 식으로 나타내면 어떻게 될까요?

퀴즈답

예를 들어 플러스 q 쿨롱의 전하로부터 용출되는 전기장 $\boldsymbol{E}$에 대해 생각해보자.
이 전하를 내부에 포함하는 폐곡면 S를 생각하면
이 S를 뚫고 나오는 전기장의 세기 E는
내부의 전하 q에 의해 만들어지는 것이므로,
S를 뚫고 나오는 전기장을 모두 더한 것
$\iint_S \boldsymbol{E} \cdot \boldsymbol{n} dA$ (더한다는 것은 적분하는 것이니까)은
전하 q와 같겠지. 따라서

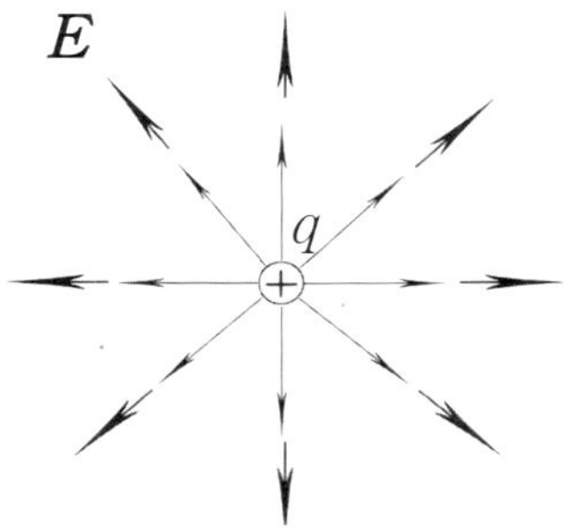

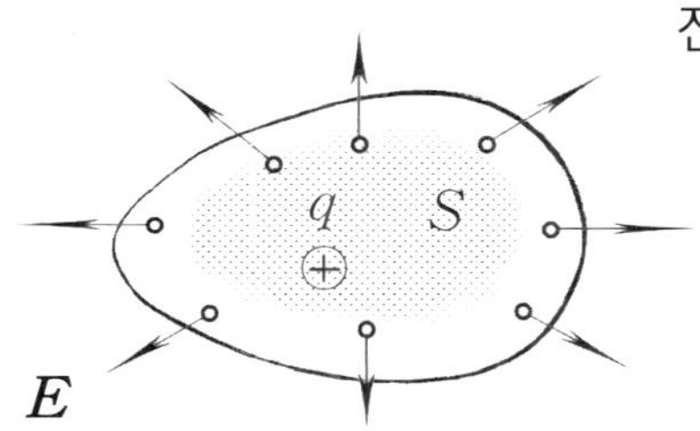

$$\iint_S \boldsymbol{E} \cdot \boldsymbol{n} dA = \frac{q}{\varepsilon_0}$$

그런데 왜 $\boldsymbol{E}$가 아니라
$\boldsymbol{E} \cdot \boldsymbol{n}$을 적분하는 거에요?

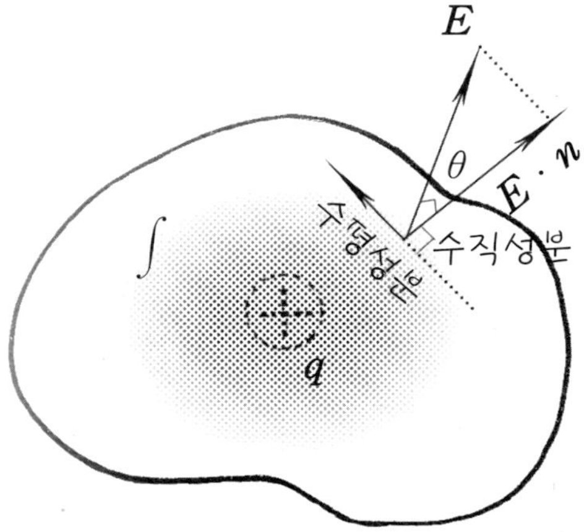

왜냐하면, 일반적으로 폐곡면
S를 뚫고 나오는 전기장 벡터 $\boldsymbol{E}$는
곡면에 수직이 아닐 수 있는데,
뚫고 나오는데 유효한 성분은
$\boldsymbol{E}$의 수직성분 뿐이거든.

그런데 $\boldsymbol{E}$의 수직성분 $|\boldsymbol{E}_{\perp}|$은
곡면 S의 한 점에서의
단위 법선 벡터를 n이라고 하면

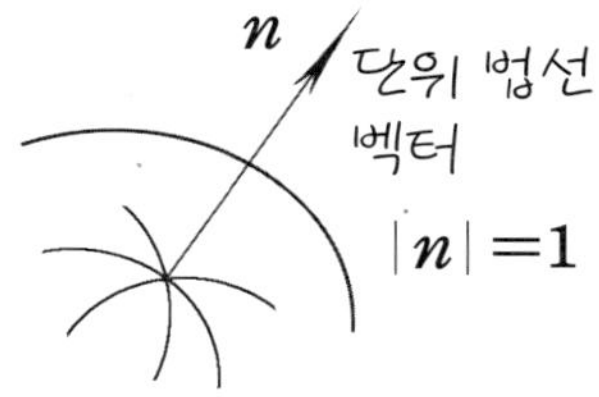

$$|\boldsymbol{E}_{\perp}| = |\boldsymbol{E}| cos\theta = |\boldsymbol{E}|\,|\boldsymbol{n}| cos\theta = \boldsymbol{E} \cdot \boldsymbol{n}$$

이므로, 곡면 S 전체를 뚫고 나오는
전기장의 세기 $|\boldsymbol{E}|$는

$\iint_S \boldsymbol{E} \cdot \boldsymbol{n} dA$가 되기 때문이야.

그러면 우변의 q를
ε_0으로 나눈 이유는 뭐에요?

그건 전구를 싼 비닐 봉지 속이
안개로 채워져 있다면
비닐 봉지를 뚫고 나오는
빛이 약해지겠지?

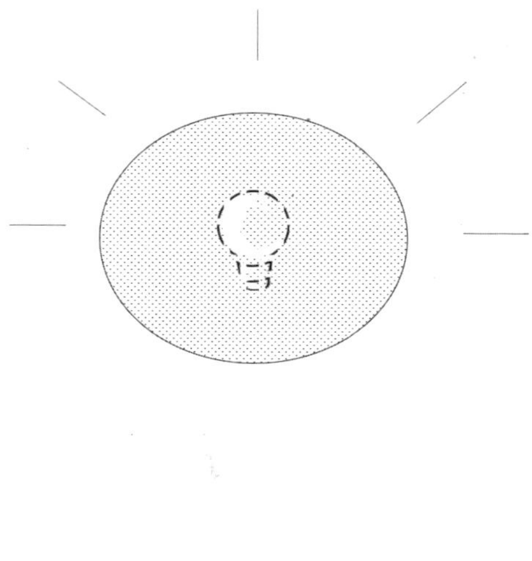

마찬가지로 폐곡면 S 속이
유전율 ε_0의 물질로
채워져 있다면 S를 뚫고 나오는
전기장의 세기는
$\varepsilon_0 \times \iint_S E \cdot n dA = q$가 될테니까,

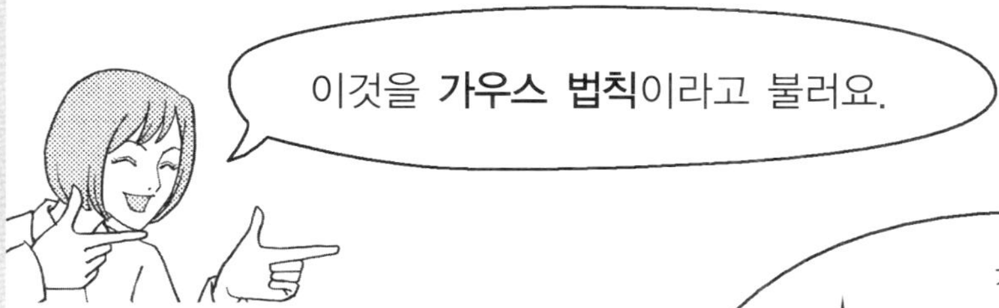

$\iint_S E \cdot n dA = q/\varepsilon_0$가 되어
우변이 q를 ε_0로 나눈 형태가 되는 거야.

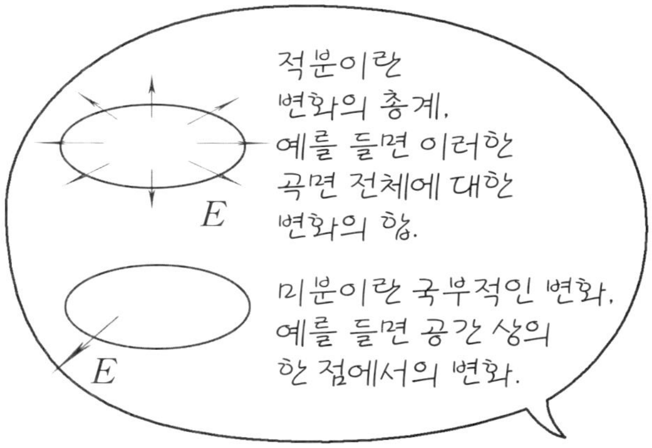

마이너스의 전하의 경우에도 우변의 q가 마이너스라고 하면 마찬가지 식이 되지.

이 식을 미분형으로 나타내면

$$\nabla \cdot \boldsymbol{E} = \frac{\rho_v}{\varepsilon_0}$$

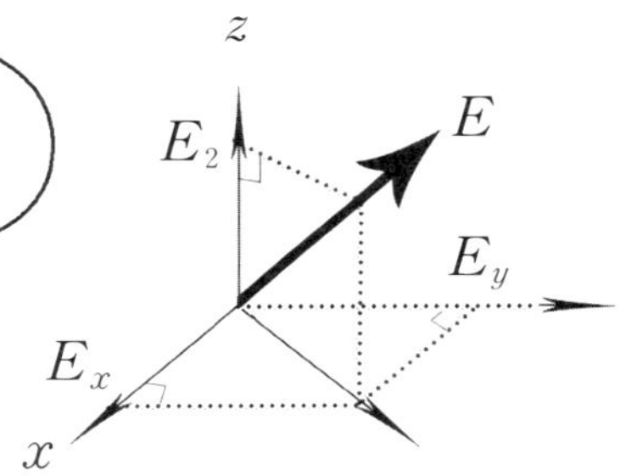

$\nabla \cdot \boldsymbol{E}$는 전기장 $\boldsymbol{E}$의 **발산**이라고 부르며
풀어서 쓰면 [전기장 $\boldsymbol{E}$의 x, y, z 성분의 크기를 E_x, E_y, E_z, 즉 $E=(E_x, E_y, E_z)$라고 하면]

$$\nabla \cdot \boldsymbol{E} = \frac{\partial E_x}{\partial x} + \frac{\partial E_y}{\partial y} + \frac{\partial E_z}{\partial z}$$

이에요.
(이것은 정의)

퀴즈5

퀴즈 3의 전기장의 용출, 흡수에 대한 적분형의 식 $\iint_S \boldsymbol{E} \cdot \boldsymbol{n} dA = q/\varepsilon_0$와 미분형의 식 $\nabla \cdot \boldsymbol{E} = \rho_v/\varepsilon_0$는 마찬가지의 속뜻을 가지고 있으므로 적분형으로부터 미분형을, 또 미분형으로부터 적분형을 유도할 수 있음을 보이세요.

퀴즈답

적분형에서 미분형을 유도해보자.

$$\iint_S \boldsymbol{E} \cdot \boldsymbol{n} dA = q/\varepsilon_0 \text{ ——— } (*)$$

가우스의 발산 정리에 의하면 좌변은

$$\iint_S \boldsymbol{E} \cdot \boldsymbol{n} dA = \iiint_T \nabla \cdot \boldsymbol{E} dv$$

이 되고, (*)식의 우변의 q는 체적전하 밀도 ρ_v를 모두 더한 ρ_v의 체적적분이므로

$$q = \iiint_T \rho_v dv$$

따라서

$$\iiint_T \nabla \cdot \boldsymbol{E} dv = \frac{1}{\varepsilon_0} \iiint_T \rho_v dv$$

$$\iiint_T \left(\nabla \cdot \boldsymbol{E} - \frac{\rho_v}{\varepsilon}\right) dv = 0$$

그러므로

$$\nabla \cdot \boldsymbol{E} = \frac{\rho_v}{\varepsilon_0}$$

가우스의 발산정리란 표면으로부터의 용출은 체적으로부터의 발산과 같다는 것이다. 즉, 예를 들어 고구마로부터의 열의 발산을 생각해보면

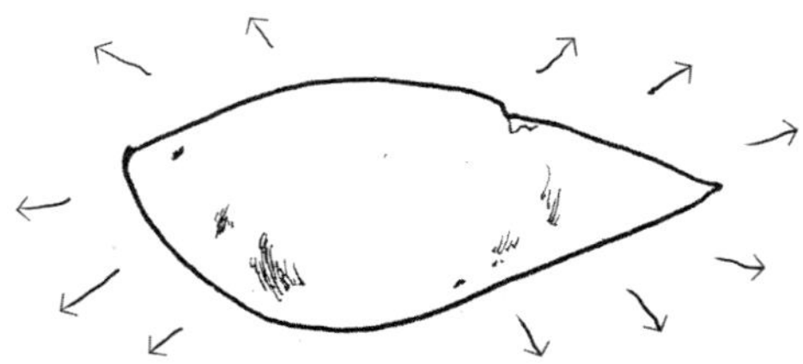

고구마 표면을 뚫고 용출되는 열을 모두 합한 것(표면에 수직한 성분 $(\boldsymbol{F} \cdot \boldsymbol{n})$의 표면적분 $(\iint_S \boldsymbol{F} \cdot \boldsymbol{n} dA)$)은 결국 고구마 내부의 각 점으로부터 발산되는 열을 모두 합한 것 (발산의 체적적분 $\iiint_T \nabla \cdot \boldsymbol{F} dv$)과 같다는 말이다.

전기장은 대기 중에도 형성되는데
맑은 날과 천둥구름 하에서의 전기장을
모식적으로 나타내면 아래 그림과 같아요.

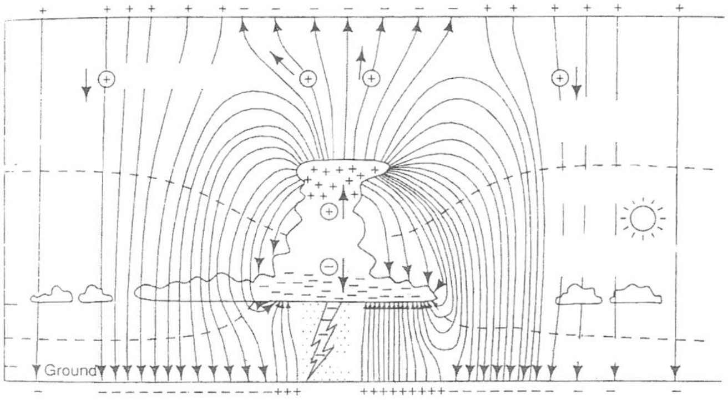

천둥구름 아래에서의 전기장을 확대해서 그리면 아래와 같아요.
그림과 같이 전기장은 도랑에서는 약하고 사람 머리 위에서는 강하므로
번개를 일으킬 수도 있지요.

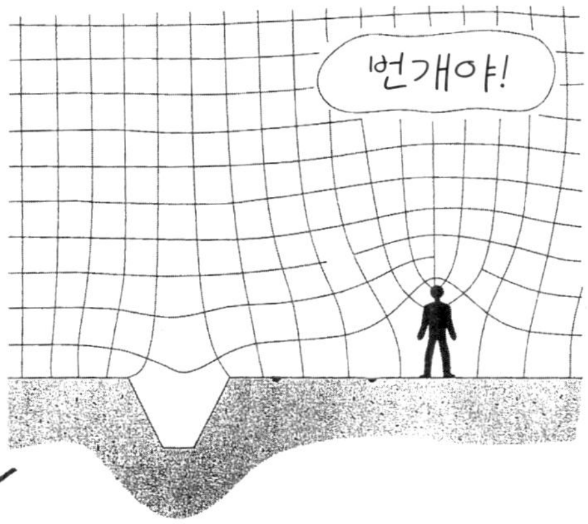

축전기(커패시터)의 전기장

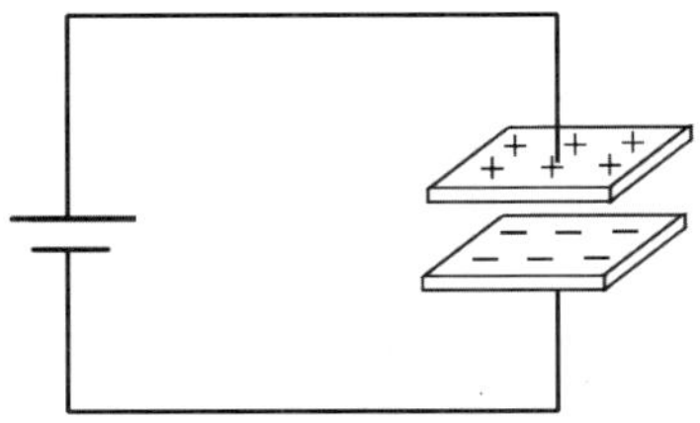

그림과 같이 금속판 2개를 서로 접촉하지 않도록 일정한 간격을 띄우고 마주보게 한 것을 평판 커패시터라고 불러요.

평판 커패시터는 전기기기에 널리 사용되므로 평판 커패시터에 의한 전기장은 알아둘 필요가 있죠.

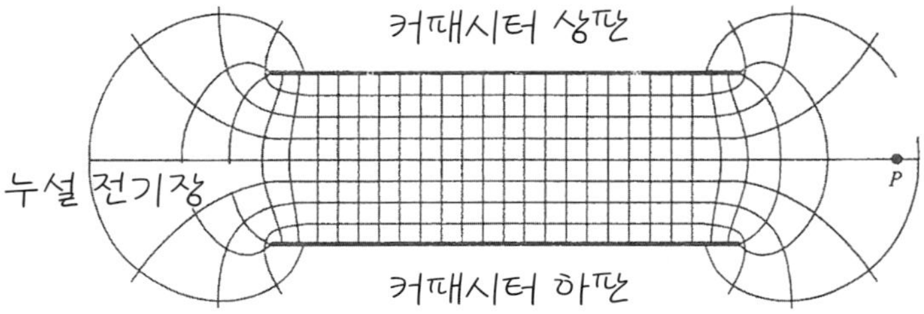

우리가 사는 지구도 커다란 커패시터 (이 경우는 구형 커패시터)에요.

평판 커패시터와 비교하면 지구 표면이 평판 커패시터의 하부평판이고 전리층이 상부평판에 해당한다고 할 수 있죠.

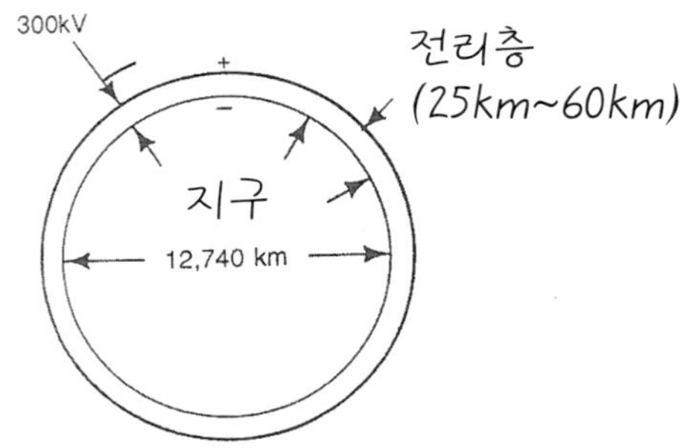

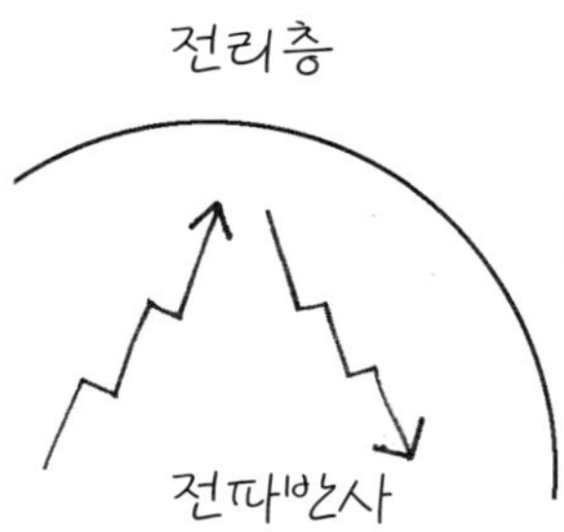

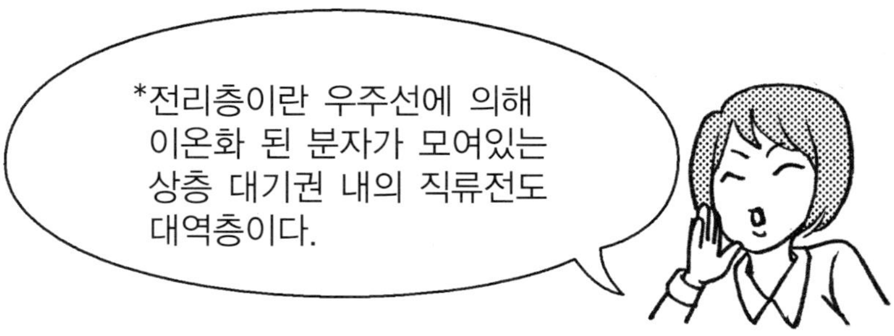

2_3. 전기장 내에서의 하전입자의 운동

노즐에서 분사된 잉크 방울들을 착전판을 이용하여 음으로 대전시키고 편향판(평판 커패시터)을 이용하여 원하는 방향으로 보내어 종이에 묻히는 거지.
잉크 방울의 하전량을 q라고 하고 편향 판의 전기장을 $\boldsymbol{E}$라고 하면 잉크 방울은
$\boldsymbol{F}=q\boldsymbol{E}$
의 힘을 받게 되겠네요.
그런데 뉴턴의 제 2법칙에 의하면
$\boldsymbol{F}=m\boldsymbol{a}$
이므로
m은 잉크 방울의 질량
$\boldsymbol{F}=q\boldsymbol{E}=m\boldsymbol{a}$
$\boldsymbol{a}=\frac{q}{m}\boldsymbol{E}$
의 가속도를 받겠네요.
편향판의 상부평판이 양으로 대전되어 있고, 잉크 방울이 음으로 대전되어 있으므로, 이 가속도는 상부평판 쪽으로 (그림에서 y방향(수직방향)으로) 작용하겠지.
$\boldsymbol{a}_y=\frac{q}{m}\boldsymbol{E}$
따라서 편향판을 지나면서 y방향의 속도를 얻게되고(편향판 내에서의 잉크 방울은 포물선 운동을 한다.) 편향판을 통과한 후의 y방향의 속도 $\boldsymbol{v}_y$는
$\boldsymbol{v}_y=\boldsymbol{a}_y t_L$
즉
$\boldsymbol{v}_y=\frac{q}{m}\boldsymbol{E}t_L$
t_L은 편향판을 지나는데 걸리는 시간!

편향판에 입사될 때의
잉크 방울의 수평속도를 $\boldsymbol{v}_x$,
편향판의 길이를 L이라고 하면,
편향판을 통과하는 데 걸리는 시간 t_L은

$$t_L = \frac{L}{\boldsymbol{v}_x}$$

이 되겠네요.

그러므로 수직속도 $\boldsymbol{v}_y$는

$$\boldsymbol{v}_y = \frac{q}{m}\boldsymbol{E}t_L = \frac{q}{m}\boldsymbol{E}\frac{L}{\boldsymbol{v}_x}$$

수직 변위 y는 수직속도 $\boldsymbol{v}_y$에
편향판에서 종이까지 잉크 방울이
날아가는 데 걸리는 시간 t_x를
곱한 것이므로

$$y = \boldsymbol{v}_y \cdot t_x = \frac{q}{m}\boldsymbol{E}\frac{L}{\boldsymbol{v}_x}t_x$$

편향판과 종이 사이의 거리를 x라고 하면
잉크 방울이 편향판을 떠나 종이까지 가는
데 걸리는 t_x는

$$t_x = \frac{x}{\boldsymbol{v}_x}$$

수평속도는
그대로 $\boldsymbol{v}_x$이므로

따라서

$$y = \frac{q}{m}\boldsymbol{E}\frac{L}{\boldsymbol{v}_x} \cdot \frac{x}{\boldsymbol{v}_x} = \frac{q}{m}\boldsymbol{E}\frac{L \cdot x}{\boldsymbol{v}_x^{\ 2}}$$

이 식에서 다른 것들은
이와 같이 대부분 정해져 있고
잉크 방울의 크기(질량과 하전량)을
변화시켜서 잉크 방울이 종이에
찍히는 위치를 정한단다.

보통 잉크 방울의
수평속도는 $\boldsymbol{v}_x = 25\ m/s$
편향판의 전기장은 $10^6\ \ V/s$
편향판의 길이 L은 $3\ mm$
편향판과 종이 사이의
거리 x는
$3\ mm$ 정도이다.

예를 들어 '삶' 이라는 글자를 인쇄한다면
아래 그림과 같이 현재 위치의 노즐로 쓸 수 있는 세로 방향(y방향)의
글자의 일부분을 편향판의 전기장으로 잉크 방울을 수직 변위시켜서 쓰고,
노즐을 Z축 방향으로 세로줄 ① ② ③ … ⑥ ⑦에 해당하는 만큼씩 이동시키며
이 작업을 계속한단다.

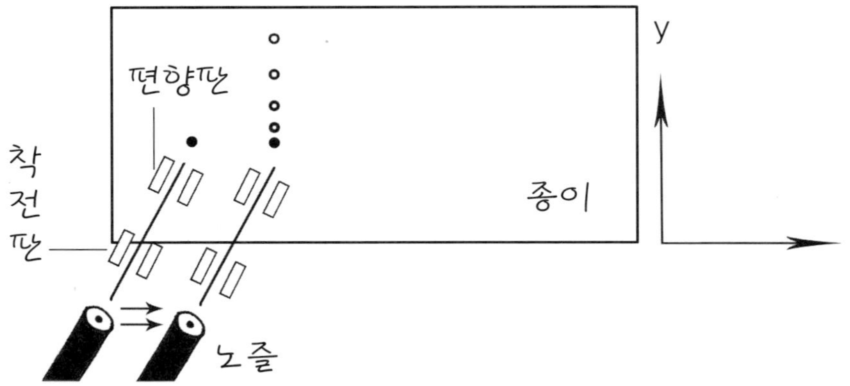

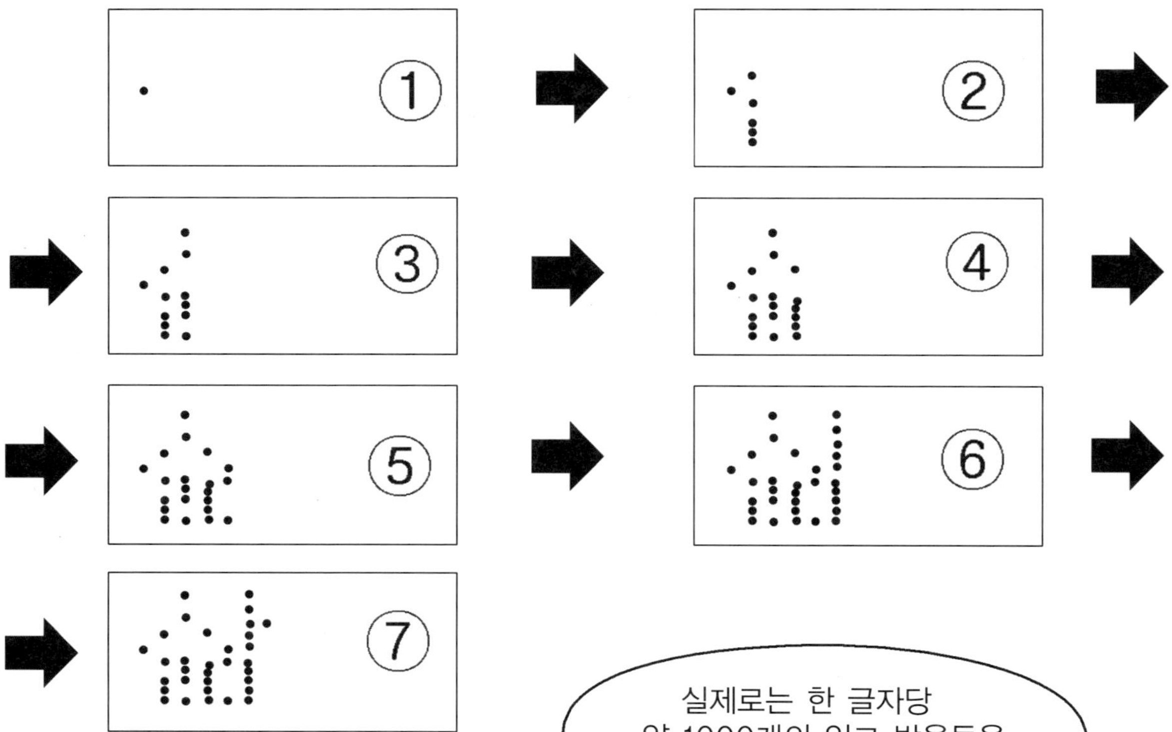

잉크젯 프린터는
전기를 띤 입자(하전 입자)가
전기장 내에서 힘 $F=qE$를
받아서 운동한다는 것을 이용하는
것이로군요.
전기를 띤 입자라면
정지해 있었거나
운동 중이었거나에 관계없이
전기장에 의해 힘을 받지.
이러한 원리를 이용하는 것으로는
이 밖에도 복사기, 정전기 제거 장치 등
여러 가지가 있어.
엉덩이 한 번
복사해봐야지.
하하하!

양념1 복사기의 원리

① 셀레늄이 코팅된 롤을 (+)로 대전시킨다.
② 복사할 영상에 밑으로부터 빛을 쪼이면 영상이 밝은 부분에서는 빛이 많이 반사되고, 어두운 부분에서는 적게 반사된다.
셀레늄은 빛을 쪼이면 전도성이 증가하므로 빛이 많이 반사되어 돌아온 부분의 전하는 소멸되고 어두운 부분에 해당하는 곳에만 전하가 남는다.
③ (−)로 대전된 탄소입자들이 어두운 영상(+로 대전되어 있음)에 흡착된다.
④ (+)로 대전시킨 종이가 탄소입자들을 끌어당긴다.
⑤ 탄소입자들을 종이에 가열하며 압착한다.
⑥ 다음 사이클을 위해 롤에 남아있는 탄소입자들을 긁어낸다.

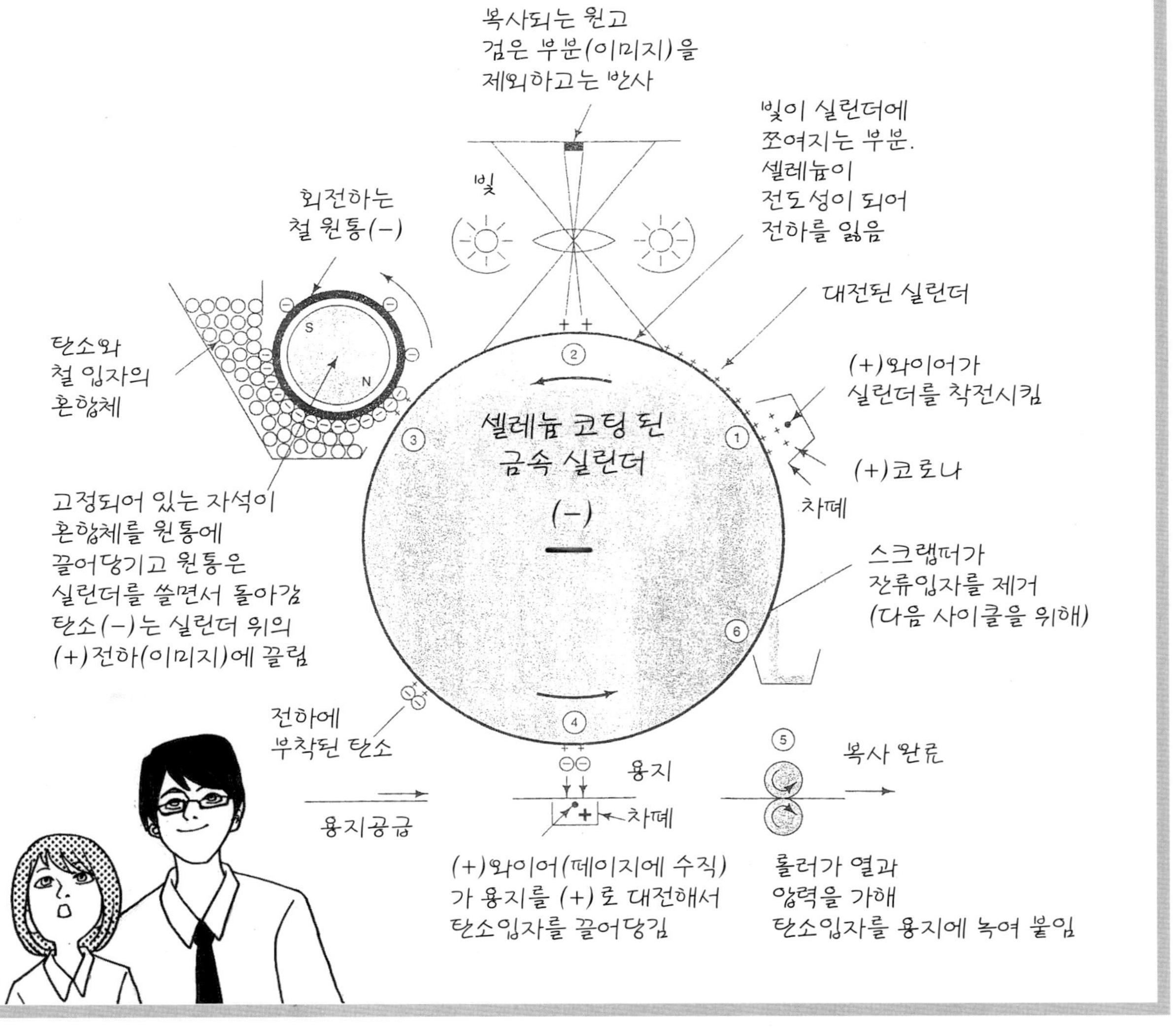

2_4. 전기장은 전위의 기울기

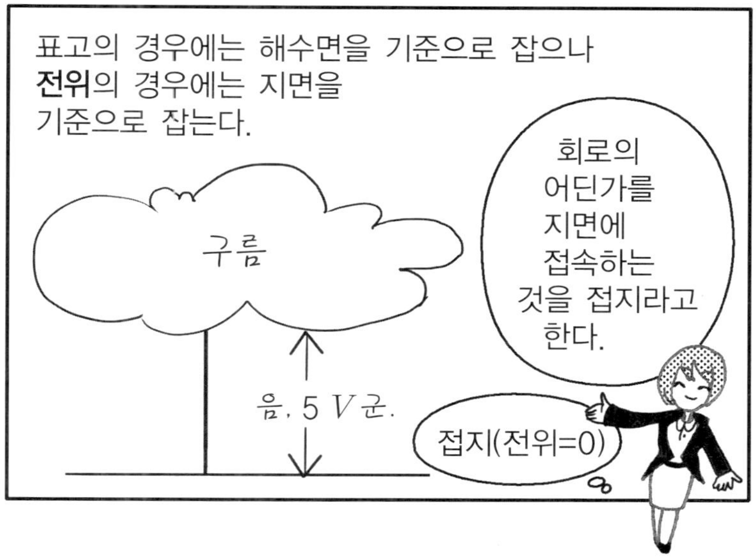

회로의 다른 부분의 전위는
접지한 부분과의 전위차로서
나타낸다.

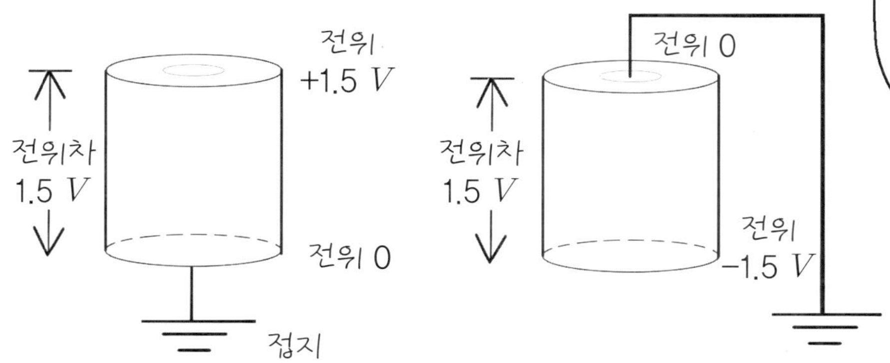

전위차란,
플러스 1쿨롱의 전하를 가진 입자를,
전기장으로부터의 힘에 거슬러서
어떤 장소로부터 다른 장소로
운반하는데 필요한 힘.

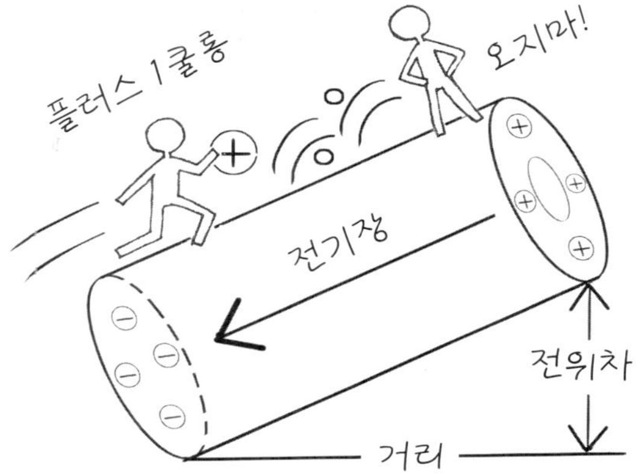

빗면을 따라서 물체를 밀어올릴 때, 빗면의 기울기가 가파를수록 센 힘으로 밀어올려야 한다. 이것은 빗면이 가파를수록, 빗면을 따라 하향으로 작용하는 힘이 강하기 때문이다.

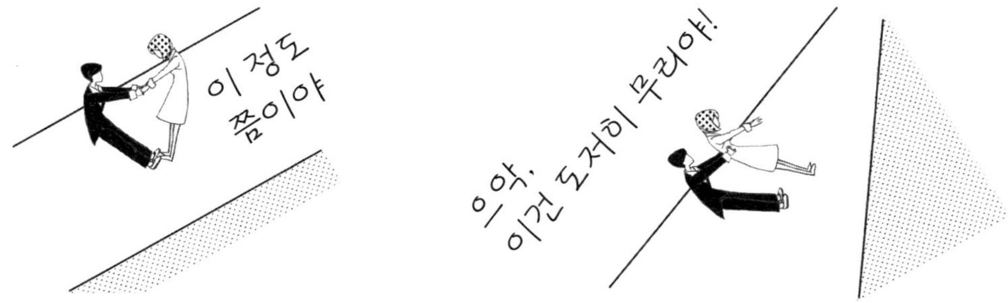

전기의 경우도 마찬가지로, 전위의 빗면의 기울기가 가파를수록 전기장으로부터 작용하는 힘이 강하고, 하전 입자를 들어올리는 데 더 큰 힘이 필요하다.

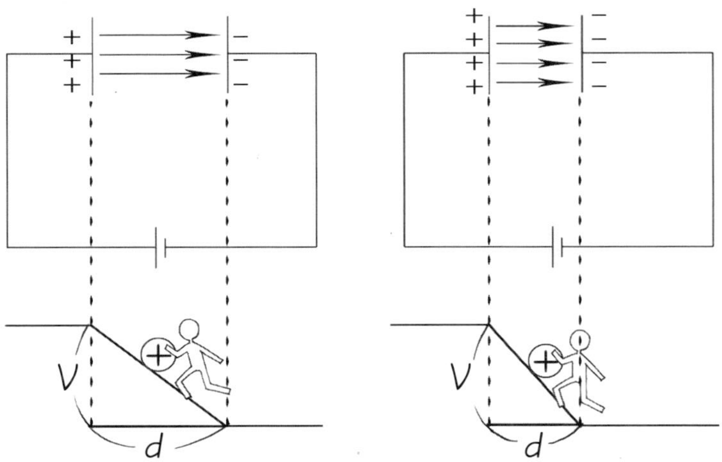

전기장의 강약은 전위의 기울기의 크고 작음으로써 결정된다.

즉, 축전기의 경우
극판간의 전기장의 세기 (E)
= 전위의 기울기

$$= \frac{\text{극판간의 전위차 } (V)}{\text{극판간의 거리 } (d)}$$

$$E = \frac{V}{d}$$

즉, 전위의 기울기가 큰 곳일수록 전기장이 세다.

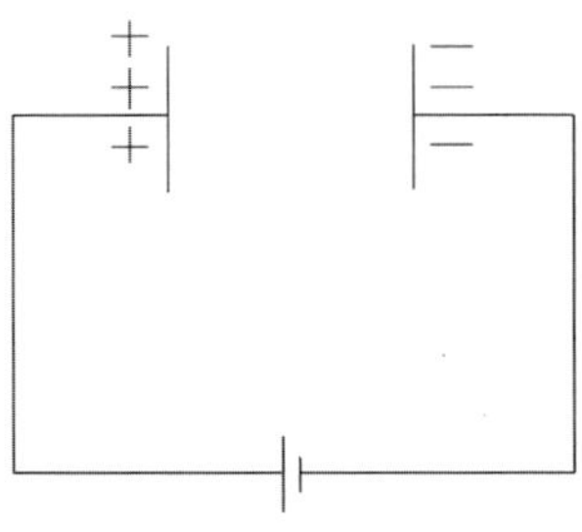

극판을 접근시키면 전기장이 세어진다.

접근할수록 세어진다.

전위가 같은 점을 연결하여
형성되는 면을 **등전위면**이라고 한다.

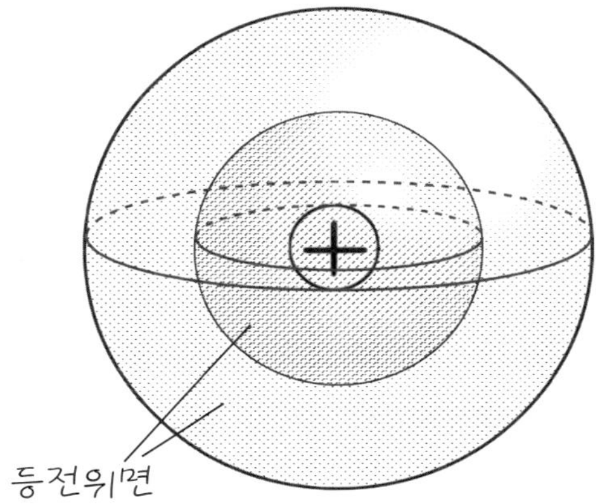

점전하의 경우
등전위면은 점전하를 둘러싼
모든 구면

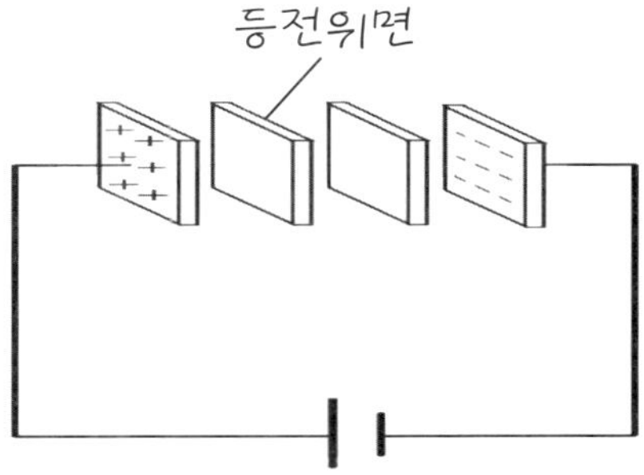

평판 축전기의
경우 등전위면은
극판에 평행인
모든 평면

등전위면을 2차원적으로 그리면
등전위선이 된다.

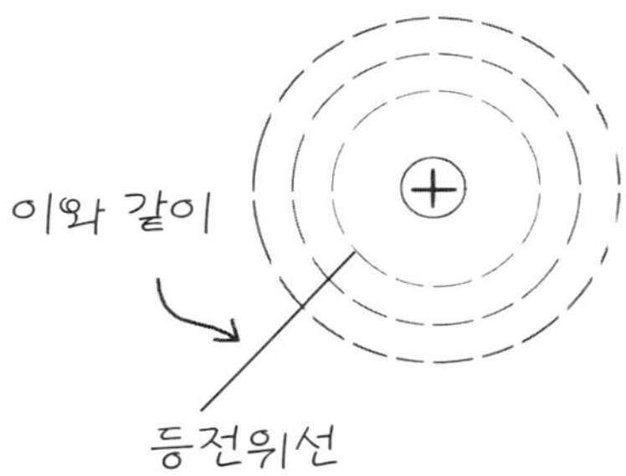

점전하의 경우
점전하를 둘러싸는
모든 동심원

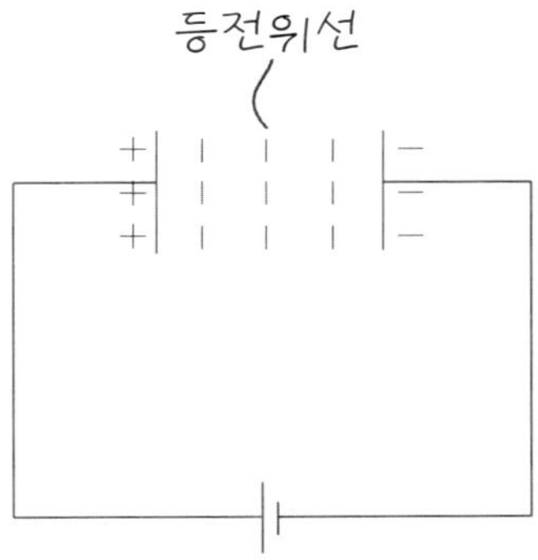

등고선과 비슷하구나...

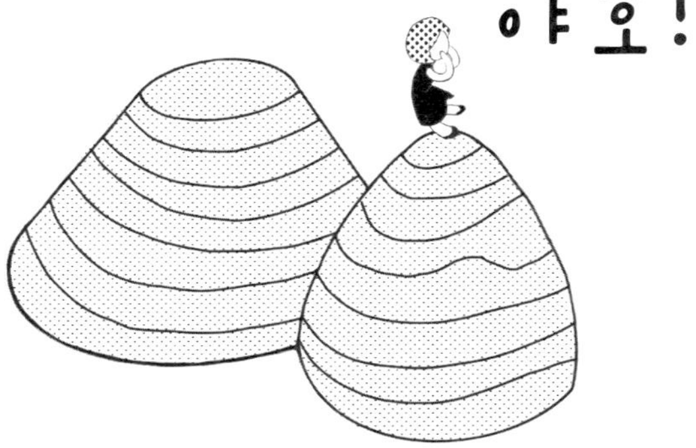

3차원 등고선

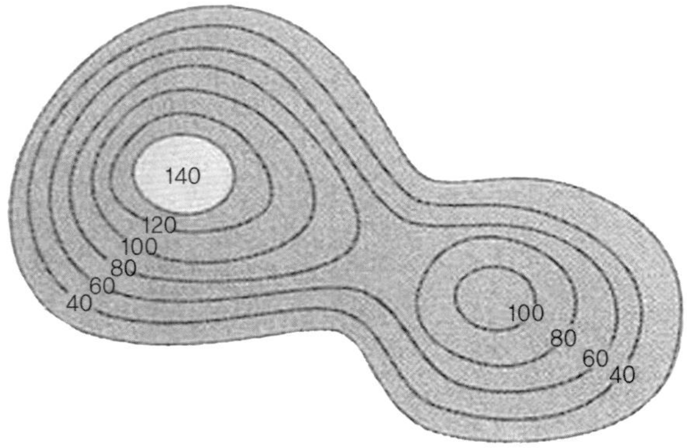

2차원 등고선

경사가 가파를수록 등고선이 촘촘한 것 같이,
등전위선이 촘촘할수록 전위의 경사가 커서 전기장이 세다.

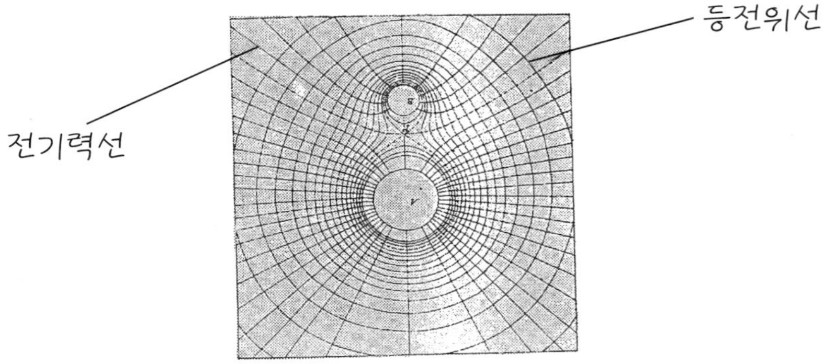

전기장의 방향을 가르키는
전기력선은 전기장 속에 플러스의
하전 입자를 놓았을 때
끌려가는 (또는 밀려가는) 궤적이다.

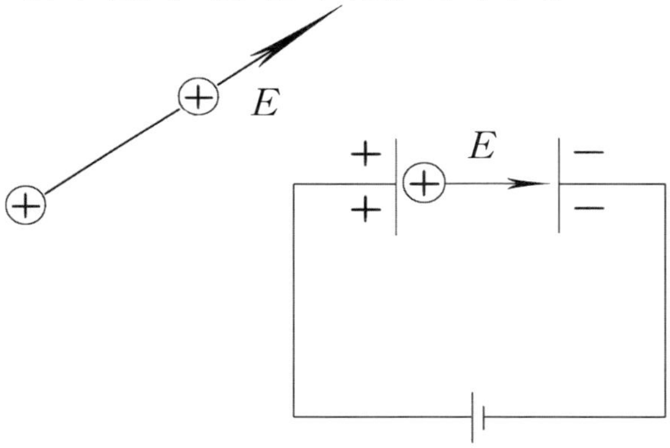

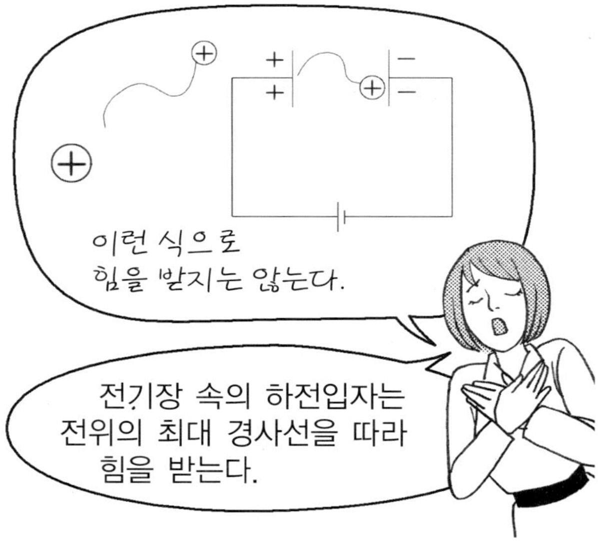

최대 경사선이란
산의 빗면에
돌을 놓았을 때
굴러 내려가는
선이다.

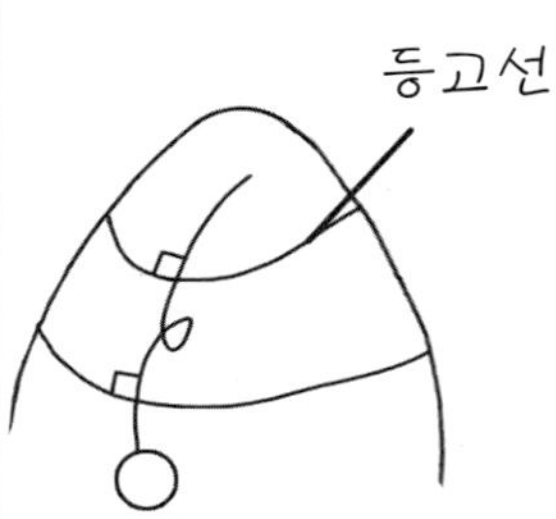

등고선과 최대 경사선이 직교하는 것과 같이
등전위면(또는 선)과 전기력선은 항상 직교한다.

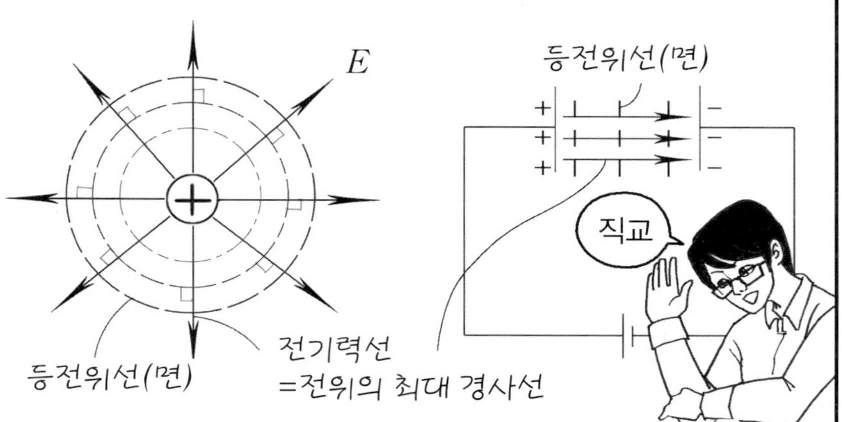

전기장은 전위의 기울기라는 말을 식으로 나타내면
어떻게 될까요?

$\boldsymbol{E} = -\nabla V$

여기서, $\boldsymbol{E}$는 전기장, V는 전위를 나타내고 ∇은 구배라고 불리며 3차원적인 기울기를 나타낸다.

구배 ∇은

$$\nabla = \frac{\partial}{\partial x}\boldsymbol{a}_x + \frac{\partial}{\partial y}\boldsymbol{a}_y + \frac{\partial}{\partial z}\boldsymbol{a}_z$$

로 정의한다. 여기서 $\boldsymbol{a}_x$, $\boldsymbol{a}_y$, $\boldsymbol{a}_z$는
각각 x, y, z축 방향의 단위벡터(축 벡터)이다.

따라서 전위 V가 주어지면
그것에 ∇(del 이라고 읽는다)을 취하여
(즉, **미분**) 하여 전기장을 구할 수 있다.
다시 말하면,

$$\boldsymbol{E} = \left(\frac{\partial}{\partial x}\boldsymbol{a}_x + \frac{\partial}{\partial y}\boldsymbol{a}_y + \frac{\partial}{\partial z}\boldsymbol{a}_z\right)V$$
$$= \frac{\partial V}{\partial x}\boldsymbol{a}_x + \frac{\partial V}{\partial y}\boldsymbol{a}_y + \frac{\partial V}{\partial z}\boldsymbol{a}_z$$

가 된다.
거꾸로, 전기장 E를 알면
전기장을 **적분**하여
전위 V를 구할 수 있다.

퀴즈2

점전하 q에 의한 전기장

$$\boldsymbol{E}=\frac{q}{4\pi\varepsilon_0 R^2}\boldsymbol{a}_{\mathrm{R}}$$

으로부터 점전하에 의한 전위를 구해보세요.

퀴즈답

전위 V는 전기장 $\boldsymbol{E}$를 적분한 것이므로

$$\begin{aligned}V&=-\int_{\infty}^{\mathrm{R}}\boldsymbol{E}\cdot d\boldsymbol{R}\\&=-\int_{\infty}^{\mathrm{R}}\left(\frac{q}{4\pi\varepsilon_0 R^2}\boldsymbol{a}_{\mathrm{R}}\right)(\boldsymbol{a}_{\mathrm{R}}dR)\\&=-\int_{\infty}^{\mathrm{R}}\frac{q}{4\pi\varepsilon_0 R^2}dR\\&=-\frac{q}{4\pi\varepsilon_0}\left[-\frac{1}{R}\right]_{\infty}^{\mathrm{R}}\\&=\frac{q}{4\pi\varepsilon_0 R}\end{aligned}$$

전위란 무한원(∞) 으로부터 단위전하를 전기장에 반하여 이동하는데 한 일이므로, 전위의 원점 (전위가 0인 점)은 무한원 ∞이다. 따라서 적분구간의 하한이 ∞부터이다.

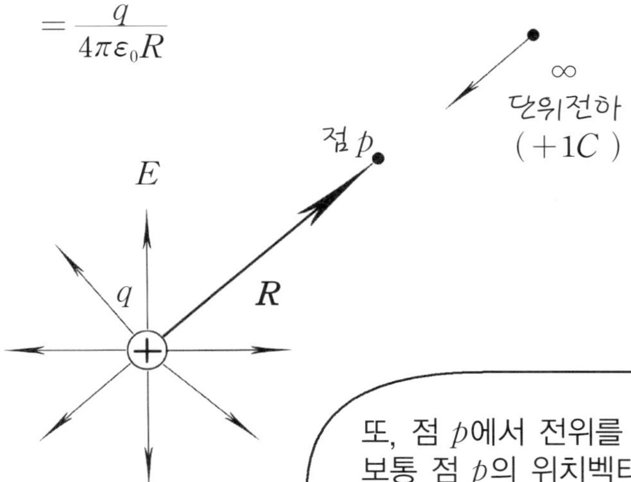

또, 점 p에서 전위를 구하려고 할 때, 보통 점 p의 위치벡터는 그림과 같이 점전하로부터 p점까지의 벡터 R로 나타내나, 단위전하는 무한원(∞)으로부터 이 위치벡터 R과 반대방향으로 이동한다고 생각하므로 적분 앞에 −가 붙었다.

2_5. 정전기 유도

뭐하세요?
응, 너한테 보여줄 것이 있어서...
옷에 문질러 양으로 대전된 유리막대를 여기 매달아 놓은 알루미늄 호일과 플라스틱 조각에 가까이 하면 어떻게 되나 잘 봐.
Al 호일
대전되지 않는 플라스틱 조각
++++
+
Al 호일
++
플라스틱 조각
알루미늄 호일은 세게 끌려가고, 플라스틱 조각은 조금만 끌려 가네요.
둘 다 처음에는 전기를 띠지 않았었는데 왜 끌려가지?
그 이유는, 양으로 대전된 유리막대를 알루미늄 호일에 접근시키면, 알루미늄 호일 속의 전자가 인력을 받아서 알루미늄 호일 속을 이동하여, 유리막대에 가까운 쪽은 마이너스, 먼 쪽은 플러스의 전기를 띠기 때문이다.
이런 현상을 정전기 유도라고 해.
++
저쪽에서 오래!
왜 가는데?
나도 몰라!
+++++++

이렇게 되면 쿨롱의 법칙에 의해서
유리막대에 가까운 음전하가
유리막대에 끌리는 힘이,
멀리 있는 양전하가 유리막대에
반발되는 힘보다 세기 때문에,
알루미늄 호일은 전체적으로
유리막대에 끌어 당겨지게 되는 거야.

한편, 플라스틱 조각은
절연체(전기를 통하지 않는 물질)
이니까, 전자가 내부에서 자유롭게
움직일 수는 없고,
원자핵에 구속되어 있지만,
그래도 전자는 유리막대의 양전하에
끌리고 원자핵은 반발되기 때문에,
원자 내의 전하가
한쪽으로 쏠리는
현상이 생기지.

도체속의 전자

절연체속의 전자

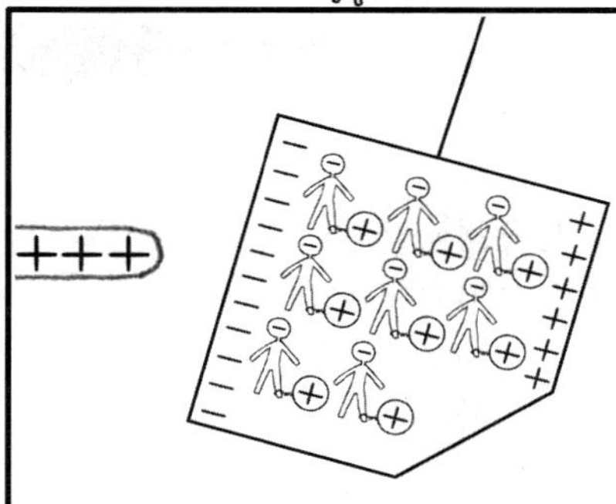

즉, 유리막대를 플라스틱 조각에 접근시키면
왼쪽 그림과 같이 플라스틱 속의 전자가
유리막대 쪽으로 쏠리게 되므로,
유리막대에 가까운 쪽은 마이너스,
먼 쪽은 플러스의 전기를 띠게 되는거야.
(플라스틱 내부에서는 플러스 마이너스가 생쇄된다)

이러한 현상을 플러스 마이너스극이 나누어진다고 해서 **분극**이라고 부른단다.
이 분극에 의해서 플라스틱 조각도 유리막대에 끌리게 되지만,
이 경우의 정전기 유도는 도체인 알루미늄 호일에 비해서 훨씬 작기 때문에
조금만 끌리게 되는 거지.

그러면 이번에는 머리를 빗은 빗을
알루미늄 호일과 플라스틱에 접근시키면
어떻게 되겠니?
쓱 쓱
음, 기분 좋다.
[힌트]
빗으로 머리를
빗으면 전자는
머리카락으로부터
빗으로 이동하여
빗은 음으로
대전된다.
그거야!
Al 호일
플라스틱
아까와는 반대로 빗에 가까운
쪽에 양전하가 생기고,
먼 쪽에 음전하가 생기겠죠.
또, 이번에도 도체인
알루미늄 호일이 절연체인
플라스틱보다
세게 끌리겠죠.
좋았어. 그럼 요번에는
아예 빗을 알루미늄 호일과
플라스틱에 갖다 대면
어떻게 되겠니?

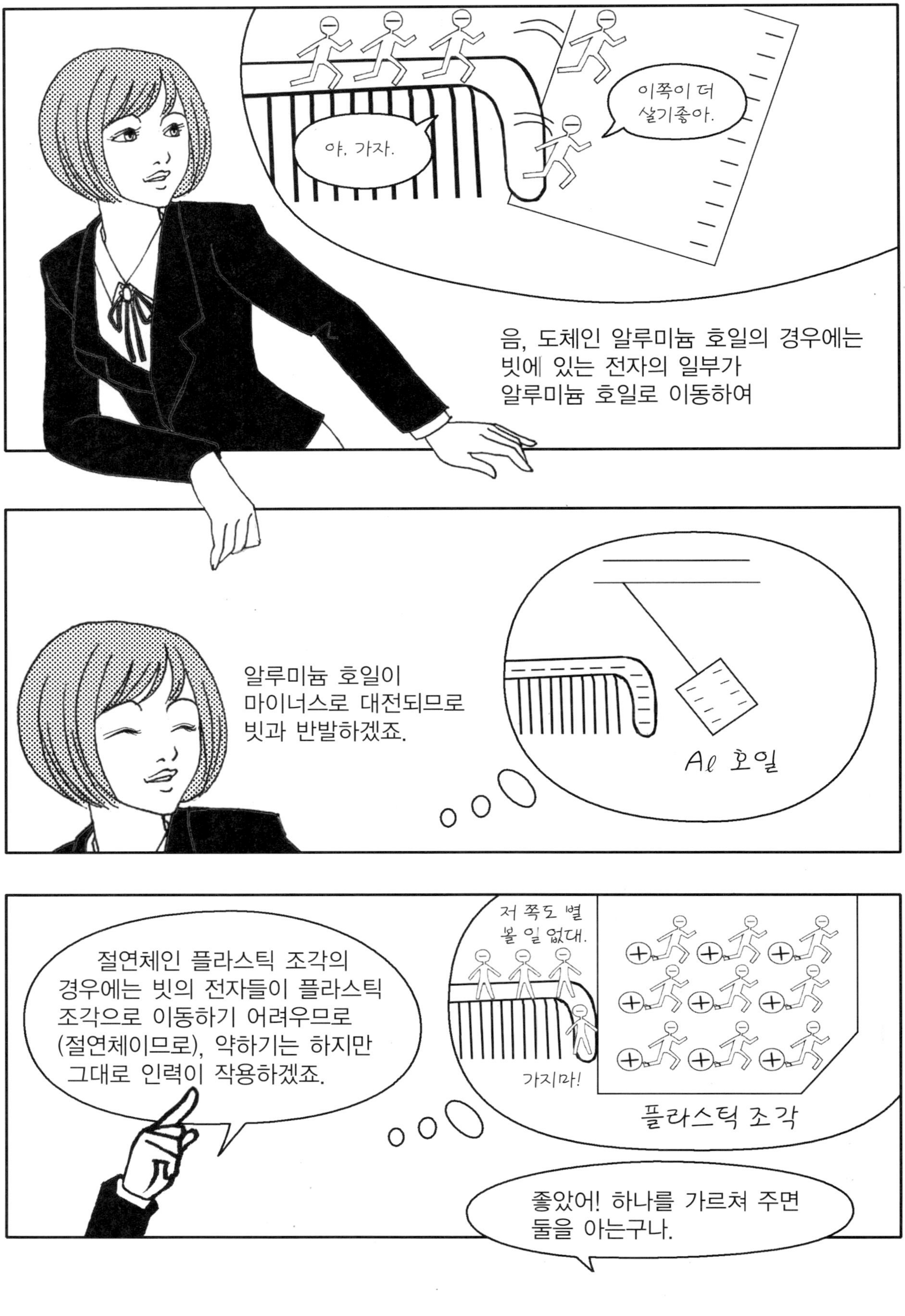
이쪽이 더 살기좋아.
야. 가자.
음, 도체인 알루미늄 호일의 경우에는 빗에 있는 전자의 일부가 알루미늄 호일로 이동하여
알루미늄 호일이 마이너스로 대전되므로 빗과 반발하겠죠.
Al 호일
절연체인 플라스틱 조각의 경우에는 빗의 전자들이 플라스틱 조각으로 이동하기 어려우므로 (절연체이므로), 약하기는 하지만 그대로 인력이 작용하겠죠.
저 쪽도 별 볼 일 없대.
가지마!
플라스틱 조각
좋았어! 하나를 가르쳐 주면 둘을 아는구나.

어릴 때 많이 해 본 책받침에
종이 조각을 붙이던 놀이도
히히히 신기하다

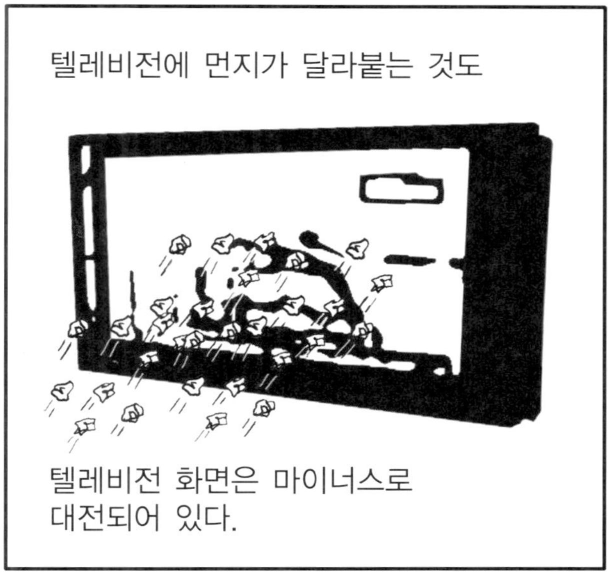
텔레비전에 먼지가 달라붙는 것도
텔레비전 화면은 마이너스로
대전되어 있다.

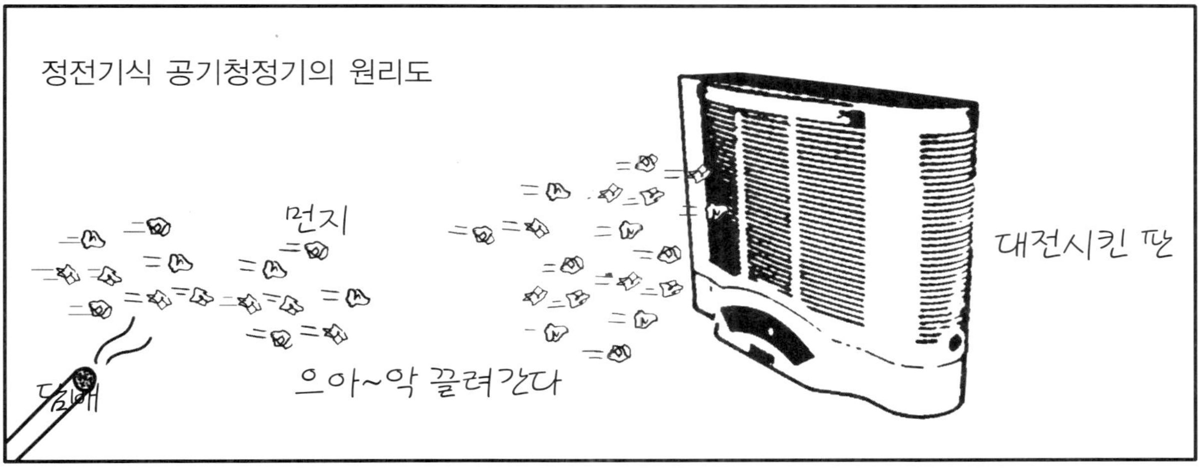
정전기식 공기청정기의 원리도
먼지
대전시킨 판
으아~악 끌려간다
담배

모두 정전기유도에
의한 현상이야.

2_6. 물체가 존재할 때의 정전기장

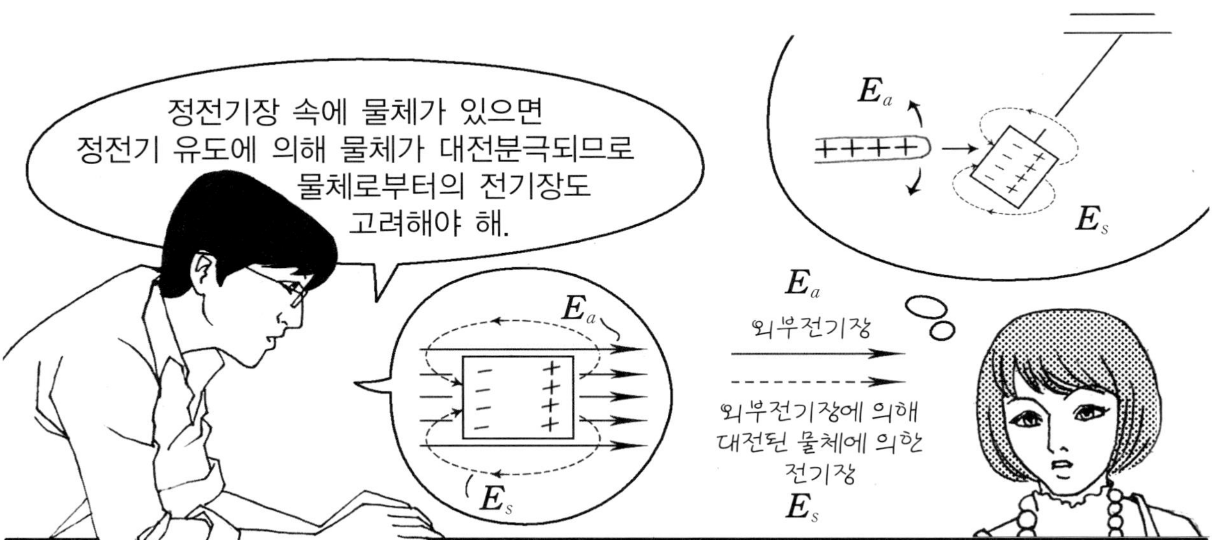

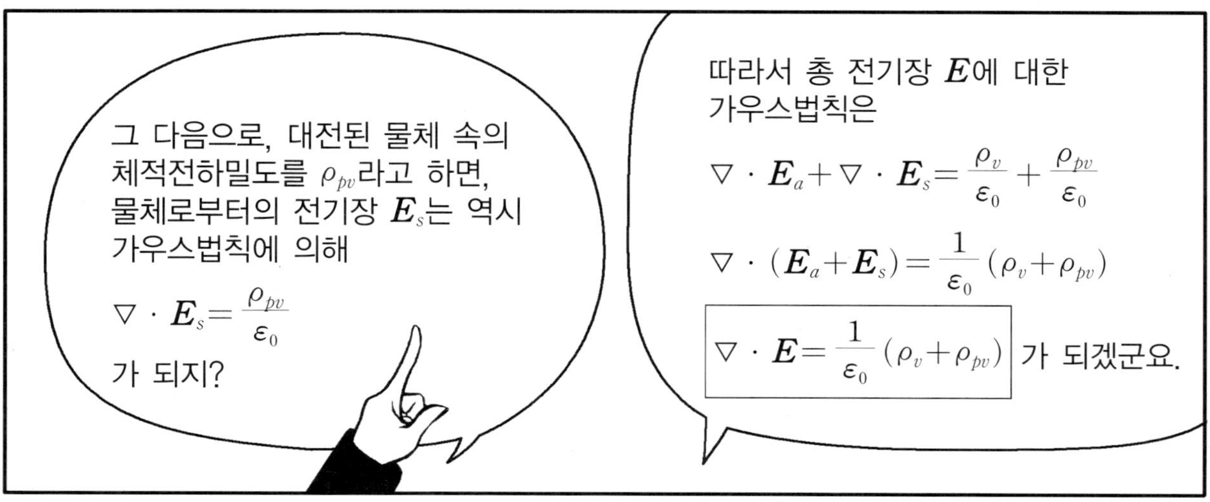

이 식이 물체가 존재할 때도 적용할 수 있는 보다 일반적인 가우스법칙이군요.
한편, 전기장에 의해서 물체가 대전될 때에는 항상 동일한 숫자의 (+)전하와 (−)전하가 양끝에 동시에 생기는 **분극**이 일어나므로, 분극이라는 새로운 양을 도입할 필요가 있지.
이 분극을 보통 P라고 나타낸단다.
P = Polarizahion
분극도 방향이 있으니까 벡터량이다.
E_a
P
E_s
[주의]
분극의 방향은 (−)에서 (+)로 정의
분극이란 물체 내부에 단위면적당 (+)와 (−)전하가 얼마나 나뉘어졌는가이므로, 단위는 C/m^2 이야.
그런데 이 분극에 의해서 물체의 외부에 전기장 E_s가 만들어지므로
$\varepsilon_0 E_s = -P$
(−)가 붙은 이유는 E_s가 P와 반대 방향이므로
ε_0가 곱해져 있는 이유는 물체 밖은 진공이므로

이 식을 앞에서 구한

$$\nabla \cdot \boldsymbol{E} = \frac{1}{\varepsilon_0}(\rho_v + \rho_{pv})$$

에 대입하면

$$\nabla \cdot \boldsymbol{E} = \frac{1}{\varepsilon_0}(\rho_v - \nabla \cdot \boldsymbol{P})$$

$$\varepsilon_0 \nabla \cdot \boldsymbol{E} + \nabla \cdot \boldsymbol{P} = \rho_v$$

$$\nabla \cdot (\varepsilon_0 \boldsymbol{E} + \boldsymbol{P}) = \rho_v$$

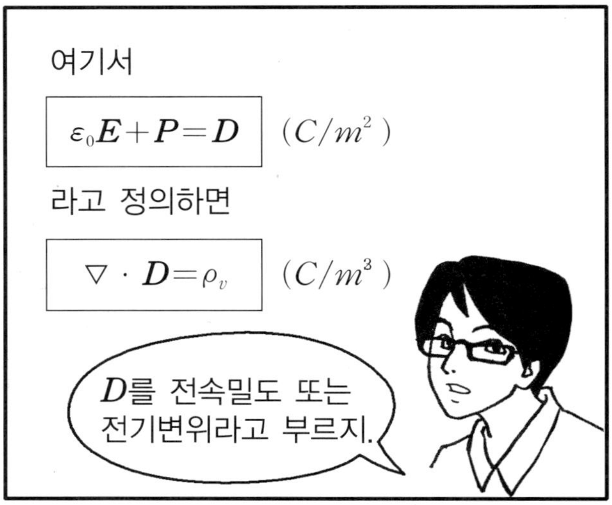

전속밀도 $\boldsymbol{D}$라는 것은, 진공중에 체적전하밀도 ρ_v인 자유전하 (+ 또는 − 극만의 전하)와 물체가 있다면, 자유전하의 전기장 $\boldsymbol{E}_a$에 의해 물체는 $\boldsymbol{P}$만큼 분극되고, 진공은 자유전하에 의한 전기장 $\boldsymbol{E}_a$와 물체의 분극에 의해 발생되는 전기장 $\boldsymbol{E}_s$를 합한 전기장 $\boldsymbol{E}(=\boldsymbol{E}_a+\boldsymbol{E}_s)$에 의해 $\varepsilon_0\boldsymbol{E}$만큼 분극되므로, 이 두 분극을 모두 더한 것 $(\varepsilon_0\boldsymbol{E}+\boldsymbol{P})$이다.

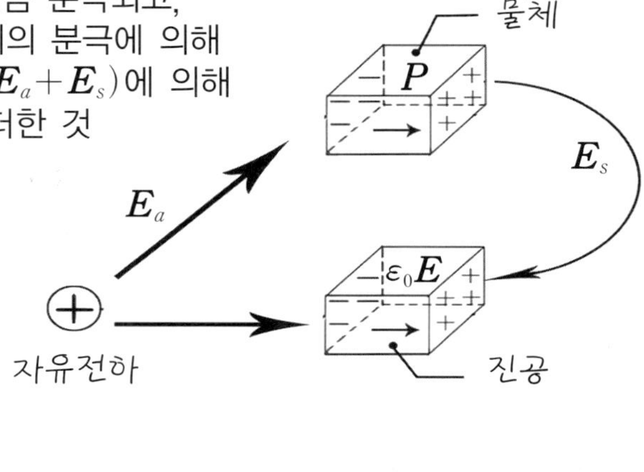

진공도 분극되나요?
그럼, 진공도 하나의 물체라고 생각할 수 있으니까.
따라서 전속밀도 D라는 것은 물체가 존재하면 전기장(용출하거나 흡수하기만 하는)이라는 개념만으로는 설명이 불충분하니까 **분극**이라는 새로운 개념을 도입한 것이라고 볼 수 있지.
그래서 전속밀도를 전기변위라고 부르는거야.
전속밀도의 단위가 C/m^2이라는 것에서도 알 수 있듯이 전속밀도란 면전하밀도와 유사한 것이지만 방향을 갖는 벡터량이라는 것이 다른 점이군요.
전속밀도의 단위는 분극과 같네?
전속이란 전기력선의 다발이라는 뜻이니까, 전속밀도란 원래 단위면적당 전기력선의 수를 나타내는 양이지.
분극이 세지면 전기력선의 수도 커질테니까.
따라서
$\nabla \cdot \boldsymbol{D} = \rho_v$
라는 식이 의미하는 것은 체적전하밀도 ρ_v인 전하가 전기변위(분극) D를 발산(생성) 한다는 것이야.

앞의 정전기 유도에서 도체인 알루미늄이 절연체인 플라스틱보다 대전된 막대에 더 강하게 끌리는 것을 봤지?
네, 분극이 더 세게 일어나기 때문이군요.
+
−
그렇게 생각하기 쉬운데 사실은 알루미늄 같은 도체에서는 분극이 일어나지 않는단다.
네?
분극은 오직 절연체에서만 일어난단다.
그래서 절연체를 내부에 전기를 유도(분극)한다고 해서 유전체라고도 부르지.
왜냐하면, 도체 내부는 전기를 잘 통하니까 만약 도체 내부에 전하가 있더라도 금방 이동하여(전하가 쉽게 이동하는 것이 전기가 잘 통하는 것이니까) 더이상 이동할 수 없는 표면에 모이게 되고, 내부는 원래대로 남아있기 때문이야.
도체 내부에서는
$E=0 \quad \rho_v=0$
마치, 물 속에 물보다 가벼운 기름방울들과 무거운 기름방울들을 집어 넣더라도, 스스로 움직여서 가벼운 것들은 물의 위 표면에, 무거운 것들은 물의 아래 표면에 모이고 물의 내부는 원래 그대로 남아 있는 것과 유사함.
물

이에 반해 유전체는 전기를 잘 통하지 않으므로 내부에 있는 전하는, 도체에서와 같이 스스로 움직이지는 않고, 전기장을 가해야만 아주 조금 움직인단다.
P
유전체는 양전하를 띠는 원자핵과 이에 구속되어 있는 음전하의 전자로 이루어져 있으므로, 실제로는 (+) (−)의 전하가 따로 존재하는 것이 아니라 항상 쌍으로 존재한다.
여기서 전기장을 가하면 전자가 + 극 쪽으로 조금 끌려 원래 중성이던 원자가 (+) (−) 두 극을 가지게 된다고 하여 **전기쌍극자**라고 부른다.
전기쌍극자
유전체 전체의 분극 P는 전자 쌍극자의 체적밀도로 정의함.

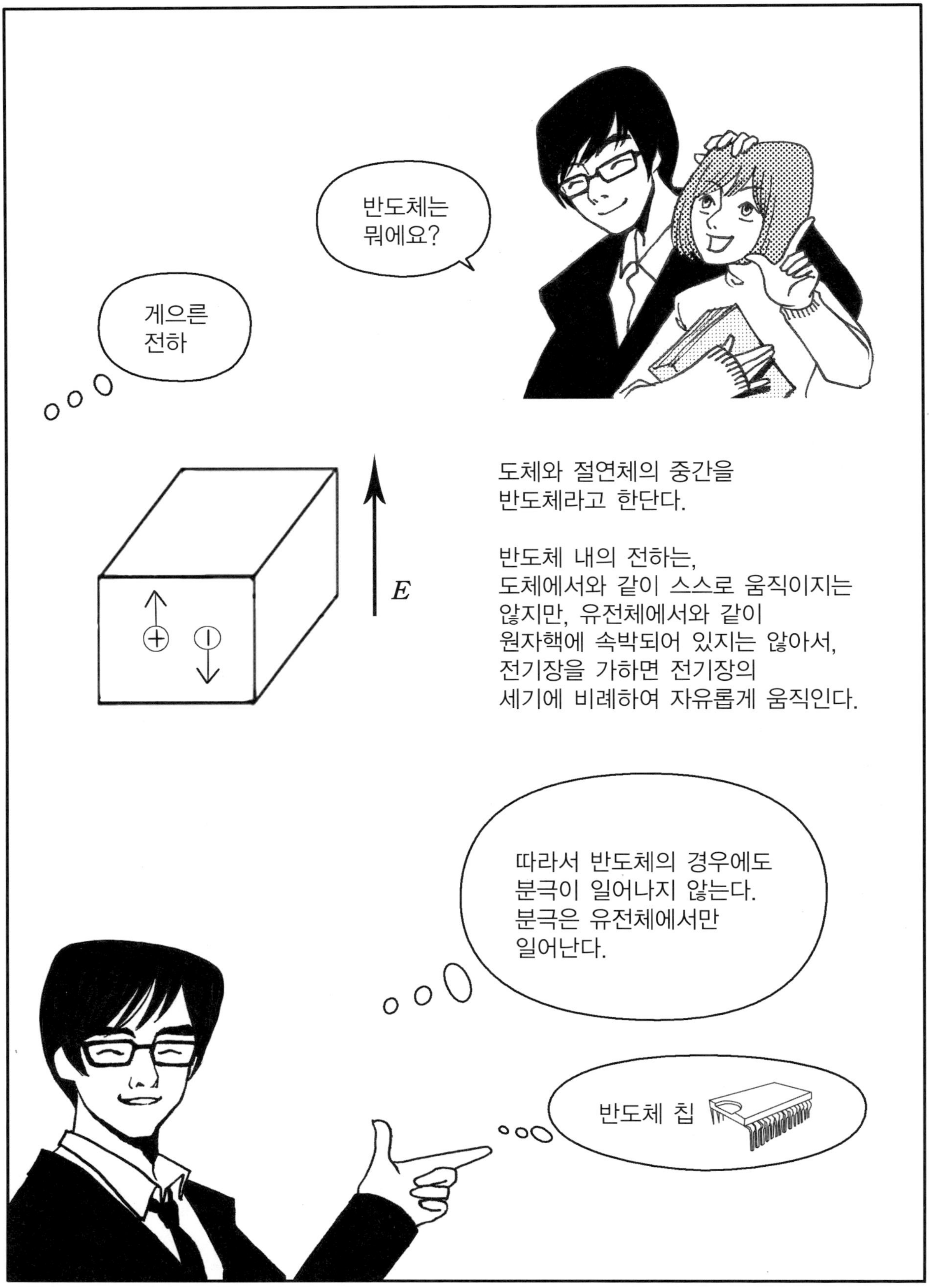
반도체는 뭐에요?
게으른 전하
E
도체와 절연체의 중간을 반도체라고 한단다.
반도체 내의 전하는, 도체에서와 같이 스스로 움직이지는 않지만, 유전체에서와 같이 원자핵에 속박되어 있지는 않아서, 전기장을 가하면 전기장의 세기에 비례하여 자유롭게 움직인다.
따라서 반도체의 경우에도 분극이 일어나지 않는다. 분극은 유전체에서만 일어난다.
반도체 칩

어떤 물체가 분극을 얼마나 일으키는가의 척도를 **유전율** ε으로 나타낸단다.
유전율이란 전기를 유도하는 비율.
유전율 ε이란 걸어준 전기장 E에 의해 얼만큼 전기 변위(전속 밀도) D가 일어났나의 비율.
즉 $\varepsilon_0 = \dfrac{D}{E}$
물체가 있을 때의 전기변위 D는
$D = \varepsilon_0 E + P$ 이었지.
만약, 물체가 없어 진공만이 있고, 진공의 전기변위를 D_0라고 하면, 진공의 유전률 ε_0는
$\varepsilon_0 = \dfrac{D_0}{E}$
진공의 전기변위 D_0는 $D_0 = \varepsilon_0 E$ 이었지.
어떤 물체가 있을 때 진공에 비해 얼마만큼 전기변위가 더 일어나는가의 비, 즉,
$\dfrac{D}{D_0} = \dfrac{\frac{D}{E}}{\frac{D_0}{E}} = \dfrac{\varepsilon}{\varepsilon_0} = \varepsilon_r$
를 **비유전율**이라고 부른다.
ε_r 비유전율

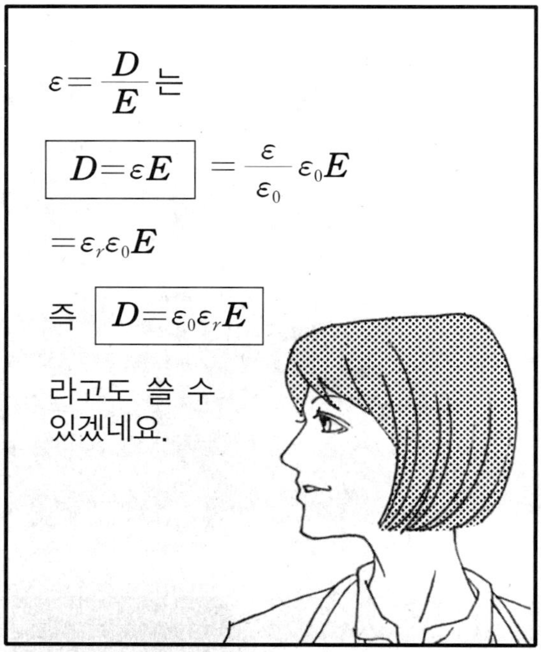

각종 물체의 비유전율

매질	비유전율, ε_r	매질	비유전율, ε_r
진공	1	호마이카	6
공기(대기압)	1.0006	납유리	6
스티로폼	1.03	마이카	6
확장된 PVC		소금	6
(폴리비닐클로라이드)	1.1	네오프렌	7
폴리폼	1.1		
목재(마른)	2–4	대리석	8
파라핀	2.1	플린트유리	10
합판	2.1	동물근육	10
폴리스티렌	2.7	실리콘	12
호박	3	게르마늄	16
고무	3	암모니아(액체)	22
종이	3	알코올(에틸)	25
플렉시유리	3.4	글리세린	50
마른 사질토	3.4	얼음	75
나일론(고체)	3.8	물(증류수)	81
실리카	3.8	루타일(TiO_2)	89–173
유황	4	바륨티타네이트($BaTiO_3$)	1,200
수정	5	바륨스트론튬티타네이트	10,000
베클라이트	5	바륨티타네이트스탄네이트	20,000

퀴즈1

균일한 전기장 속에 도체, 절연체, 반도체를 집어 넣었을 때 전기장의 변화를 전기력선으로 나타내보세요.

퀴즈답

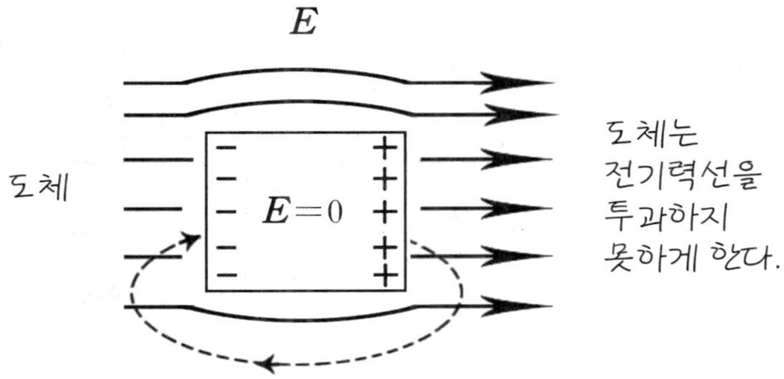

반도체도 도체와 유사
(계속 전기장을 가하면
내부의 전하가 표면으로 이동하므로)

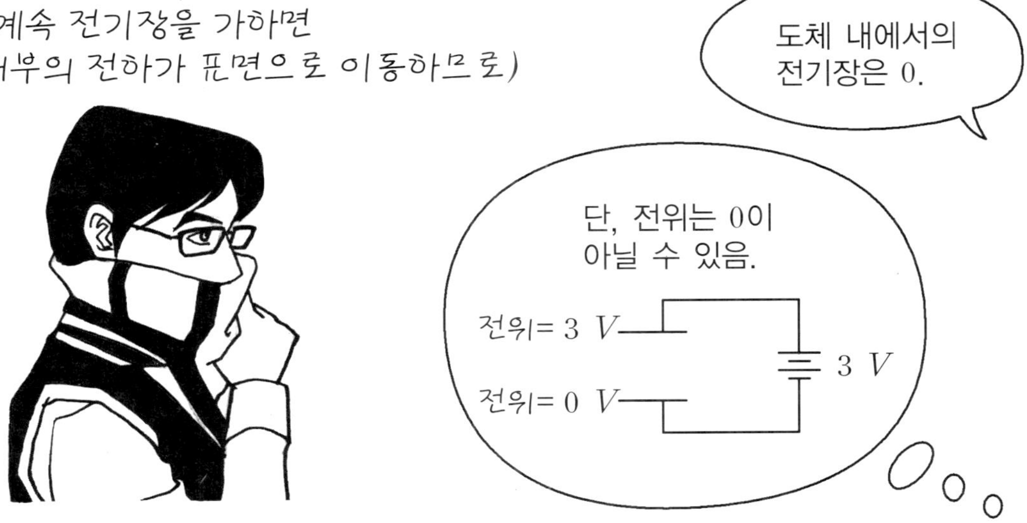

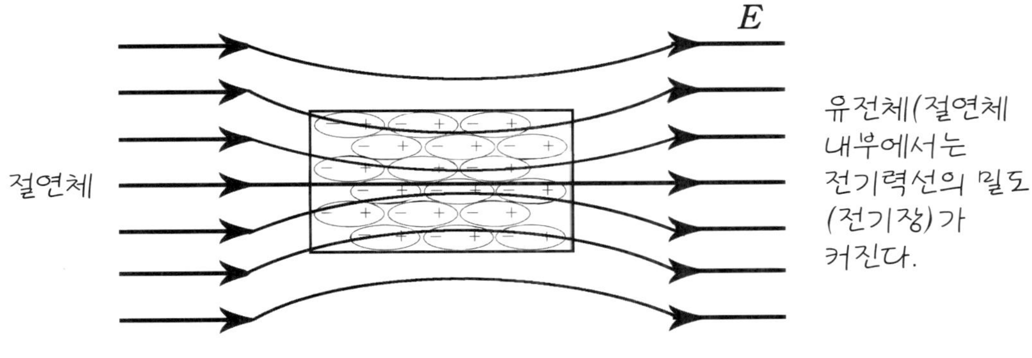

아래 그림과 같이 분극된 유전체가 균일한 전기장속에 비스듬히 놓여 있으면, 이 유전체는 어떤 힘을 받을까?

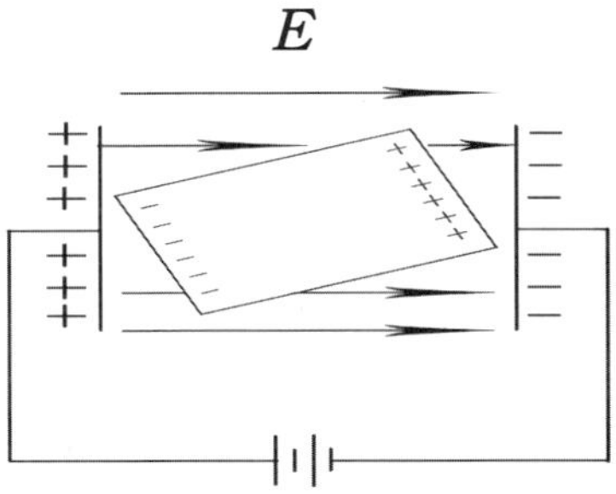

전기장에 의해 아래 그림과 같이 회전하는 힘을 받아 전기장과 평행하게 될때까지 회전을 한다.

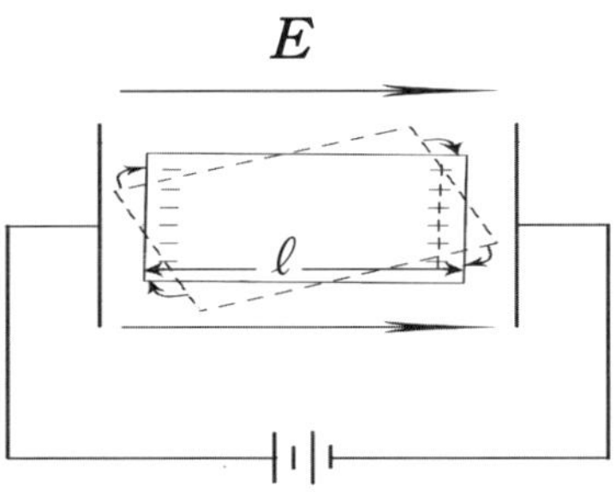

이 회전하려는 성질을 **모멘트**라고 한다.
이 모멘트는(유전체 표면의 극의 세기×유전체의 길이)에 비례한다. 따라서 단위는 $C \cdot m$이다.

분극된 유전체 내부에는 아래 그림과 같이 전자구름이 원자핵으로부터 한쪽으로 치우친 다수의 원자들이 들어 있다.

이러한 원자들이 전기장에 의해 받는 모멘트를 **쌍극자모멘트**라고 한다.

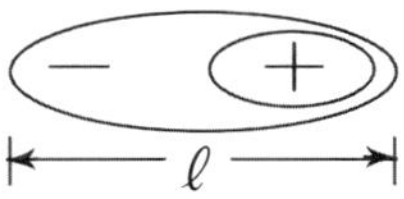

단위체적당의 쌍극자모멘트 ($C \cdot m/m^3 = C \cdot m^2$)를 분극이라고 한다.

퀴즈3

아래 그림과 같은 장치를 사용하여 유전체에 가하는 전기장(전압)의 세기를 계속 증가시키면 유전체는 어떻게 될까?

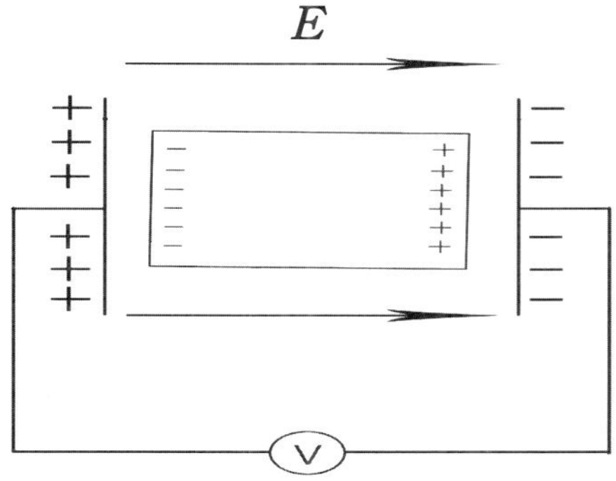

퀴즈답

유전체 내부의 원자들에 구속되어 있던 전자들이 원자들로부터 분리되고, 전기장에 의해 가속되어 원자들과 강력히 충돌하여 유전체가 영구적인 손상을 받으며 이온화가 눈사태처럼 일어나 도전되고 큰 전류가 흐른다.

이 현상을 **유전체 파괴 현상**이라고 부르고, 유전체가 파괴되지 않고 견딜 수 있는 최대 전기장의 세기를 **유전체 강도**라고 부른다.

전기장은 뾰족한 도체 위에서 강해지므로 피뢰침 위의 공기가 다른 곳보다 먼저 절연파괴되어 번개가 피뢰침을 통해 땅속으로 방전된다.

각종 유전체의 유전체 강도

유전물질	유전상수	유전체 강도(kV/m)
공기	1.0	3,000
베크라이트	4.5	21,000
에보나이트	2.6	60,000
에폭시	4	35,000
유리(파이렉스)	4.5	90,000
구타-페르카	4	14,000
운모	6	60,000
광물유(鑛物油)	2.5	20,000
파라핀	2.2	29,000
폴리스틸렌	2.6	30,000
페라놀	5	20,000
자기(磁器)	5	11,000
석영(용융된)	5	30,000
고무	2.5-3	25,000
변압기유	2-3	12,000
순수(純水)	81	-

전전용량

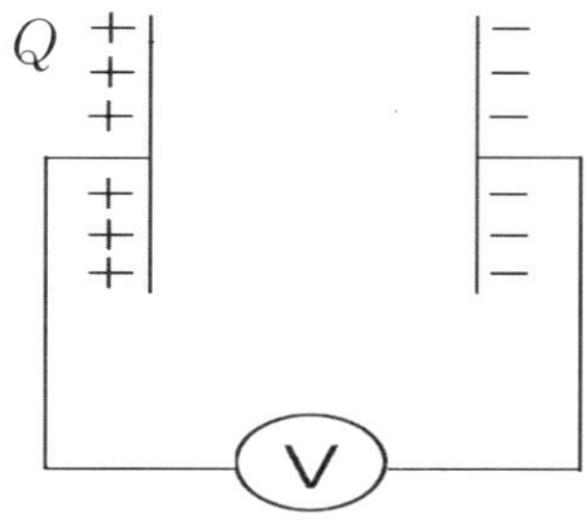

그림과 같은 평판커패시터에 전압 V를 인가하면 평판에 전하 Q가 모이게 된다. 이 전하 Q는 전압 V에 비례하므로 $Q=CV$의 관계를 얻는다.

이때 비례상수 C를 **정전용량**이라고 부른다.
정전용량 C는 단위전압당 커패시터 내부에 저장되는 전하량을 나타내므로, 거패시터가 전하를 얼마나 효율적으로 저장하는가의 척도이다.

평판의 면적을 A라고 하고 표면 전하를 ρ_s라고 하면 전하 $Q=\rho_s A$이다. 또 전압 $V=Ed$이고 $D=\rho_s=\varepsilon E$이므로, 평판 커패시터의 정전용량 C는

$$C=\frac{Q}{V}=\frac{\rho_s A}{Ed}=\frac{\varepsilon EA}{Ed}=\frac{\varepsilon E}{d}$$

경계면에서의 전기장

앞에서 언급한 것과 같이 도체 내에는 만약 전하가 있더라도 스스로 움직여 표면에 모이게 되므로 도체 내부에서 체적전하밀도 ρ_v는 0이다. 따라서 전지장 E도 0이다.

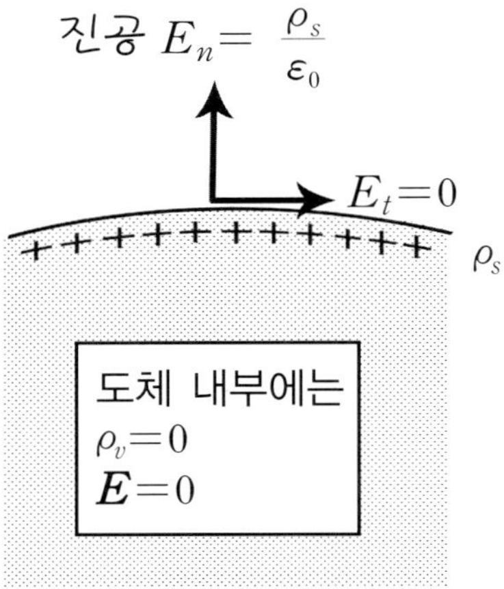

도체 표면(도체와 진공의 경계)에서 만약 표면에 면전하밀도 ρ_s인 전하가 분포되어 있다면 **표면에 수직인 전기장** E_n이 생기게 된다.
이 전기장의 수직성분 E_n은 진공(유전율 ε_0) 쪽으로 향하므로, $\rho_s = \varepsilon_0 E_n$, 즉 $E_n = \rho_s / \varepsilon_0$이다.

이때 도체 표면에 평행인 전기장 E_t는 0이다.
왜냐하면 $E_t \neq 0$이라면 표면전하들은 움직여서 재배치 될 것이나 실제로는 표면전하들은 정지해 있기 때문이다. 즉,

> 도체와 진공의 경계면에서의 **경계조건**은
> $E_t = 0$, $E_n = \rho_s / \varepsilon_0$

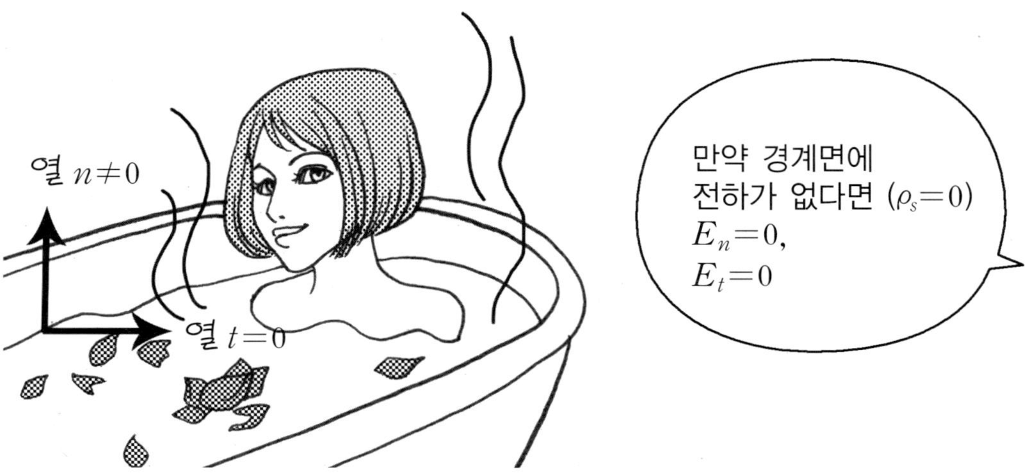

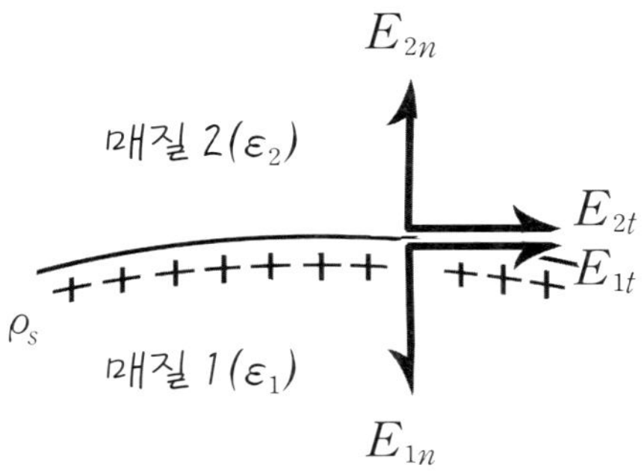

이러한 **경계조건**을 일반화하여
어떤 매질 1과 매질 2의 경계에 적용해보자.

만약 경계면에 면전하밀도
ρ_s인 전하가 분포되어 있다면
표면에 수직인 전기장 E_{1n}과 E_{2n}이
생기게 된다.
(일반적으로 매질 1, 2가 모두 도체가
아닐 수 있으므로

이 E_{1n}과 E_{2n}은
ρ_s에 의해 만들어지므로,
매질 1, 2의 유전율을
ε_1, ε_2라고 하면

$$\varepsilon_1 E_{1n} - \varepsilon_2 E_{2n} = \rho_s$$

한편, 경계면에 평행인 전기장의
성분 E_{1t}와 E_{2t}는,
두 매질이 경계를 공유하므로,
같아야 한다.

$$E_{1t} = E_{2t}$$

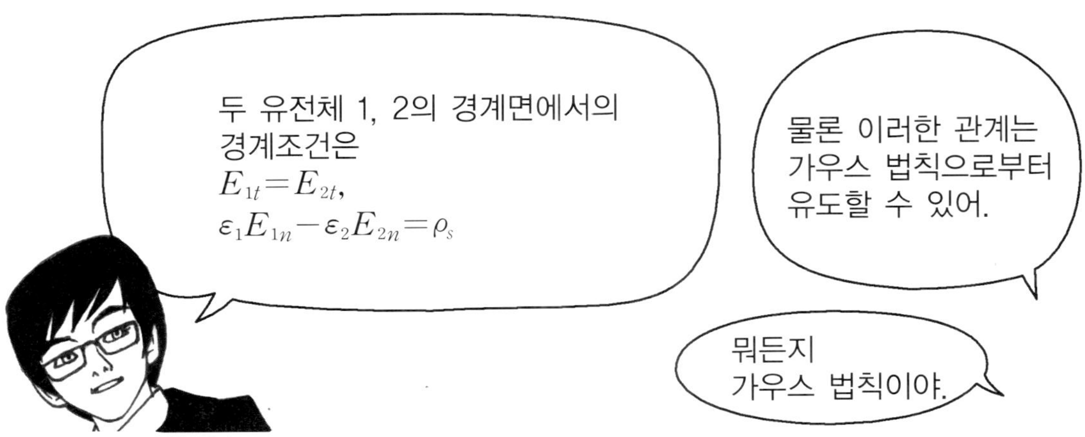

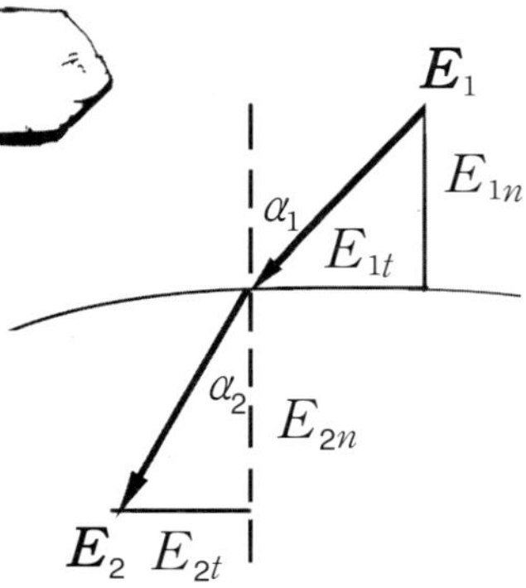

유전율 ε_1과 ε_2인 두 유전체가 접촉해 있고 경계면에 전하가 없을 때, 경계면의 한 점에서의 매질 1의 전기장의 세기가 E_1이고 법선 방향과 이루는 각이 α_1이라면 매질 2에서의 전기장의 세기와 방향을 구해보세요.

경계면 조건

$$E_{1t}=E_{2t}$$
$$\varepsilon_1 E_{1n}-\varepsilon_2 E_{2n}=0$$

경계면에 전하가 없으므로 $\rho_s=0$

를 적용하면

$$E_{1t}=E_1\sin\alpha_1=E_{2t}=E_2\sin\alpha_2$$
$$\varepsilon_1 E_{1n}=\varepsilon_1 E_1\cos\alpha_1=\varepsilon_2 E_{2n}=\varepsilon_2 E_2\cos\alpha_2 \quad\text{———— }(*)$$

한편, $\boldsymbol{E}_2$의 크기 E_2는

$$E_2=\sqrt{E_{2t}^2+E_{2n}^2}=\sqrt{(E_2\sin\alpha_2)^2+(E_2\cos\alpha_2)^2}$$

이 식에 위의 식들을 대입하여 E_2를 E_1으로 바꾸면

$$E_2=\left[(E_1\sin\alpha_1)^2+\left(\frac{\varepsilon_1}{\varepsilon_2}E_1\cos\alpha_1\right)^2\right]^{\frac{1}{2}}$$
$$=E_1\left[\sin^2\alpha_1+\left(\frac{\varepsilon_1}{\varepsilon_2}\cos\alpha_1\right)^2\right]^{\frac{1}{2}}$$

이것이 매질 2에서의 전기장의 세기이고, 방향은 이렇게 하여 구한 E_2를 (*) 식에 대입하여 α_2를 구하면 알 수 있다. 이와 같이 한쪽의 전기장을 알면 다른 쪽의 전기장을 알 수 있어요.

포아송(Poisson) 및 라플라스(Laplace) 방정식

정전기에 관한 모든 현상을 지배하는 가우스의 법칙

$\nabla \cdot \boldsymbol{D} = \rho_v$ (또는 $\nabla \cdot \boldsymbol{E} = \dfrac{\rho_v}{\varepsilon}$)

는 다음과 같이 변환시킬 수 있다.

앞에서 언급했듯이

$\boldsymbol{D} = \varepsilon \boldsymbol{E},\ \boldsymbol{E} = -\nabla V$

이므로

$\boldsymbol{D} = -\varepsilon \nabla V$

이것을 가우스의 법칙에 대입하면 $\nabla \cdot (-\varepsilon \nabla V) = \rho_v$
만약 매질이 균일하다면 ε은 상수이고 발산연산자 바깥으로 나올 수 있으므로

$-\varepsilon \nabla \cdot \nabla V = \rho_v$

$$\boxed{\nabla^2 V = -\frac{\rho_v}{\varepsilon}}$$

이것을 **Poisson 방정식**
이라고 불러요.

따라서 정전기에 관한 모든
현상은 Poisson 방정식을
만족해야 하죠.

∇^2를 Laplacian 연산자라고
부르고, 읽을 때는 del square
라고 읽는다.

$$\nabla^2 = \nabla \cdot \nabla$$

$$= \left(\boldsymbol{a}_x \frac{\partial}{\partial x} + \boldsymbol{a}_y \frac{\partial}{\partial y} + \boldsymbol{a}_z \frac{\partial}{\partial z}\right) \cdot \left(\boldsymbol{a}_x \frac{\partial}{\partial x} + \boldsymbol{a}_y \frac{\partial}{\partial y} + \boldsymbol{a}_z \frac{\partial}{\partial z}\right)$$

$$= \frac{\partial^2}{\partial x^2} + \frac{\partial^2}{\partial y^2} + \frac{\partial^2}{\partial z^2}$$

만약 전하가 없다면 $(\rho_v = 0)$

$\nabla^2 V = 0$

이것을 Laplace 방정식이라고 합니다.

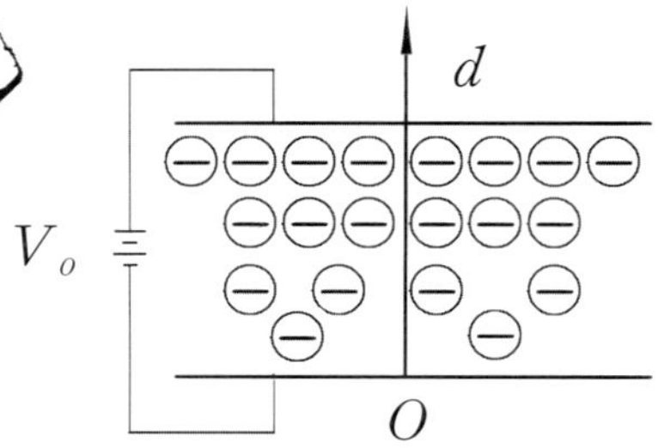

두 큰 평행 도체판을 거리 d만큼 떨어뜨려 마주보게 하고 전지를 연결하여 밑면은 $O\ V$, 윗면은 $V_o\ V$가 되도록 하였다.

판 사이에는 체적밀도 $\rho_v = -\rho_0 x/d$인 전자를 연속적으로 채웠다.
가장자리에서의 전기장(fringing field)의 영향을 무시할 때 판 사이의 임의의 점에서의 전위를 구하라.

Poisson방정식

$$\nabla^2 V = -\frac{\rho_v}{\varepsilon}$$

에 $\rho_v = -\rho_0 x/d$와 $\varepsilon = \varepsilon_0$(전자 이외에는 진공이므로)를

대입하면

$$\nabla^2 V = -\frac{\rho_o}{\varepsilon_0 d} x$$

y, z방향으로는 판이 무한히 크다고 가정하면, x방향으로의 1차원 전위만을 구하면 되므로

$$\frac{\partial^2 V}{\partial x^2} = \frac{\rho_o}{\varepsilon_0 d} x$$

$$\nabla^2 V = \frac{\partial^2 V}{\partial x^2} + \cancel{\frac{\partial^2 V}{\partial y^2}} + \cancel{\frac{\partial^2 V}{\partial z^2}}$$

양변을 두 번 적분하면

$$V(x) = \frac{\rho_o}{6\varepsilon_0 d} x^3 + C_1 x + C_2 \quad \text{———} \quad (*)$$

밑면 ($x=0$)에서의 전위가 0이고,
윗면 ($x=d$)에서의 전위가 V_o이므로

$$V(O) = 0 = C_2$$

$$V(d) = V_0 = \frac{\rho_o d^2}{6\varepsilon_0} + C_1 d, \rightarrow\ C_1 = \frac{V_o}{d} - \frac{\rho_o d}{6\varepsilon_0}$$

C_1, C_2 값을 (∗)식에 대입하면

$$V(x) = \frac{\rho_o}{6\varepsilon_0 d} x^3 + \left(\frac{V_o}{d} - \frac{\rho_o d}{6\varepsilon_0} \right) x$$

참고로, 전기장의 세기 E는

$$E = -\nabla V$$

이므로

x축 방향으로의 1차원 전기장 $\boldsymbol{E}(x)$는

$$\boldsymbol{E}(x) = -\boldsymbol{a}_x \frac{\partial V}{\partial x} = -\boldsymbol{a}_x \left[\frac{\rho_o}{2\varepsilon_0 d} x^2 + \left(\frac{V_o}{d} - \frac{\rho_o d}{6\varepsilon_0} \right) \right]$$

1차원이므로

$$\nabla V = \left(\boldsymbol{a}_x \frac{\partial}{\partial x} + \boldsymbol{a}_y \frac{\partial}{\partial y} + \boldsymbol{a}_z \frac{\partial}{\partial z} \right)$$

포아송방정식은 전하(전하밀도 ρ_S)가 공간에 분포되어 있을 때, 임의의 점에서의 전위를 구하는 식이에요.

영상전하

Poisson 또는 Laplace 방정식으로 바로 풀기 어려운 경계 조건을 갖는 정전기장 문제는 **영상전하**라는 개념을 도입하여 전위분포를 간단히 구할 수 있는 경우가 있다.

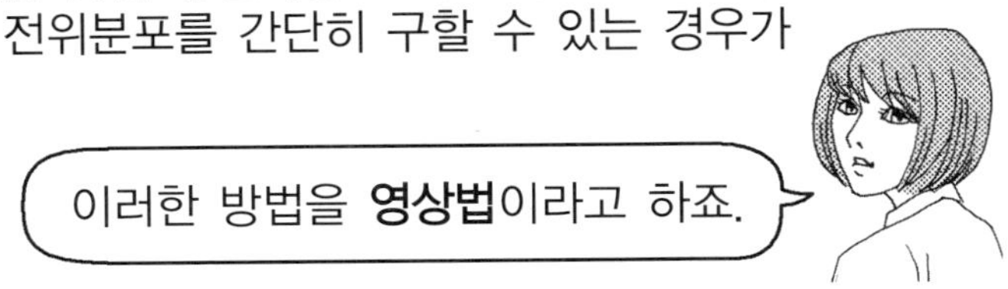

예를 들어, 아래 그림과 같이 전하 Q가 있을 때, p점에서의 전위를 계산해 보자.

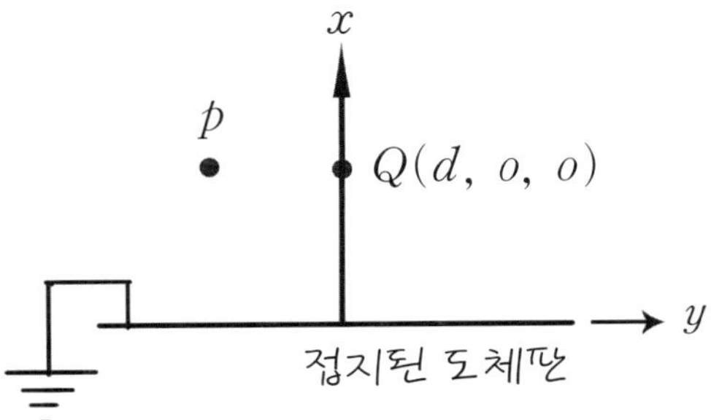

이 경우 접지판을 제거하고

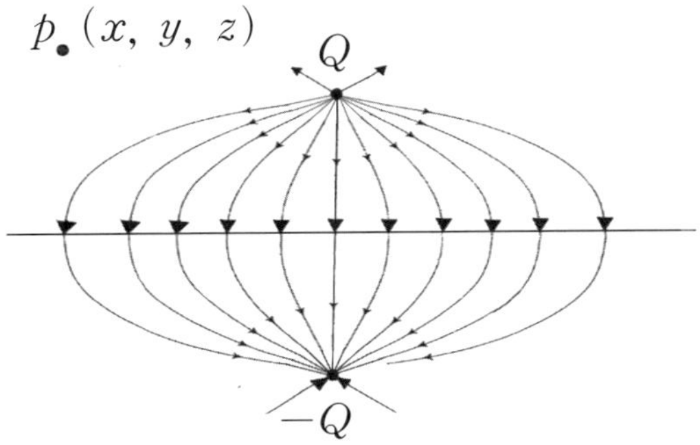

이와 같은 경우의 경계조건은 $V(0)=0$, $V(\infty)=0$이나, 이 경계조건을 만족하도록 Poisson방정식을 직접 푸는 것은 어렵다.

접지판을 거울면이라고 생각하여 반대 방향에 $-Q$의 영상전하가 있다고 가정하고 p점에서의 전위를 구한 후 $x \geqq 0$인 영역만을 취하면 된다.

즉, $p(x, y, z)$ 점에서의 전위 $V(x, y, z)$는

$$V(x, y, z) = \frac{Q}{4\pi\varepsilon_0}\left(\frac{1}{R_+} - \frac{1}{R_-}\right)$$

$$= \frac{Q}{4\pi\varepsilon_0}\left[\frac{1}{\sqrt{(x-d)^2+y^2+z^2}} - \frac{1}{\sqrt{(x+d)^2+y^2+z^2}}\right]$$

(단, $y \geq 0$)

$y \leq 0$에서는 $V(x, y, z)=0$

전기의 기본법칙

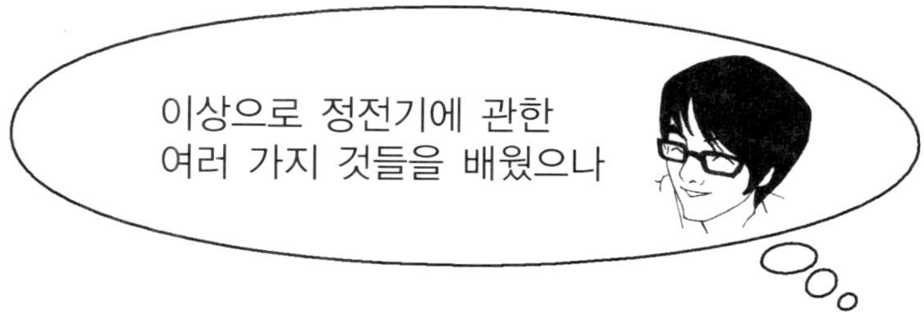

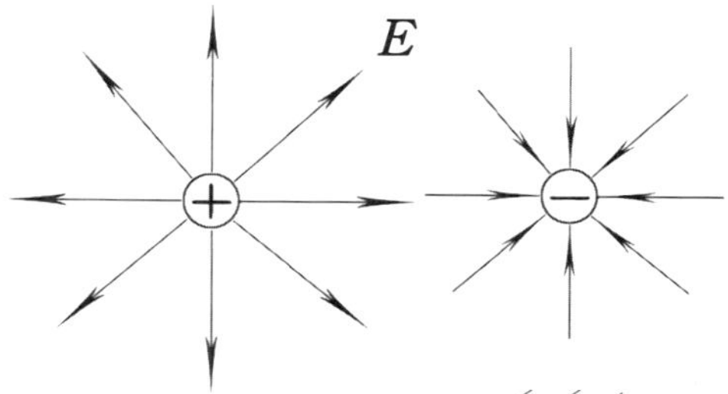

자기의 세계와 분리하여
전기의 세계만을 생각하는 한 가장 핵심이 되는
전기의 기본 법칙은 두 가지 뿐이다.

1. 하전 입자는 그 주위의 공간에 용출 또는 흡수형의 전기장을 형성한다.

2. 전기장 속에 놓인 하전 입자는 전기장으로부터 힘을 받는다.

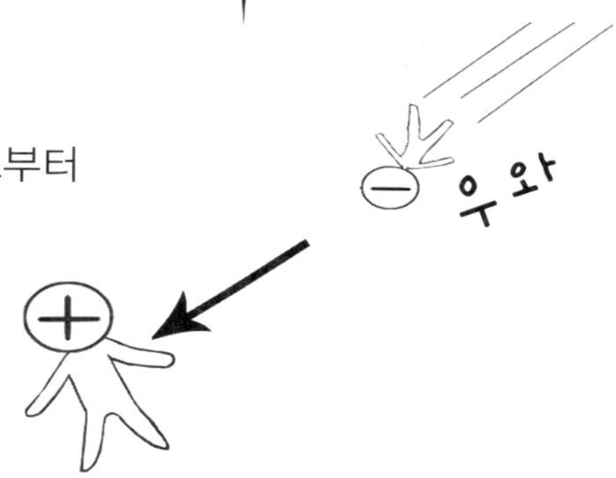

식으로 나타내면

1. $\nabla \cdot \boldsymbol{E} = \frac{\rho_v}{\varepsilon}$, $\iint_S \boldsymbol{E} \cdot \boldsymbol{n} dA = \frac{q}{\varepsilon}$ (가우스의 법칙)
(미분형) (적분형)

2. $\boldsymbol{F} = q\boldsymbol{E}$

3

자기장

3_1. 자석의 정체

성자성체나 반자성체는 자석에 끌리거나 반발하는 힘이 너무 작아 우리가 느끼기는 어려우나 정밀한 기계로 측정하면 알 수 있다.

성자성체나, 반자성체에 작용하는 힘은 강자성체에 비해 1/1,000~1/1,000,000

어떤 것은 강자성체가 되고
어떤 것은 상자성체,
반자성체가 되는 거예요?
타고나는
거지 뭐.

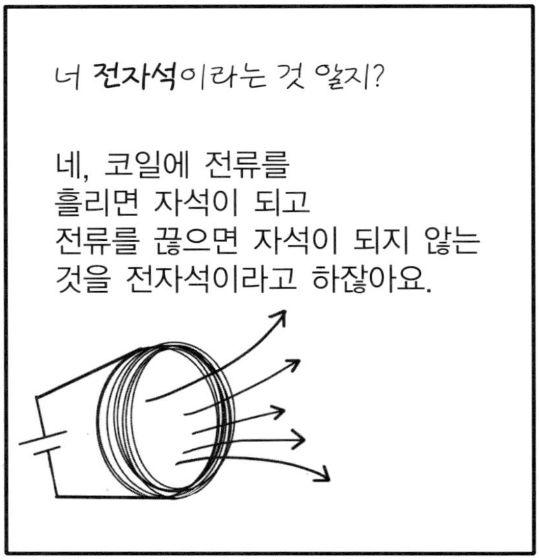
너 **전자석**이라는 것 알지?
네, 코일에 전류를
흘리면 자석이 되고
전류를 끊으면 자석이 되지 않는
것을 전자석이라고 하잖아요.

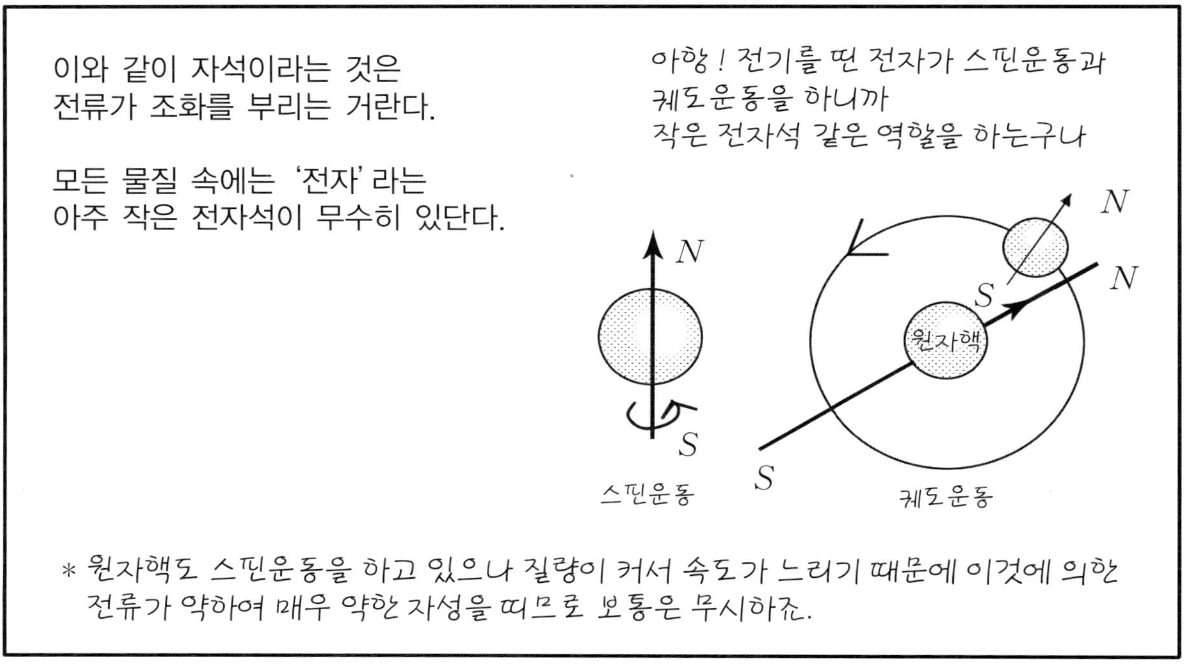
이와 같이 자석이라는 것은
전류가 조화를 부리는 거란다.
모든 물질 속에는 '전자'라는
아주 작은 전자석이 무수히 있단다.
아항! 전기를 띤 전자가 스핀운동과
궤도운동을 하니까
작은 전자석 같은 역할을 하는구나
N
S
스핀운동
N
N
S
원자핵
S
궤도운동
* 원자핵도 스핀운동을 하고 있으나 질량이 커서 속도가 느리기 때문에 이것에 의한
전류가 약하여 매우 약한 자성을 띠므로 보통은 무시하죠.

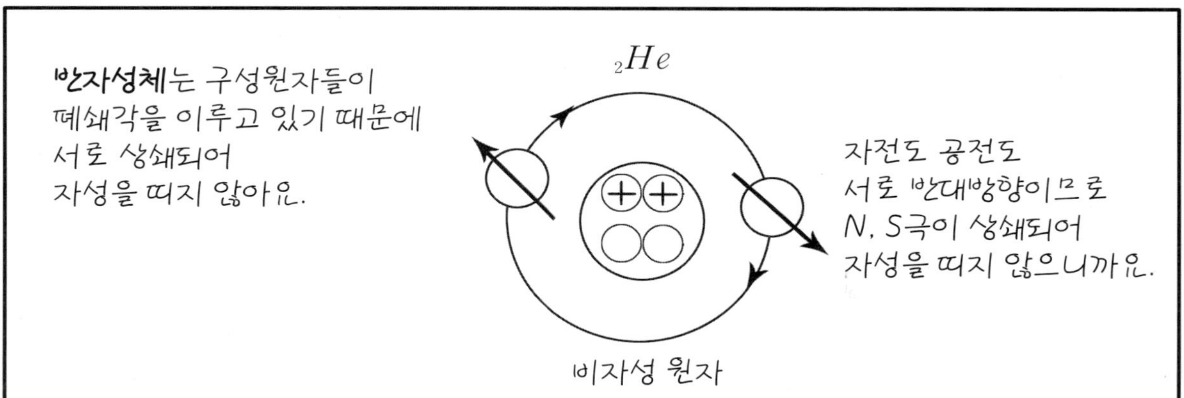
반자성체는 구성원자들이
폐쇄각을 이루고 있기 때문에
서로 상쇄되어
자성을 띠지 않아요.
$_{2}He$
자전도 공전도
서로 반대방향이므로
N, S극이 상쇄되어
자성을 띠지 않으니까요.
비자성 원자

반자성체에 자석을 가까이 하면
자석과 같은 방향의 자장을
형성하는 전류가 유도되나,
Lentz의 법칙(변화를 없애려고 하는 법칙)
에 의해 이것을 없애려는 반대 방향의
전류가 발생하여 자석과 반발하게 된다.

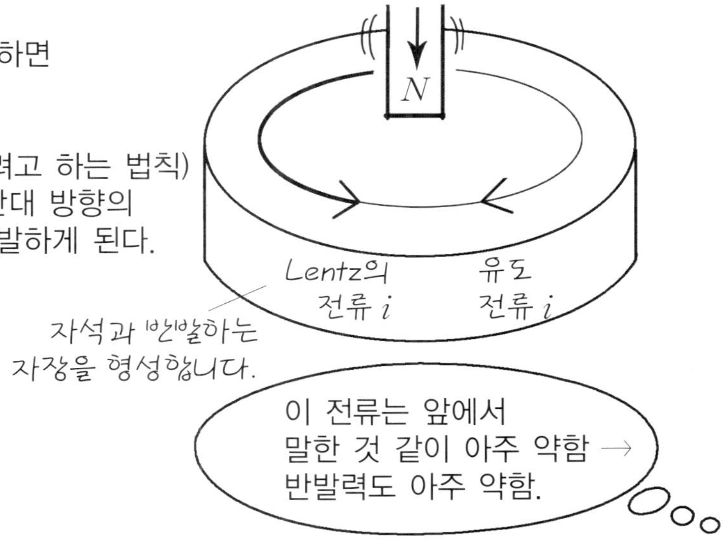

상자성체의 경우는
구성원자들이 폐쇄각을
이루지 않아서
쌍을 이루지 않은
전자들이 있어
구성원자 자체가
자성을 띠고 있다.

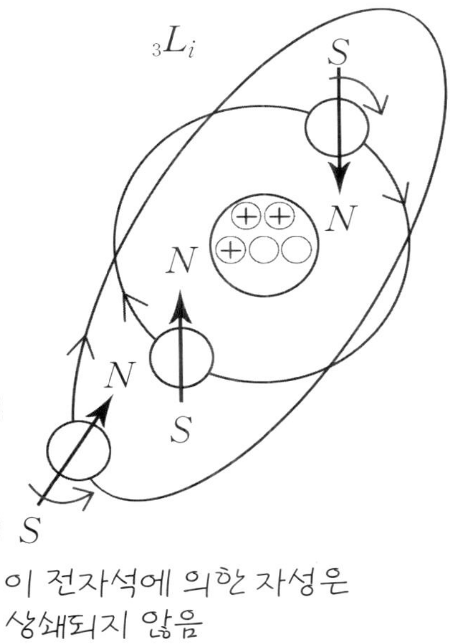

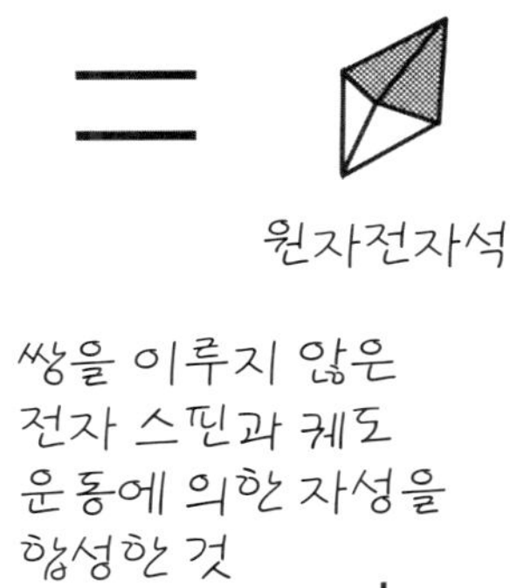

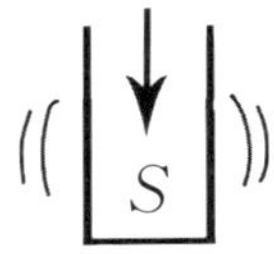

이 원자자석들이
열에너지에 의해
무질서하게 배열되어 있다가
자석을 가까이 하면,
자석방향으로 약간 배열하여,
자석에 약하게 끌린다.

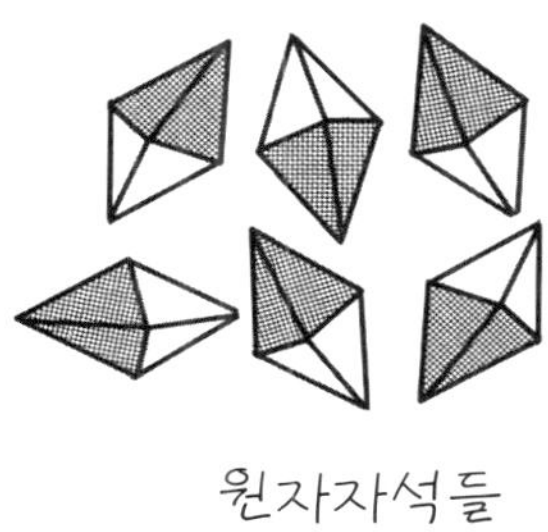

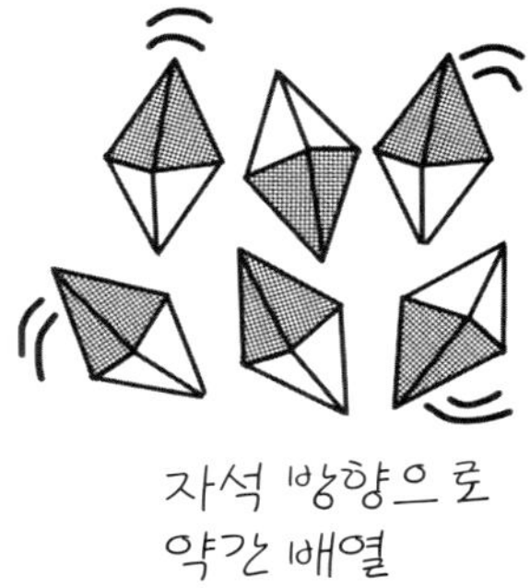

강자성체의 경우에도 구성원자들이 상자성체의 경우와 같이 자성원자이나, 이 경우에는 원자전자석들이 **교환상호작용**에 의해 같은 방향으로 배열되어 있는 영역(자기구역 또는 자구라고 부름)으로 나뉘어져 있다.

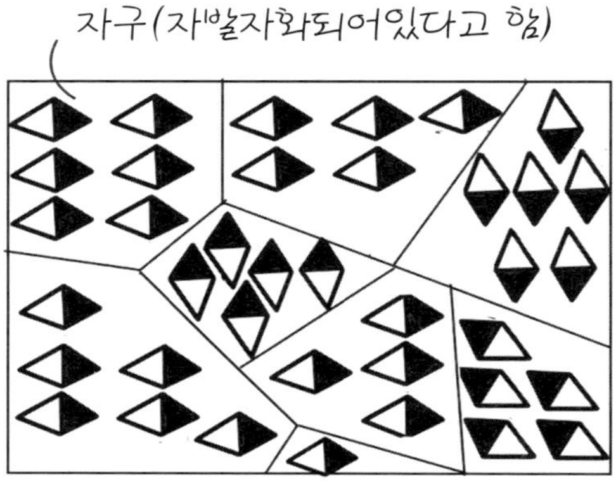

이것에 자석을 가까이 하면, 제멋대로 흩어져 있던 자기구역 내의 원자전자석들이 자석과 같은 방향으로 가지런해져서 자석에 강하게 끌리게 된다.

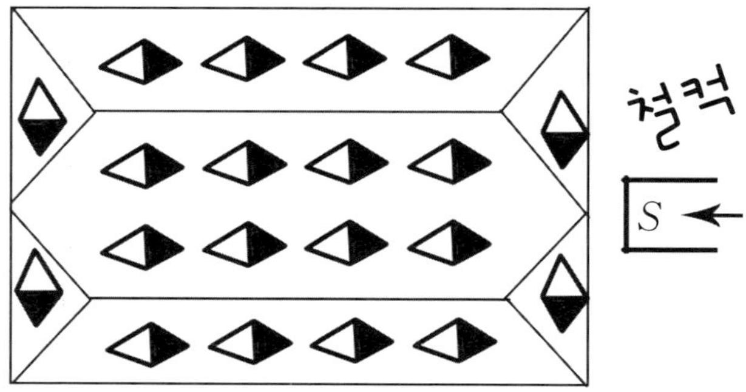

자석을 제거해도 자기구역의 방향이 그대로 가지런히 정렬해 있는 물체들이 있는데, 이것들이 **영구자석**이 되는거죠.

영구자석을 그냥 자석이라고 하죠.

영구자석 = 강자성체

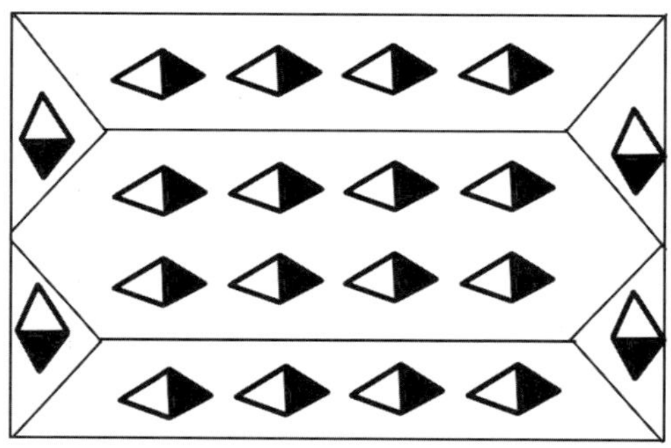

이러한 성질을 **경자성**이라고 함
magnetically hard

자석을 제거하면 원래와 유사하게 자기 구역의 방향이 제멋대로 흩어지는 물체들도 있는데, 이것들은 영구자석이 되지 않죠.

이러한 성질을 **연자성**이라고 함
magnetically soft

양념1

지구는 자석

고대 사람들은 물 위에 자침을 띄워놓으면 항상 남과 북을 가르킨다는 것을 알고 있었다.

영국의 길버트는 17세기 초반에 텔루르라고 하는 공모양의 자석을 지구로 간주하고, 그 주위의 상태를 작은 자침으로 놓아 조사하여 지구가 자석임을 실증하였다.

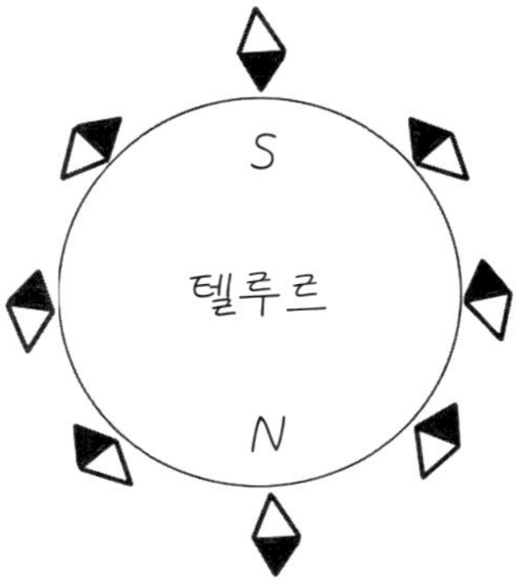

지구 내부는 고온이므로 철 등이 용해되어 있고, 지구의 자전 때문에 용해되어 있는 물질(전자전자석을 포함하고 있음)이 유동하여 지구는 거대한 자석이 된다.

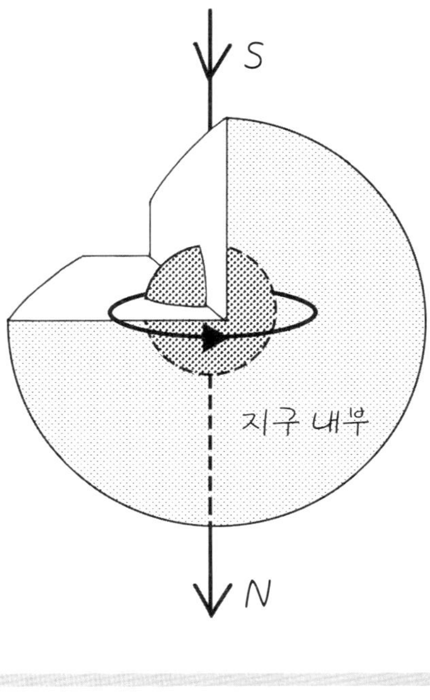

극지방에 나타나는 **오로라**는 지구 자기장에 의해 우주의 하전입자가 잡혀서 빛을 발하는 것이다.

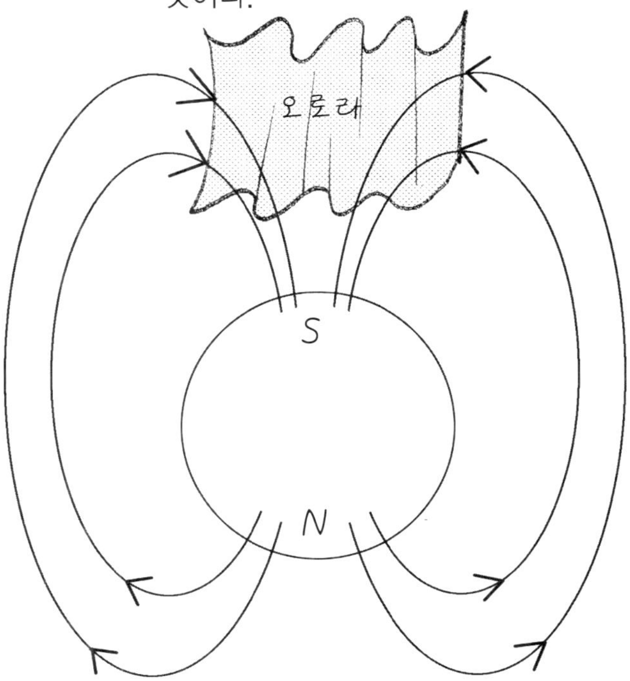

양념2 대륙이동의 수수께끼

1915년 독일의 베네거가 제창한 대륙이동설에 결정적인 증거를 제공한 것도 지구자석이다.

남아메리카의 동해안과 아프리카의 서해안의 모습이 아주 닮았다는 것은 지도를 보면 알 수 있다. 이같은 대륙의 형상에서 착상을 얻은 베네거는 현재의 5대륙은 옛날에는 판게아(Pangea)라고 하는 하나의 큰 대륙이었고, 그 각 부분이 분열하여 조금씩 이동해서 현재처럼 되었다고 하는 대륙이동설을 제창했다.

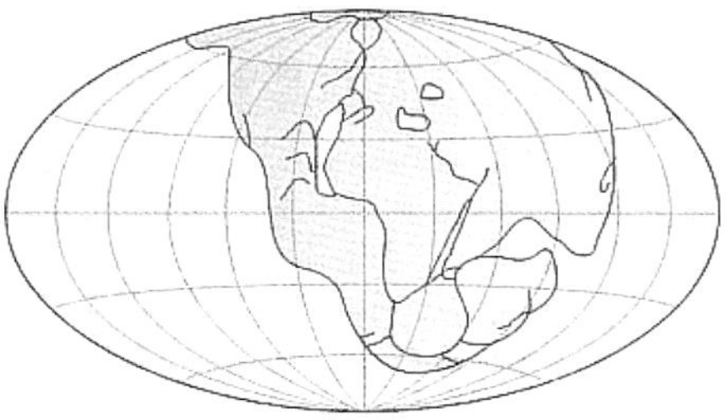

그러나 이 대담한 가설은 대륙을 움직일 만한 커다란 힘의 원인이 밝혀지지 않은 채 학자들로부터 오랫동안 방치되고 있었다.

그런데 1950년대 후반부터 이 학설이 극적인 부활을 보게된다. 그 때 결정적인 역할을 한 것이 이 지구자석이다.

지구의 자극은 현재는 북극과 남극 가까이에 있지만, 줄곧 그 자리에 있었던 것은 아니며, 기나긴 연대를 통해서 이동해 왔다.

이를테면 3억 년 전 쯤에는 한국 부근에 있었던 것으로 생각되고 있다.

어떻게 하여 그와 같은 자극의 이동을 알 수 있을까? 그 열쇠는 화성암 속에 있다.

화성함은 본래 용암이 굳어져서 만들어진 것인데, 굳어질 때 그 속의 철분이 지구자석에 의해서 작은 자석으로 된다.

이 작은 자석은 각 시대의 지구의 자극방향으로 향하기 때문에,
그 방향을 조사하면 각 시대의 지구의 자극 위치를 알 수 있다.

그래서 여러 가지 연대의 화성암 속에 있는 작은 자석의 방향이 분석되고,
지구의 자극이 어떻게 이동해 왔느냐는 것이 조사되었다.

이 자극이 이동한 궤적은 당연히 어느 대륙의 화성암을 조사해도
같아야만 한다.

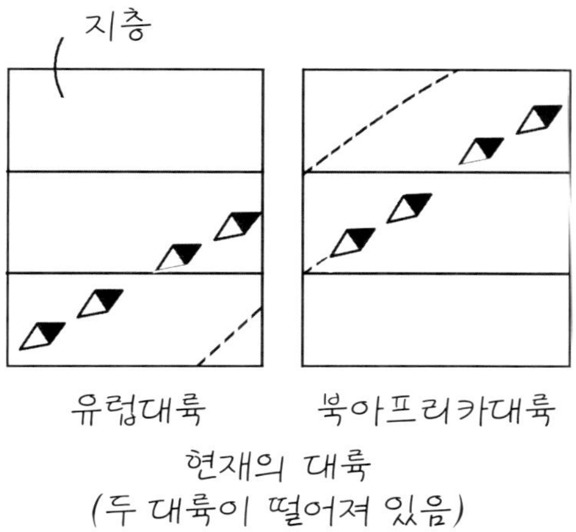

그런데 뜻밖에도 이렇게 하여 밝혀진
지구 자극의 이동 궤적이
유럽 대륙의 화성암으로부터
추정된 것과 북아메리카 대륙으로부터
추정된 것에서 약간 다르다는
사실을 알았다.

두 궤적은 닮은 곡선을 그리기는 하지만
근소하게 처져 있다.

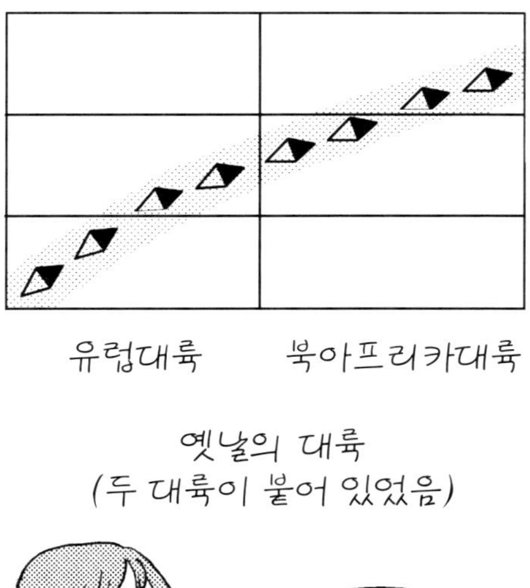

그런데 북아메리카 대륙을
동쪽으로 이동시켜서 유럽 대륙과
붙여보니까, 이 두 궤적이
딱 들어 맞게 겹쳐졌다.
이것은 두 대륙이 옛날에는
하나이었다는 것을 가리키는
강력한 증거가 되었다.

또, 베네거의 무렵에는 알지 못했던
대륙을 움직이는 힘은,
현재는 대륙 밑에 있는
고온의 맨틀층의 이동에 의한
것임이 알려졌다.

생물 중에는 몸속에
자석을 지니고 있는 것들이 있어요.

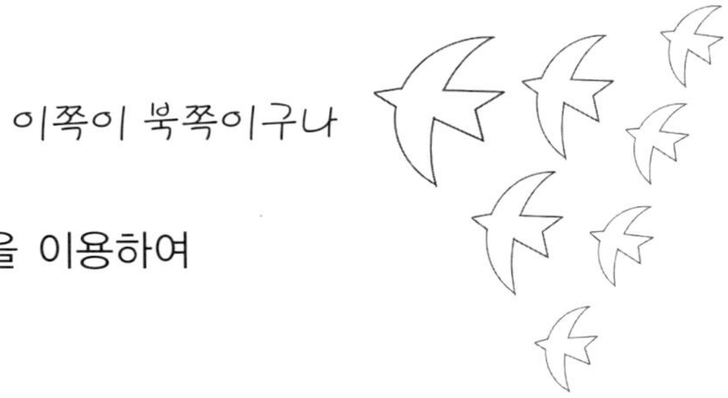

철새

철새들은 머리의 자석(나침반)을 이용하여
지구자장을 감지함으로써
이동하는 방향을 안다.

철새를 방 안에 가두고 천장에
자석을 설치하여 회전시키면,
방향감지에 혼란을 일으켜서,
정신없이 날아다닌다.

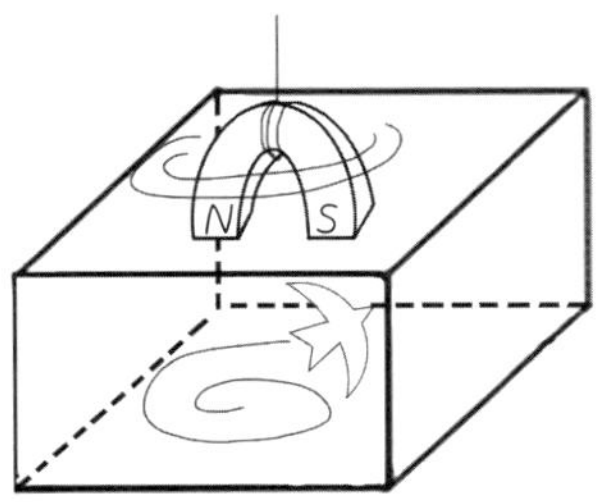

박테리아

북극 근처의 바다에 사는 박테리아 중에는
몸에 자석을 지니고 있는 것이 있다.

이들은 혐기성 미생물로써
공기와 접촉하면 목숨을 잃으므로,
몸속의 자석(나침반)으로
지구자장을 감지하여 바닷물 속으로
들어가는 방향을 안다.

이 박테리아를 남극 근처의 바다에
가져다 놓으면 어떻게 될까?

밀감나무의 뿌리 부근
에 자석가루를 묻어두
면 수확량이 늘어난다.

양념4 자기력의 법칙

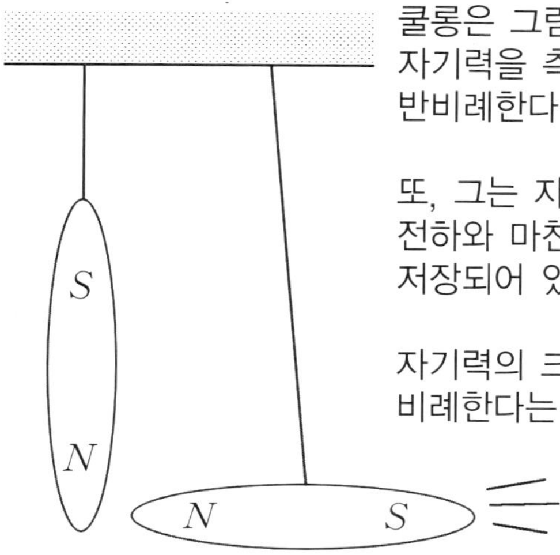

쿨롱은 그림과 같은 장치를 이용하여 자기력을 측정한 결과, 자기력은 거리의 제곱에 반비례한다는 것을 확인했다.

또, 그는 자석의 N극과 S극에는 전기의 경우 전하와 마찬가지로 **자하**라고 하는 것이 저장되어 있다고 가정하고,

자기력의 크기가 두 자하의 곱에 비례한다는 것을 확인했다.

즉, 자기력 $\boldsymbol{F}$는

$$\boldsymbol{F}=K\frac{m_1m_2}{\boldsymbol{r}^2}$$

m_1, m_2는 두 자극의 세기,
r은 자극 간의 거리

그러나 자석은 둘로 절단하면 그것들이 각각 또 N극과 S극을 가진 자석이 되며, N극만의, 또는 S극만의 자석으로는 결코 되지 않는다.

	N	S	N	S	N	S	
N	N	S	N	S	N	S	S
	N	S	N	S	N	S	

전기의 경우에는 플러스 또는 마이너스만을 띤 전하를 독립적으로 끌어낼 수 있으나 자석의 경우에는 N극만의, 또는 S극만의 자하(단극의 자석, monopole)만을 끌어낼 수 없다.
그 이유는 현재 자기는 전류에 의해서 만들어지기 때문이라고 이해되고 있기 때문이다.

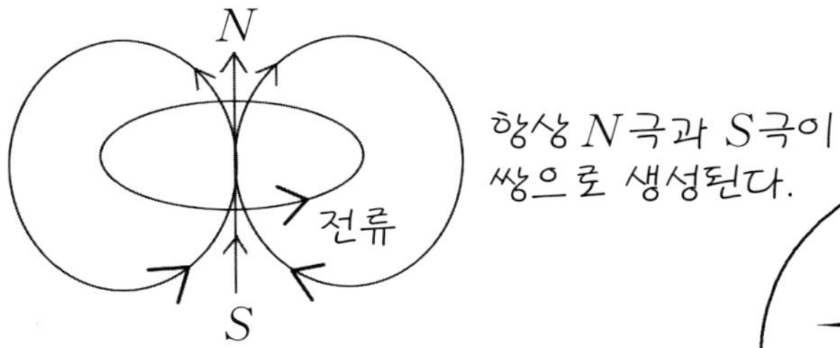

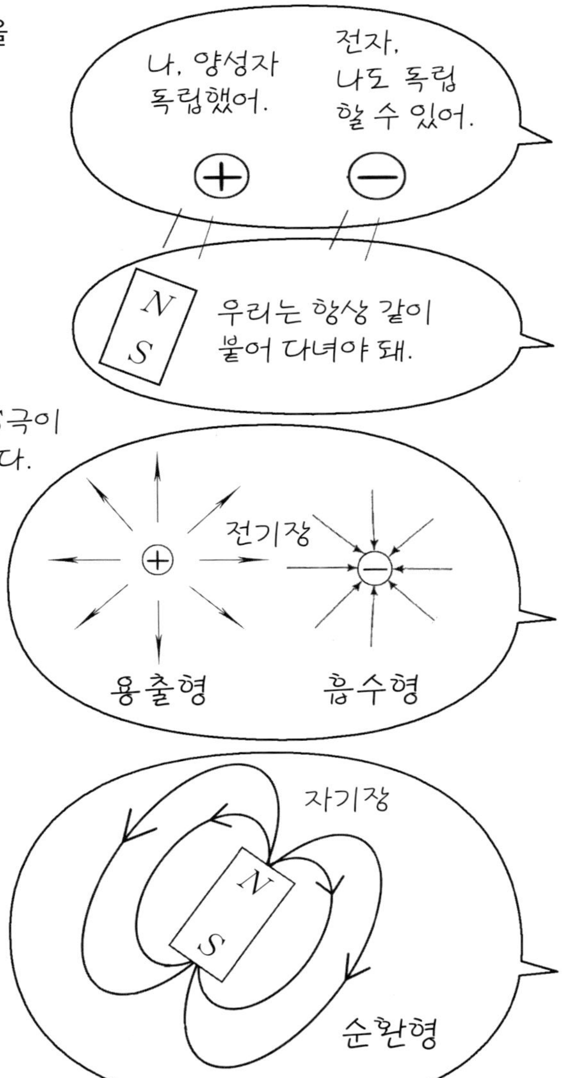

이것이 자기와 전기의 본질적인 차이에요.

이러한 이유에서 **자기장**은 **순환형**이 되고 전기장은 용출(또는 흡수형)이 된다.

따라서 쿨롱이 가정한 자하는 실제로 존재하지 않으나, 쿨롱의 법칙은 자기력을 간명하게 나타내므로 유용하다.

자하가 실제로 존재하지 않는다면 자하가 존재한다는 가정에 입각한 쿨롱의 자기력의 법칙은 의미가 없으므로, 전류가 만드는 자기장에 의한 자기력에서 출발하여 자기력에 관한 법칙을 세워야 한다는 입장에 서 있는 과학자도 많다.

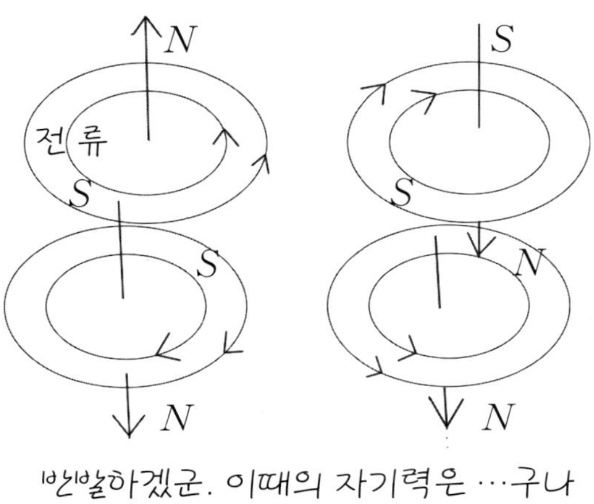

3_2. 환형 전류에 의한 자기장

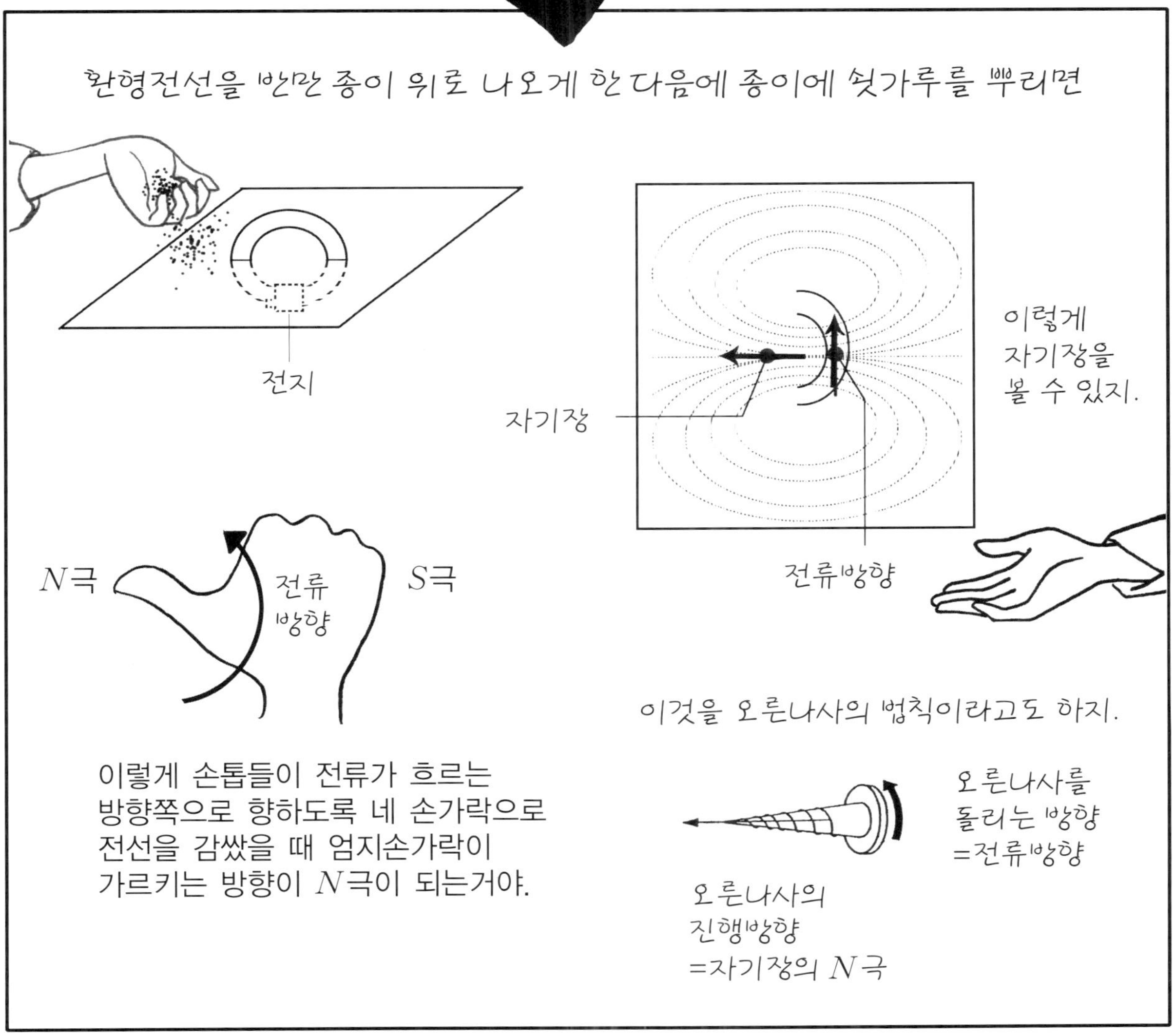

전류환이 여러 개 있으면
자기장의 형태는 어떻게 될까?
이렇게
코일을 만들어서
실험해 보죠.
+
−

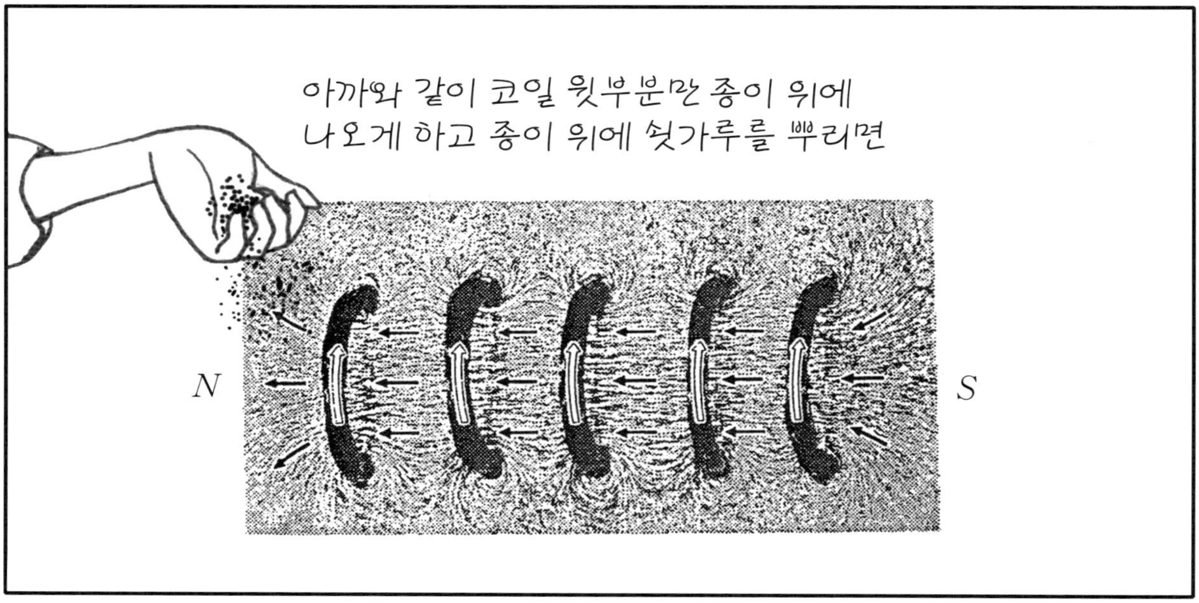
아까와 같이 코일 윗부분만 종이 위에
나오게 하고 종이 위에 쇳가루를 뿌리면
N
S

원통막대자석에 의한 자기장과 유사하군.
N
S

그래서 앙페르는
영구자석 속에는 작은
전류환들이 있고,
이것들이 내부에서는
서로 상쇄되어 바깥 표면의
전류만이 남아서 그것이
코일의 전류와 같이
작용한다고 생각했다.
영구자석
작은 전류환
코일
전류
S
N
전류
앙페르
실제로는 앙페르가 생각했던 것 같이
영구자석 속에 전류환이 있는 것은
아니나, 앞에서 얘기한 원자 전자석을
전류환이라고 생각한다면 앙페르의
생각도 틀린 것이라고는 할 수 없다.
S
N
N
S
S
전류
원자 전자석
물론 내 시대에는
전자의 스핀이나
궤도운동이 잘
이해되어 있지
않았었어.
앙페르의 이러한 생각은 현대에
와서 영구자석의 컴퓨터 시뮬레이션
등에 응용되고 있다.
이 영구자석을 등가 전류환으로
생각해서 계산하면 편리하겠네.

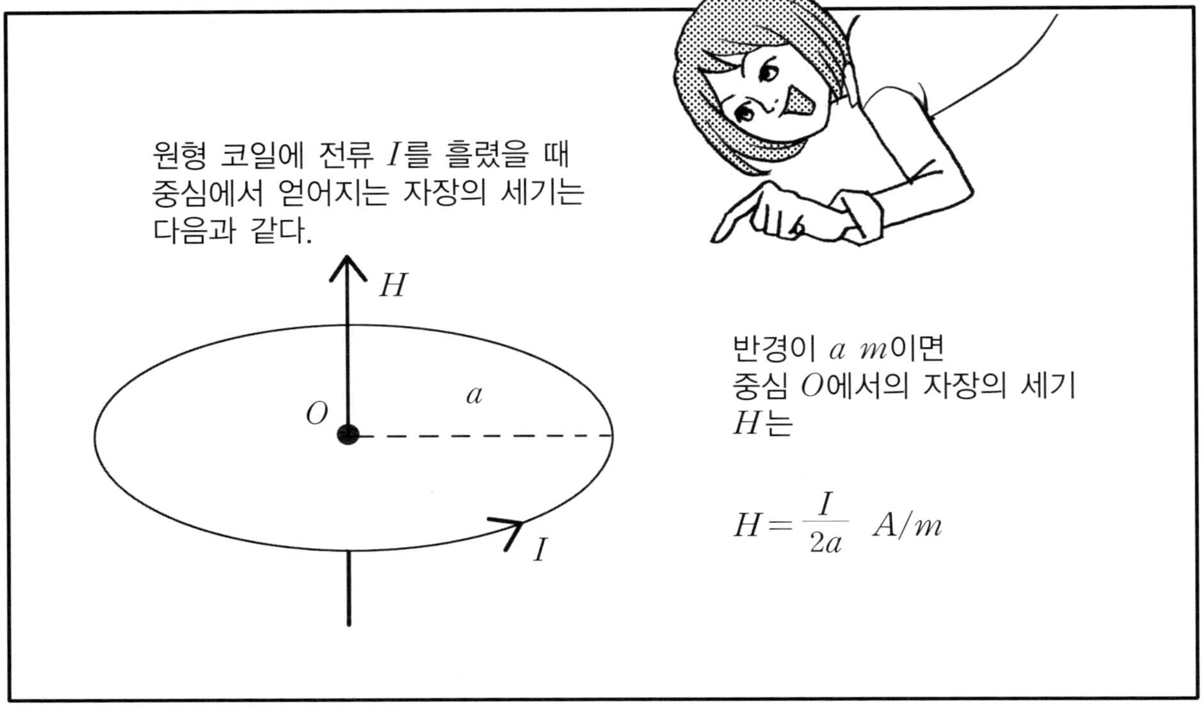
원형 코일에 전류 I를 흘렸을 때
중심에서 얻어지는 자장의 세기는
다음과 같다.
H
O
a
I
반경이 a m이면
중심 O에서의 자장의 세기
H는
$H = \frac{I}{2a}$ A/m

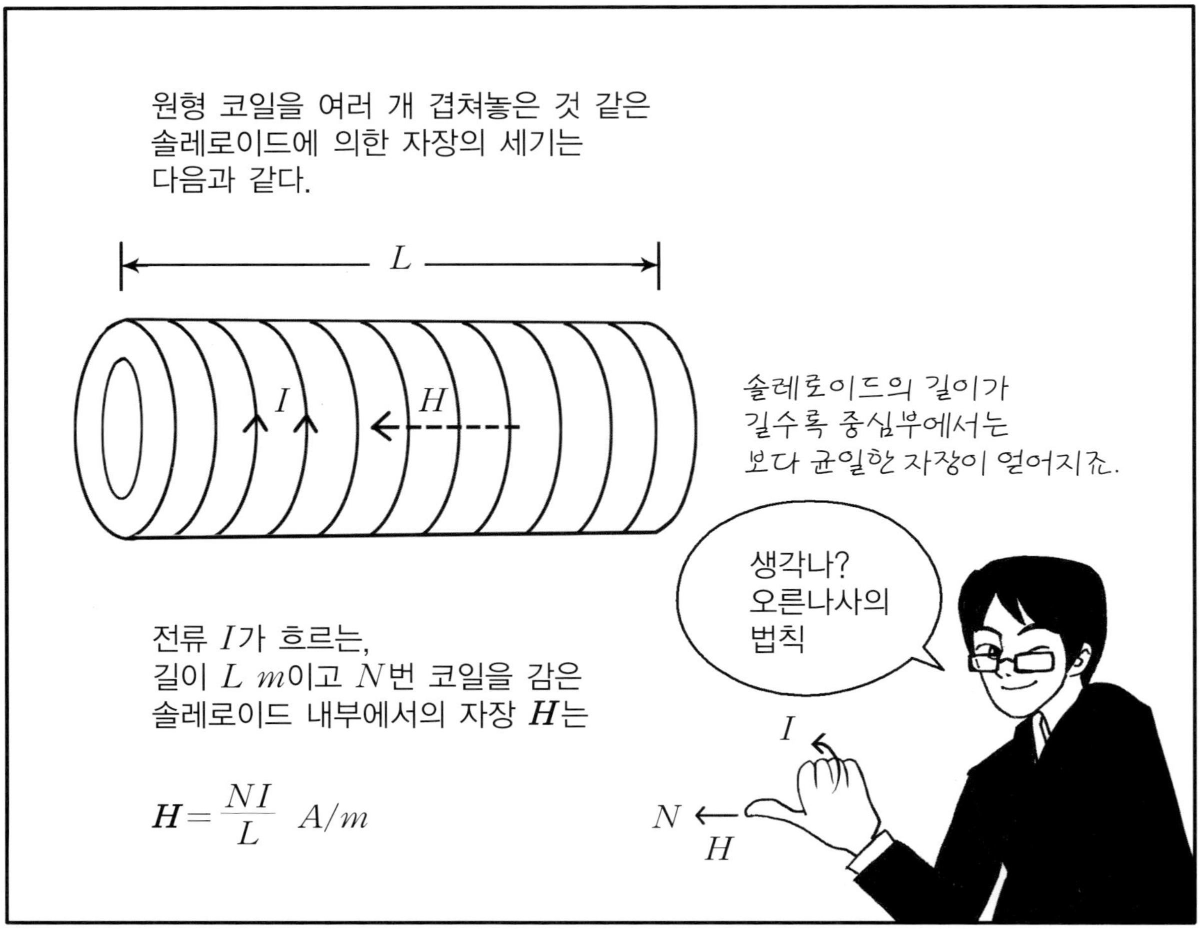
원형 코일을 여러 개 겹쳐놓은 것 같은
솔레노이드에 의한 자장의 세기는
다음과 같다.
L
I
H
솔레노이드의 길이가
길수록 중심부에서는
보다 균일한 자장이 얻어지죠.
생각나?
오른나사의
법칙
전류 I가 흐르는,
길이 L m이고 N번 코일을 감은
솔레노이드 내부에서의 자장 $\boldsymbol{H}$는
$\boldsymbol{H} = \frac{NI}{L}$ A/m
I
N
H

양념1 초전도 전자석

보통의 전자석은 구리 코일을 감고, 전류를 흘려 자장을 발생시킨다.
이때, 센 자장을 발생시키기 위해서는 센 전류를 흘려주어야만 한다.

이 경우, 구리선은 저항을 가지므로
열(줄열 $I^2 R$에 비례, I : 전류, R : 저항)이 발생한다.

전자석

전류를 증가시키면, 발열도 증가하여, 구리선이 녹아버리죠.

구리선이 녹는 것을 방지하기 위하여 냉각수를 돌려 냉각을 하기도 하나,
전류를 증가시키면, 결국에는 구리선이 견디지 못하게 되고,
이것이 보통 전자석의 한계가 된다.

한편, 초전도체는 저항이 없으므로, 초전도체로 전선을 만들어서,
전자석을 만들면, 발열 없이 전류를 많이 흘릴 수 있으므로
센 자장을 낼 수 있다.
이러한 센 자장은 자기공명
뇌 단층 사진 촬영(MRI) 등에
이용된다.

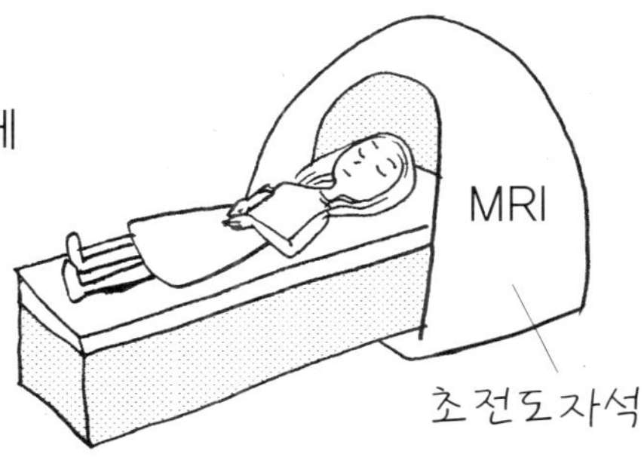

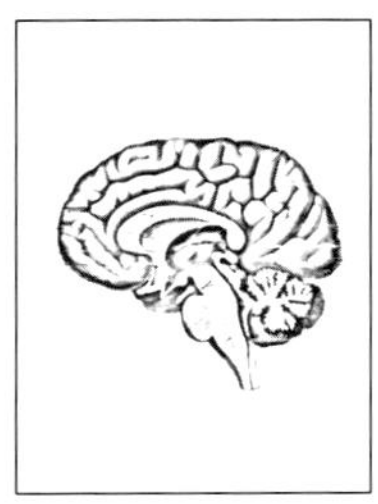

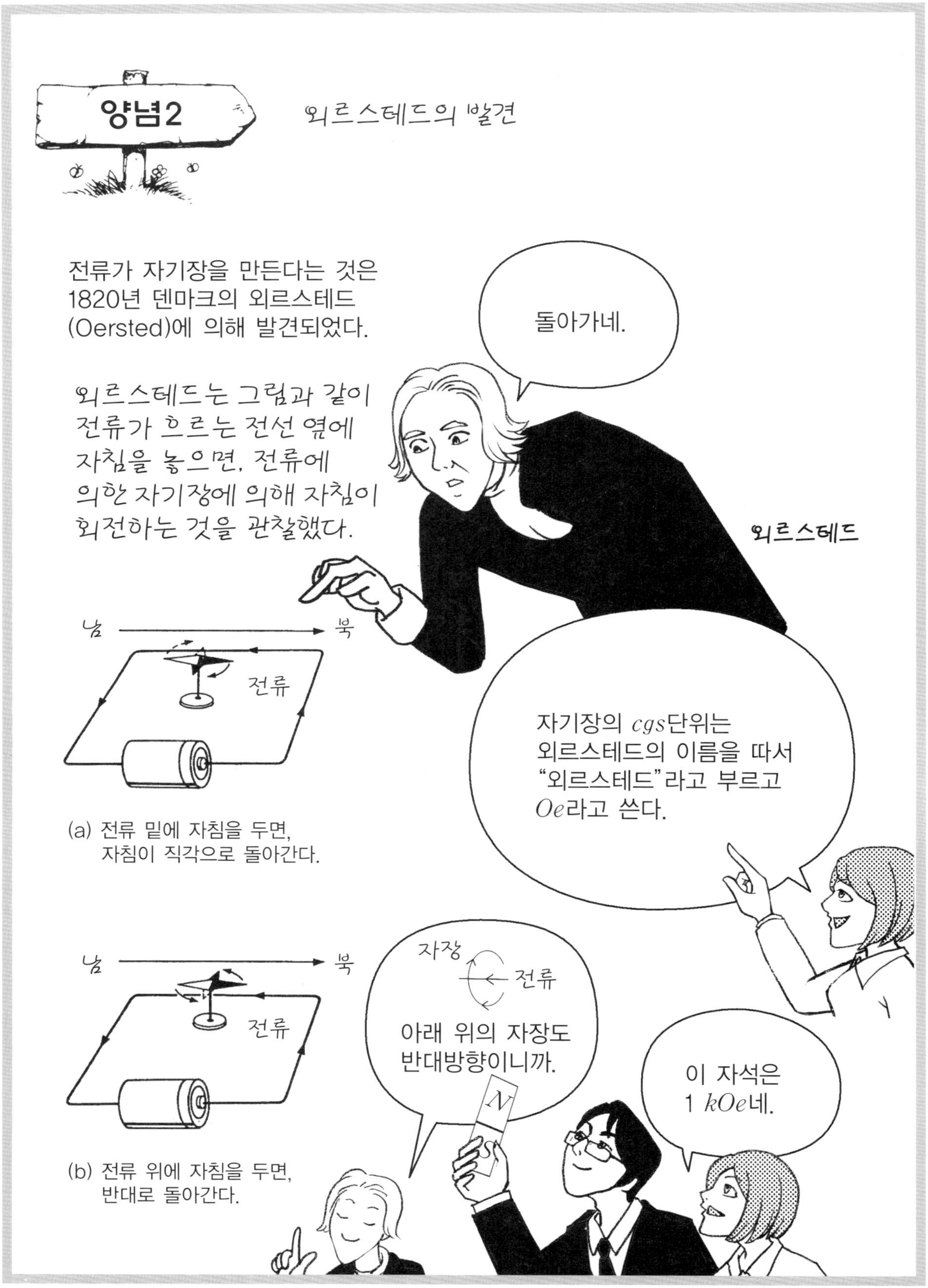

(a) 전류 밑에 자침을 두면, 자침이 직각으로 돌아간다.

(b) 전류 위에 자침을 두면, 반대로 돌아간다.

3_3. 직선 전류에 의한 자기장

외르스테드의 실험에서와 같이
직선 전류도 자기장을
발생시킨다.

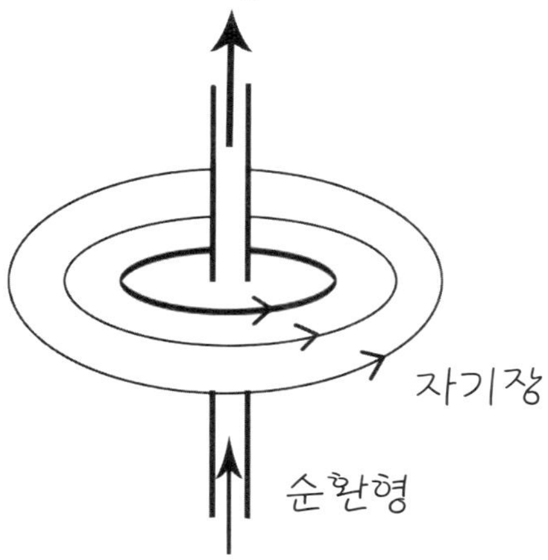

이 경우에도 오른나사 법칙에 따라
자기장이 형성된다.

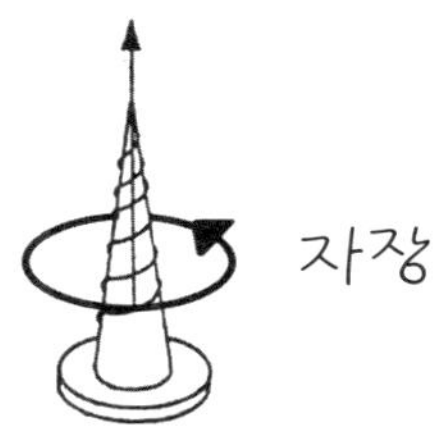

이 경우에는
어디가 N극인지 S극인지
잘 모르겠지?

뚜렷한 극이 존재해야만
하는 것은 아니구나.

이 경우가 순환형의
자기장을 보다
잘 나타내는군요.

직선 전류 주위의 자기장의 세기는
전류의 세기에 비례하고,

전류로부터의 거리에 반비례한다는
것이 실험으로 확인되었다.

$$H = \frac{I}{2\pi R} \quad \text{(Tesla)}$$

I는 전류,
R은 거리

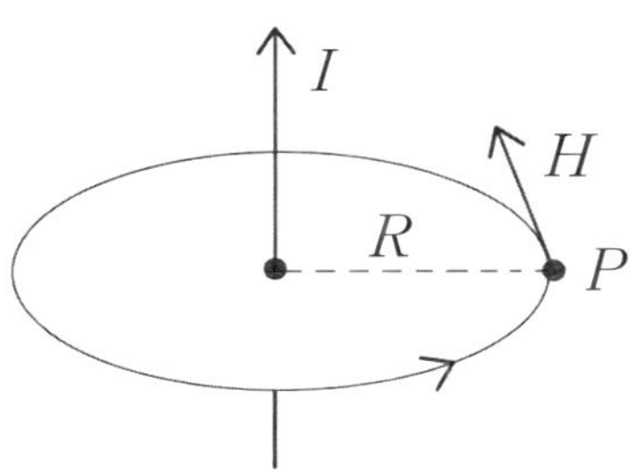

암페어의 주회적분 법칙

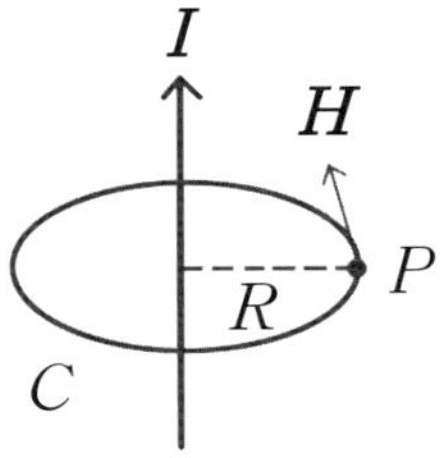

옆의 그림과 같이 무한히 긴 직선도선에 전류 I[A]가 흐르는 경우, 도선에서 거리 R만큼 떨어진 지점 P에서의 자기장의 세기를 구해보자.

암페어의 주회적분 법칙에 의하면, 임의의 폐곡선에 대한 자계 $\boldsymbol{H}$의 선적분은
이 폐곡선을 관통하는 전류 $\boldsymbol{I}$와 같으므로,
이것을 위의 경우에 적용하여, 식으로 쓰면
다음과 같다.

$$\oint_c \boldsymbol{H}\cdot d\boldsymbol{\ell} = \boldsymbol{I}$$

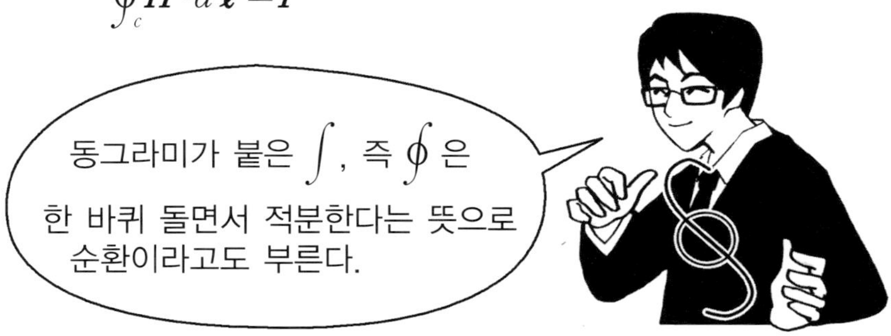

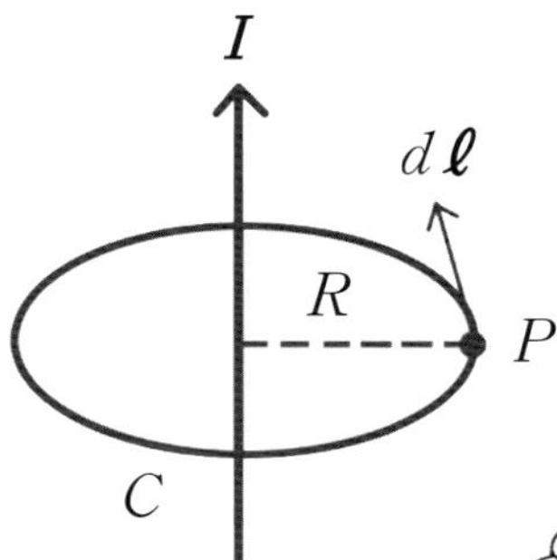

여기서, C는 적분경로인 위 그림의 폐곡선 C이며, $d\boldsymbol{\ell}$은 폐곡선 C상의 점 P에서 선소로서 폐곡선 C의 접선 방향이다.

따라서 자기장 $\boldsymbol{H}$와 선소 $d\boldsymbol{\ell}$은 같은 방향이고, 이들 간의 내적은

$\boldsymbol{H}\cdot d\boldsymbol{\ell} = H\,d\ell\cos\theta$
(내적의 정의)
$= H\,d\ell$
(θ는 H와 $d\ell$ 간의 각도로서,
이 경우는 같은 방향이므로 0)
(H와 $d\ell$은 벡터 $\boldsymbol{H}$와 $d\boldsymbol{\ell}$의 크기)

그러므로

$$\oint_c \boldsymbol{H} \cdot d\boldsymbol{\ell} = \oint_c H d\ell = \boldsymbol{I}$$

그런데 대칭성에 의해 적분경로 C상의 모든 점에서의 자기장의 세기 H는 같으므로, 상수 취급할 수 있어서 적분 기호 밖으로 뺄 수 있으므로

$$\oint_c H d\ell = H \oint_c d\ell = I$$

또, $\oint_c d\ell$은 폐곡선 (위의 그림의 경우 반지름 R인 원) C를 따른 한 바퀴 적분, 즉 폐곡선 C의 길이이므로

$$\oint_c d\ell = 2\pi R$$

따라서

$$H \oint_c d\ell = H 2\pi R = I$$

그러므로

$$\boxed{H = \frac{I}{2\pi R}}$$

방향까지 고려하면

$$\boldsymbol{H} = \frac{I}{2\pi R} d\boldsymbol{\ell}$$

3_4. 자기장은 전류에도 힘을 미친다

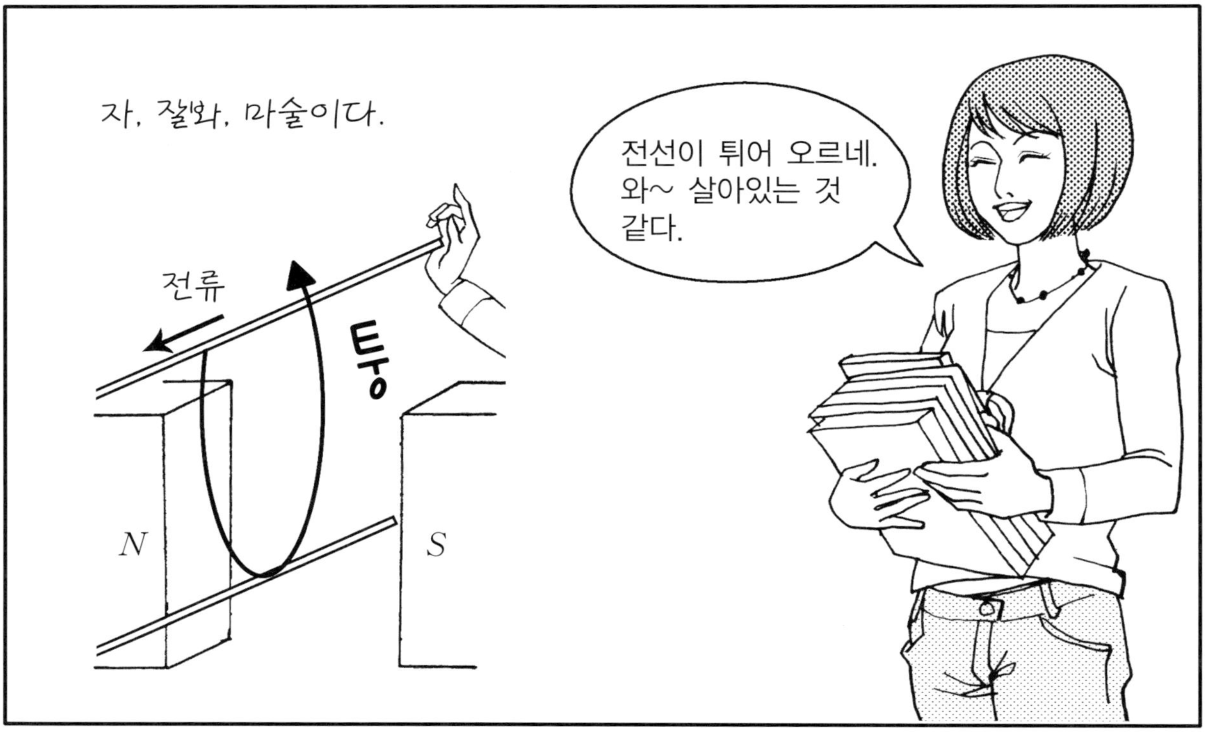

자기장 속에 전류를 흘려 보내면
전류는 자기장으로부터 힘을 받는다.

예를 들어 아래와 같이 지면을 뚫고 나오는 전류는
위로 힘을 받는다.

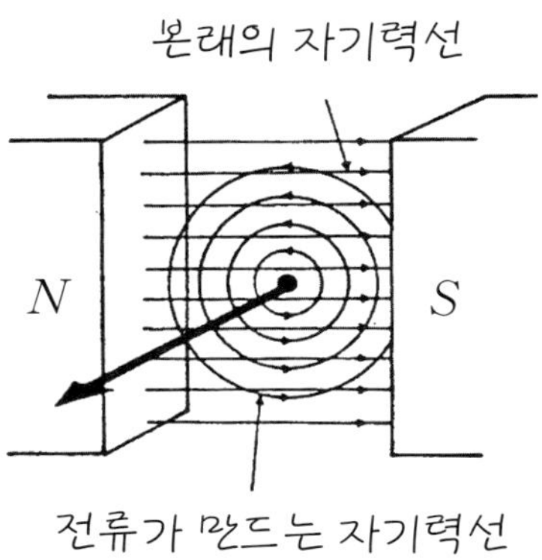

(a) 전류는 종이면의 뒤로부터
앞으로 흐른다.

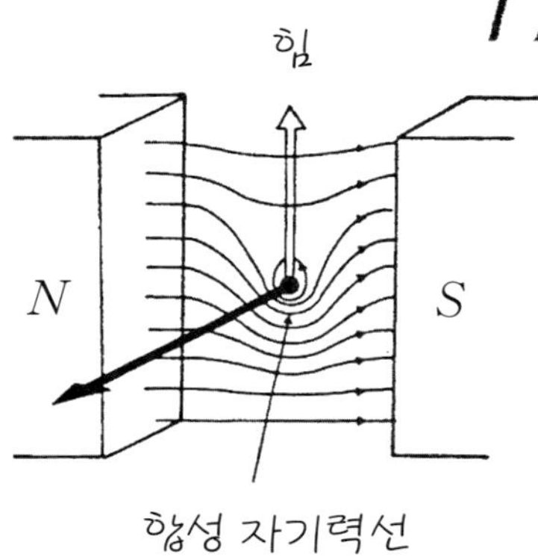

(b) 자기력선이 고무끈처럼 전류를
위로 민다.

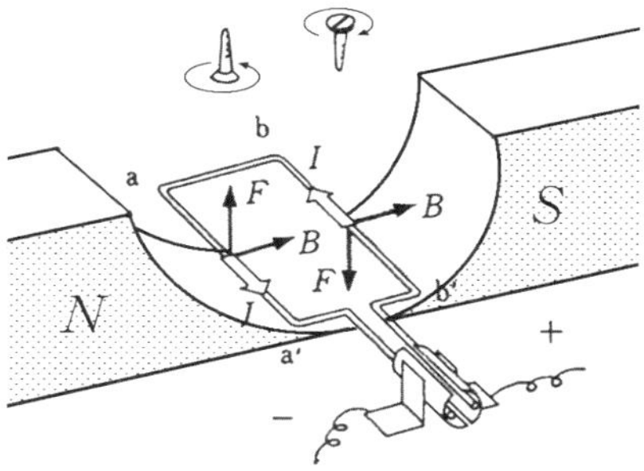

이것이 모터의 원리죠.
모터의 구조를 알기 쉽게 그리면
그림과 같다.

위 그림의 직사각형 회전자의

aa´ 부분은 위로 힘을 받고

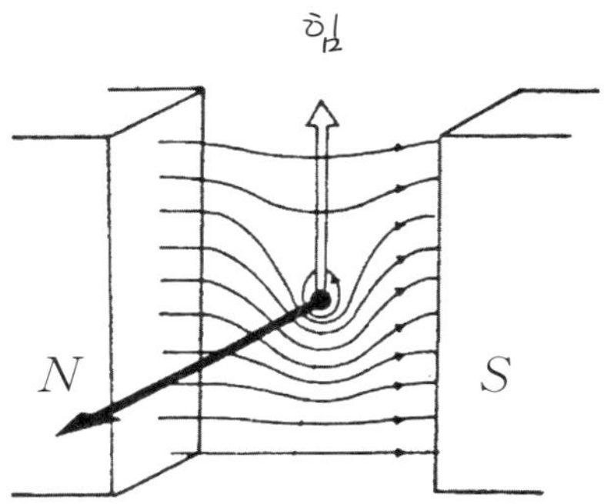

전류방향 : 뒤 → 앞

bb´ 부분은 아래로 힘을 받으니까

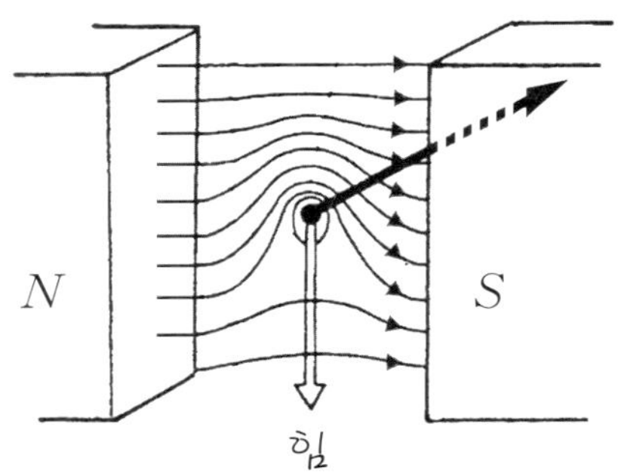

전류방향 : 앞 → 뒤

이 회전자는 시계방향으로 돌게되는 거죠.
그런데 90° 이상 돌게되면 이 힘들은 회전자가 도는 것을 방해하게 된다.
이때, 전류의 방향을 바꿔주면 힘의 방향도 반대가 되어서 계속 회전하게 된다.

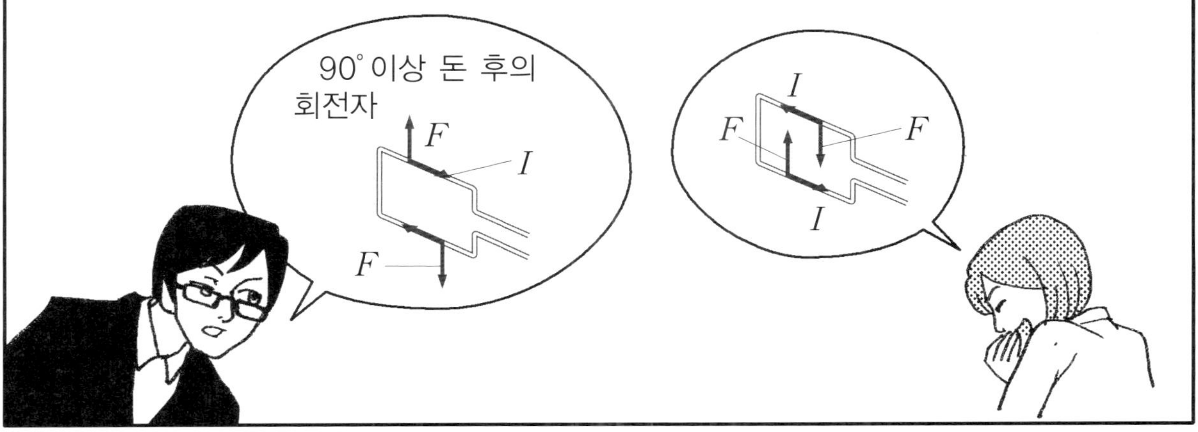

전류가 자기장으로부터 받는 힘의 크기는
자기장과 전류가 직교하고 있을 경우에는,
자기장의 세기를 나타내는 자기력선속밀도 B, 전류의 세기 I,
그리고 자기장 속에 있는 전류의 길이 ℓ에 비례한다.
즉,

$F = BI\ell$

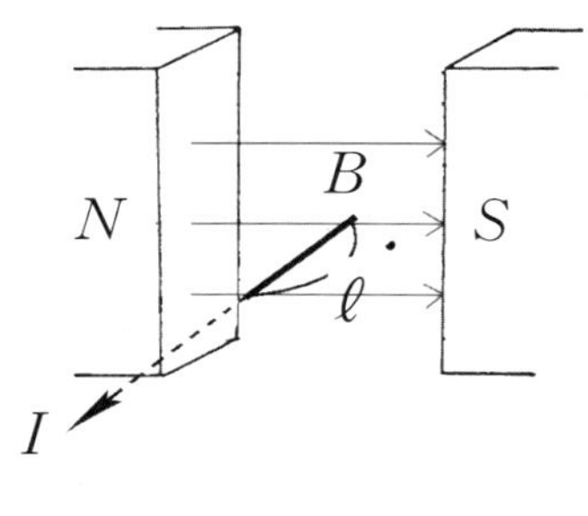

양념1 전자기 추진선

전자기 추진선은 전자기 펌프를 이용한다.

전자기 펌프는 아래 그림과 같이, 자기장이 인가되고,
그와 수직으로 전류가 흐르면,
그림과 같은 자기력이 발생하고 액체를 펌핑한다.

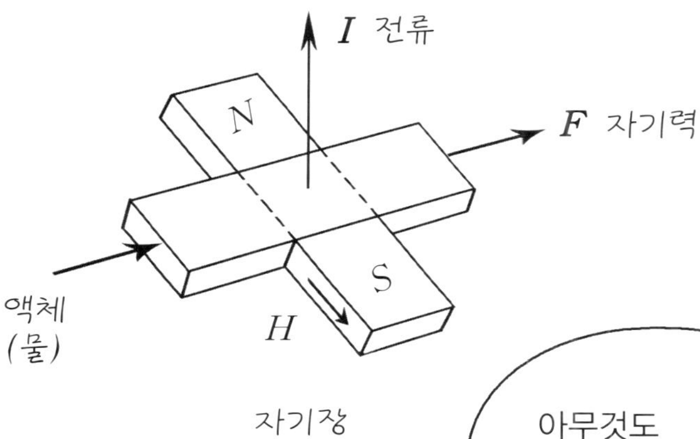

이 전자기 펌프를 배 밑바닥에 달면,
물이 펌핑되면서 배가 진행하게 된다.

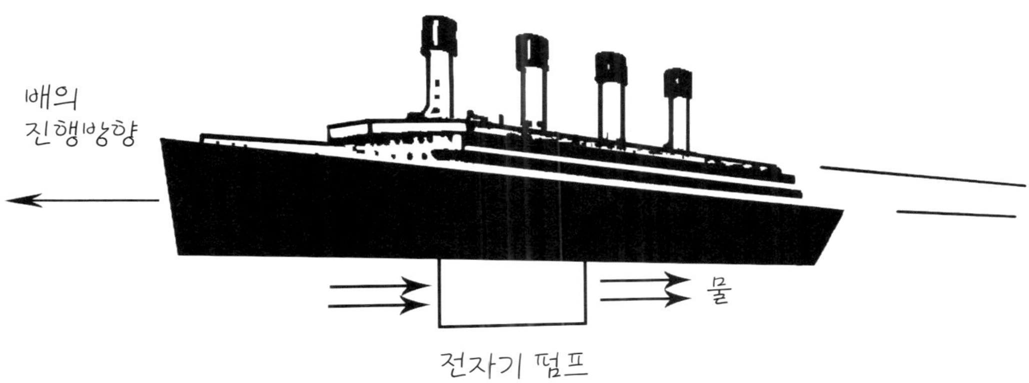

양념2 자속밀도 B

앞에서는 자속밀도 B를 이해의 편의를 위해서 그냥 자기장이라고 불렀다. 그러나 엄밀하게는 자속밀도 B는 자기장 H와 다른 뜻을 가지고 있다.

자속밀도 B란 자(기)력선의 다발(자속)의 밀도라는 뜻으로 자력선이 단위면적($1m^2$)당 몇 개 뚫고 지나가는가를 말한다.

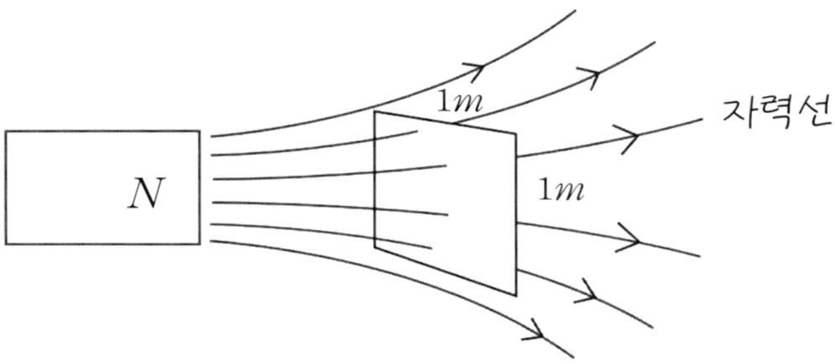

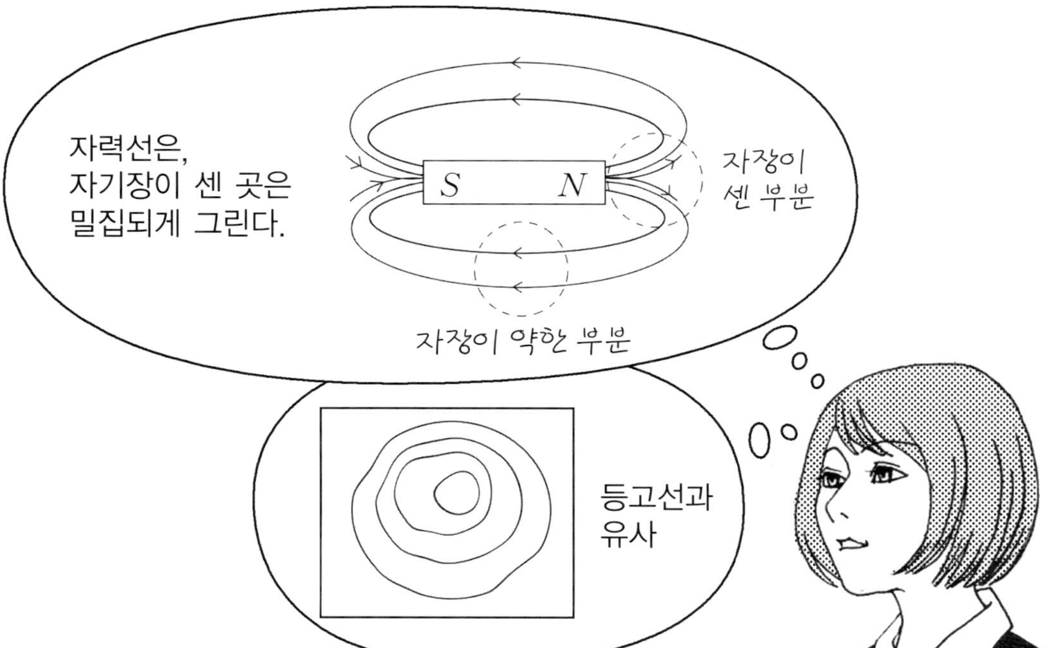

어떤 물체에 자기장 $\boldsymbol{H}_o$를 가하면

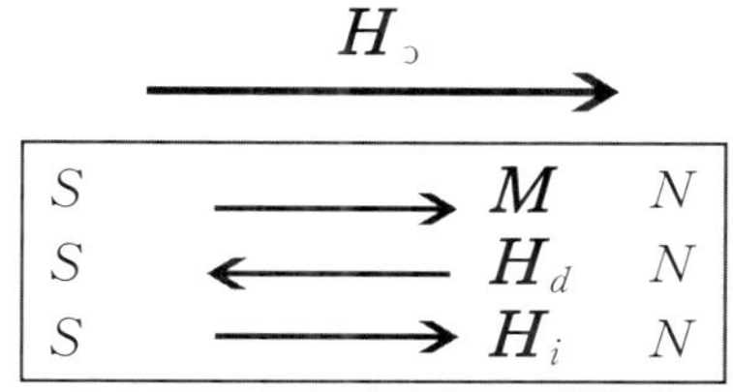

물체가 위 그림과 같이 자화 $\boldsymbol{M}$되면서,
양끝에 N극과 S극이 생긴다.
그러면 이 표면의 극에 의해 이 물체의 내부에는 외부에서 가한 자장 $\boldsymbol{H}_o$와 반대 방향의 반자장 $\boldsymbol{H}_d$가 발생한다.

그러므로 이 물체 내부에 걸리는 실제 자장 H_i는

$$H_i = H_o - H_d$$

가 된다.

따라서 이 물체 내부에는 이 자장 H_i와
물체의 자화 M에 의한 자력선이 존재하며,
이것을 합하면

$$\boxed{B = \mu_o H_i + M} \quad (Wb/m^2) \text{ ———— } (*)$$

이 된다. 이것을 **자속밀도**라고 하며,
실제로 측정되는 것은 이 자속밀도이다.
한편, 물체의 자화 M은, 물체 내의
자장 H_i에 비례하므로

$$M = \xi H_i$$

이것을 (*)식에 대입하면

$$B = \mu_o H_i + \xi H_i = (\mu_o + \xi) H_i$$

가 되고

$$\mu = \mu_o + \xi$$

이라고 놓으면

$$\boxed{B = \mu H_i}$$

의 관계가 성립한다.

3_5. 자기장은 하전입자에도 힘을 미친다

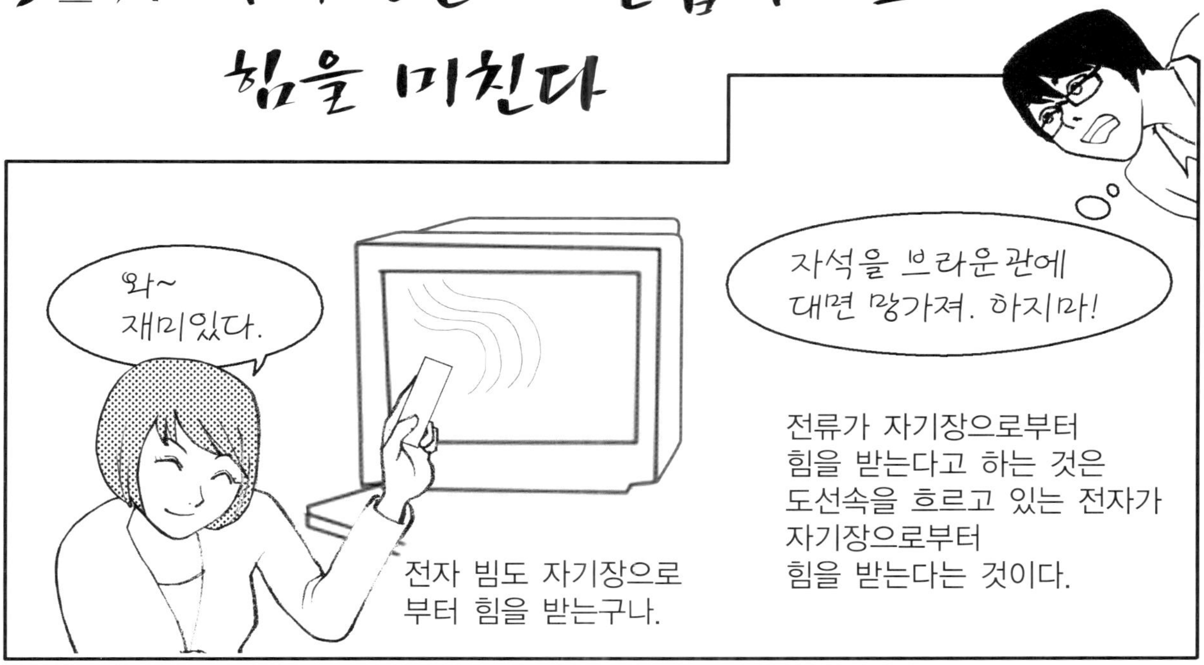

입자의 운동방향과 자기력선이 직교하는 경우,
로렌츠 힘 $\boldsymbol{F}$는

$$\boldsymbol{F}=q\boldsymbol{v}\times\boldsymbol{B}$$

여기서 q는 입자의 전하, $\boldsymbol{v}$는 입자의 속도, $\boldsymbol{B}$는 자기력선속 밀도

힘의 방향은 전류의 경우와 같이, 양(음)전하를 가진 입자인 경우는,
입자가 움직이는 방향(반대방향)을 전류의 방향으로 생각하여
플레잉의 왼손법칙을 쓰면 된다.

그림과 같이 지면을 뚫고 나오는 자속밀도 $\boldsymbol{B}$속에 전하 $+q$를 갖는 입자를 속도 $\boldsymbol{v}$로 입사시키면, 이 입자는 어떤 운동을 할까?

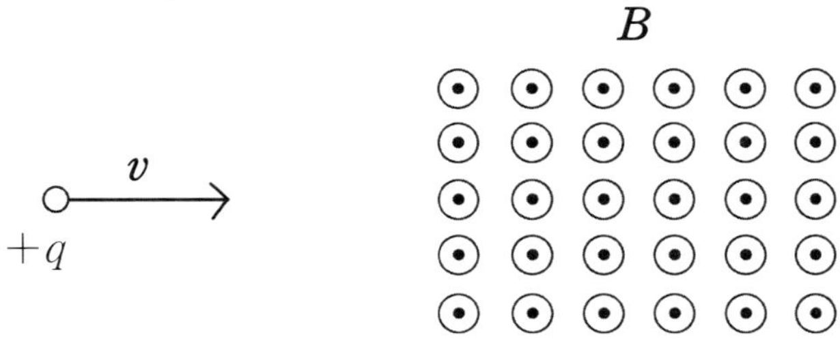

이 입자는 **로렌츠 힘** $\boldsymbol{F}$

$\boldsymbol{F}=q\boldsymbol{v}\times\boldsymbol{B}$를 받는다. 이것을 작도해보면

$\boldsymbol{F}$가
$\boldsymbol{v}$와 $\boldsymbol{B}$의 벡터적이므로
$\boldsymbol{F}$는 $\boldsymbol{v}$와 $\boldsymbol{B}$ 모두에
수직 방향이 됨.

①

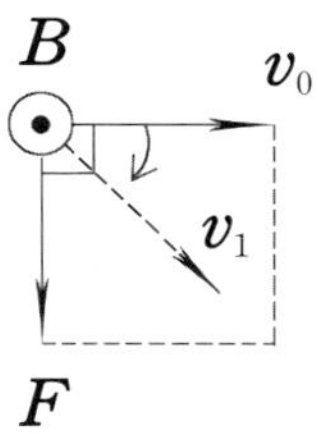

$\boldsymbol{F}$에 의해서
입자의 속도는 $\boldsymbol{v}_1$으로 방향 바뀌고 (①)

②

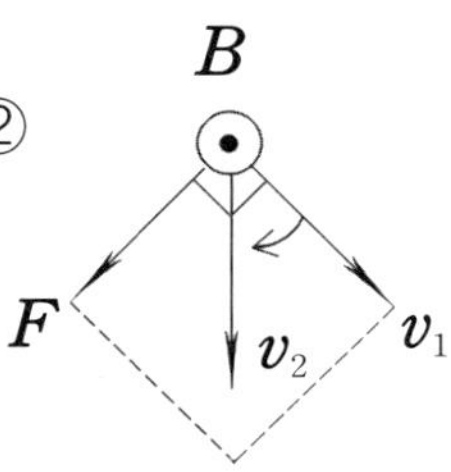

다시 $\boldsymbol{F}$에 의해
$\boldsymbol{v}_1$이 $\boldsymbol{v}_2$로 바뀌게 되고 (②)

③

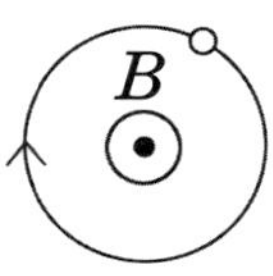

이와 같은 힘을 계속 받게 되므로, 입자는 결국 자속밀도(자기장)를 감고 도는 회전 운동을 하게 된다. (③)

양념1 사이클로트론

사이클로트론이란 운동하는 하전입자가 자기장 속에서 원을 그리는 것을 이용하여, 자기장 속에서 입자를 회전시키면서 그 회전 주기에 맞추어 고주파 전압으로서 되풀이 하여 가속시키는 장치이다.

즉, 아래 그림의 가속 간극을 입자가 통과할 때만 가속되고, 회전주기에 맞추어서 가속 간극 사이의 전압의 극성을 바꾸면, 가속 간극을 통과할 때마다 가속된다.

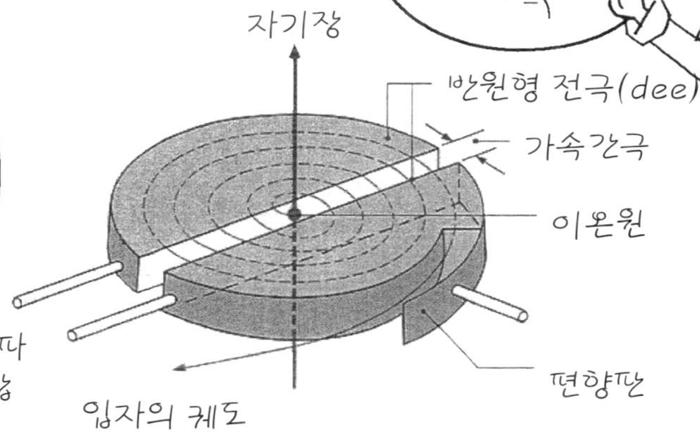

사이클로트론의 중심부만을 나타낸 모식도.
실제로는 반원형의 전극 위, 아래에 자기장을 만드는 전자석의 자기극이 놓여 있고, 자기극 사이에 진공상자가 놓여있다.

이렇게 가속시켜서 큰 에너지를 갖는 입자를 원자핵에 충돌시켜서 원자핵을 파괴하여 원자핵 내부 구성물질(소립자) 등을 연구하는데 사용된다.

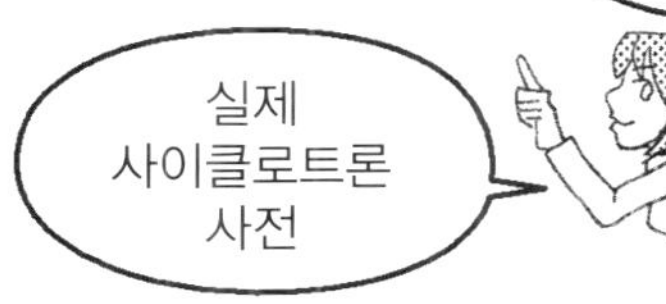

3_6. 전류 사이에 작용하는 힘

앙페르는 외르스테드가 발견한 전류의 자기작용으로부터
전류 사이에 작용하는 힘을 발견했다.

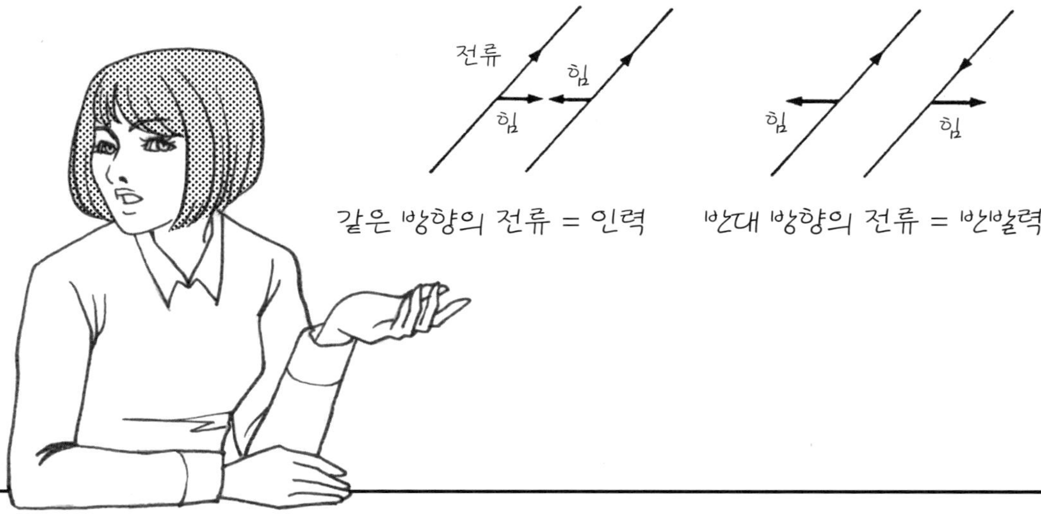

전류가 반대 방향인 경우에 대해 생각해보면,
먼저 오른나사의 법칙을 사용하면 좌측 전류에 의해서
우측 전류가 있는 곳에 하향의 자기장이 형성된다.

거기서 프레밍의 왼손법칙을 사용하면 우향의 힘이 작용한다.

한편, 우측의 전류가 만드는 자기장은 좌측의 전선에 대해
좌향의 힘으로 작용하므로, 반대방향의 전류는 서로 반발한다는 것을 알 수 있다.

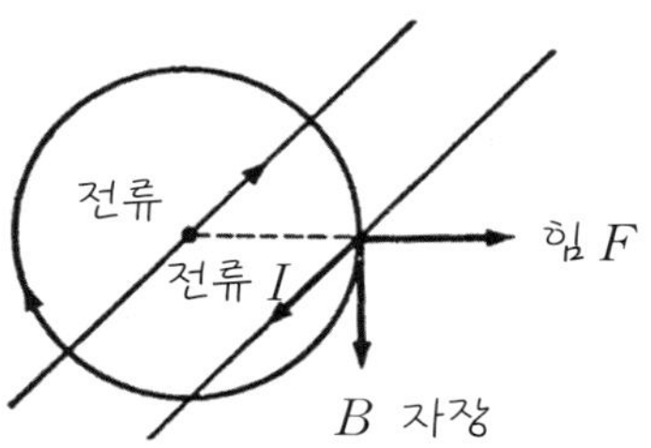

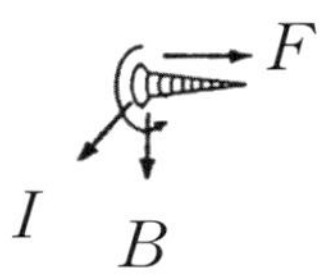

자기장으로부터 전류에 작용하는 힘은
자기장과 전류의 쌍방에 수직이다.

자기의 기본법칙

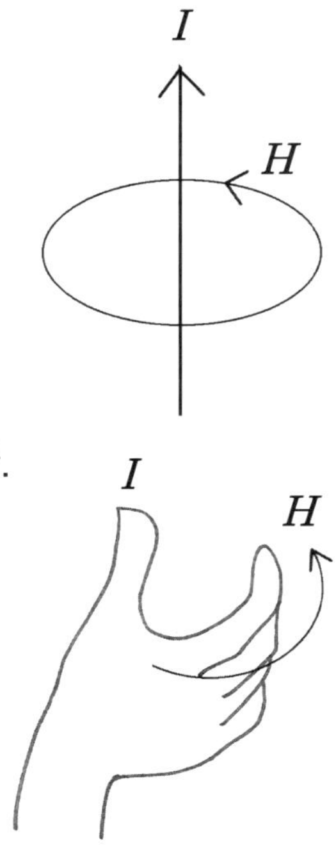

제 1 법칙 : 전류는 자기장을 형성한다.

- 자기장은 전기장과는 달리 순환형이다.
- 자기장의 방향은 오른나사의 법칙으로 주어진다.
- 자기장의 원인은 어디까지나 전류에 있으며 전하에 해당하는 자하라는 것은 존재하지 않는다.
- 단극인 자석도 존재하지 않는다.
- 영구자석에 의한 자기장은 전자의 스핀 및 궤도운동에 의한 전류가 원인이다.

제 2 법칙 : 전류(움직이는 하전입자)는 자기장으로부터 힘을 받는다.

- 힘의 방향은 플레밍의 왼손법칙에 의해서 주어진다.

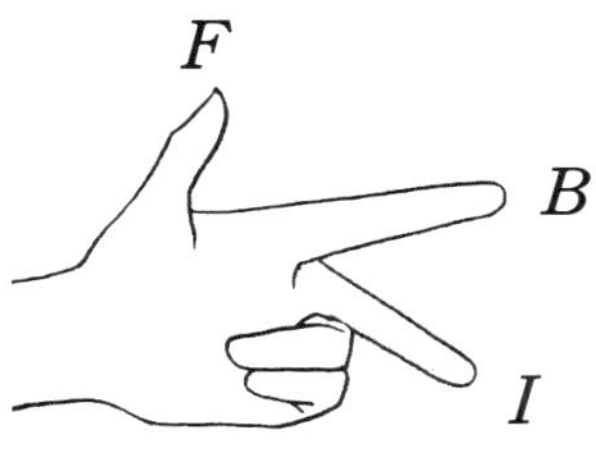

양념1 전기장과 자기장의 연동

여태까지의 **정적인 현상**에서는
전기의 법칙과 자기의 법칙은
서로 독립되어 있었고 전기장과 자기장은 관계가 없었다.

그러나 전기장이나 자기장이 시간과 더불어 **변화**할 경우에는
전기장과 자기장이 서로 얽히고 설킨 현상이 나타난다.

이것이 이제부터 살펴갈
전자기 유도, 교류, 전자기파이다.

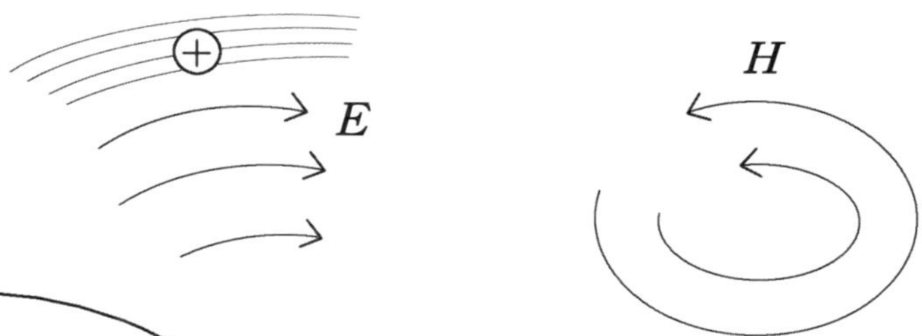

4

전자기 유도

- 전자기학 최대의 발견 – 발전

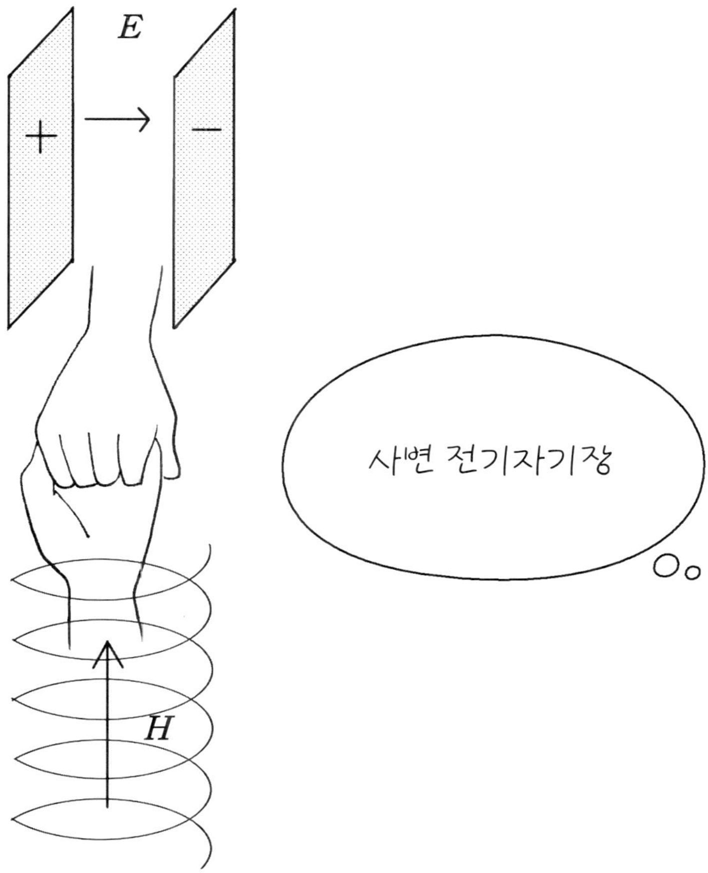

4_1. 전자기 유도

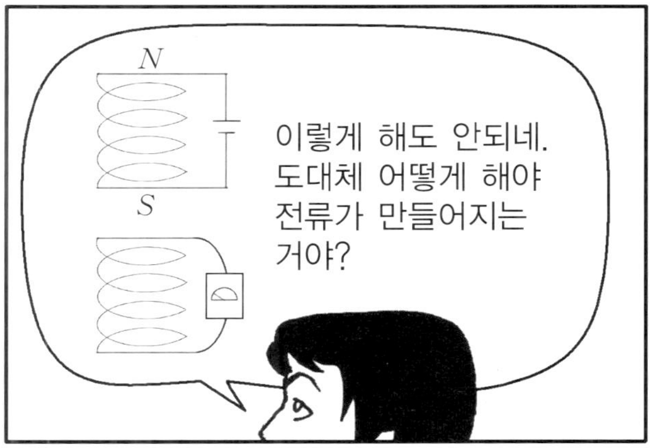

자기로부터 전류가 만들어지는 방법은, 사람들의 예상과는 크게 달랐다.
페러데이는 실패에 실패를 거듭한 끝에

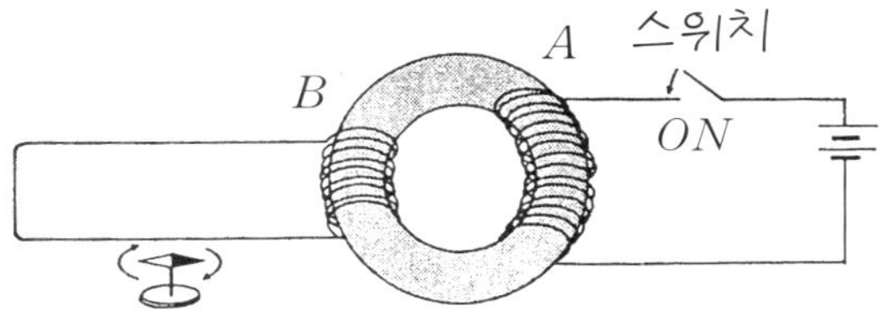

이와 같은 장치를 이용해서, A쪽 코일의 스위치를 접촉시키는 순간 또는 끊은 순간, 자침이 극히 미세하게 진동하는 것을 발견했다. (1931. 8. 29)

페러데이는 잇달아 전자기유도에
관한 여러 가지 실험을 했다.
H
검류계
N
S
자석을 코일에 넣었다,
뺐다 할 때마다
코일에 전류가 흐른다.
자석을 정지시켜 두고 코일을 움직여도
전자기 유도가 일어난다.
코일을 멀어지게
움직여도 검류계가
움직인다.
이러한 전자기유도에
공통적인 현상은 무엇일까?
페러데이
제1의 경우는 두 코일중의 한 쪽 전류를
변화시켰을 때, 다른 쪽에 **유도전류**가
발생했고,
제2의 경우는 자석과 코일중의 어느
한쪽을 다른 쪽에 대해서 움직였을 때,
코일에 **유도전류**가 발생했지!
두 코일의 경우, A코일에 전류가
흐르면 자기력선은 쇠 고리를 따라서
B코일을 관통하겠고,
스위치를 넣거나, 끊거나 하면 B코일을
관통하는 자기력선은 불어나거나,
줄거나 한다.
A
N
찰칵
B
S
휙

자석과 코일의 경우도 마찬가지군.
코일에 자석을 접근시켰다가,
멀리 했다가 하면 코일을 관통하는
자기력선이 불어나거나 줄거나 한다.
N
S
이 **자기장의 변화**가
유도 전류의 원인이구나.
야호
또, 전자기유도는, 코일을 관통하는 **자기장의 변화의 속도**와
코일의 단면적에 비례한다!
참고로,
자석에 의한 자기장의 세기
= 자기력선속 밀도 (자속밀도)
= B (단위 테슬러(T))
코일의 단면적
= S
떼러데이
속이란,
다발
자기장의 세기 × 코일의 단면적은
= $B \times S$
= ϕ (자기력선 속),
단위는 웨버(Wb)이므로
또, 전류가 흐른다는 것은
전압(기전력)이 발생한다는
것이므로
떼러데이

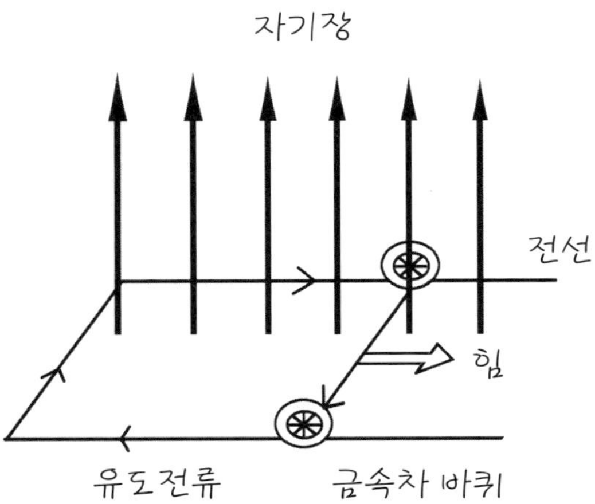

그러면
유도기전력의 방향은 어떻게 되는거지?

예를 들어, 그림과 같은 장치를 만든 후 상향의 자기장을 걸어두자.
이제 차바퀴 위의 전선을 오른쪽으로 잡아당기면 직사각형 코일의 면적이 증가하여 자속(=자속밀도×면적)이 커지므로 유도 전류가 흐른다.

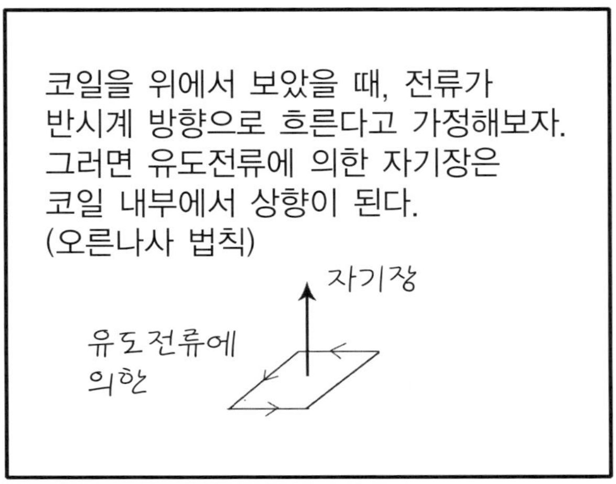

차 바퀴를 끌어당김으로 하여
이미 상향의 자속은 증가 상태에 있다.
이것에 유도 전류에 의한 자속이 가해져서
자속의 증가가 가속된다.
그러면 전자기유도는 더욱 커지고 전류도 점점 더 증가한다?
이렇게 하여 변화가 변화를 불러와서 얼마든지 큰 전류가 제멋대로 발생하게 된단 말인가?
하지만 이런 일이 과연 일어날 수 있는 것일까?
페러데이
이런 일은 일어나지 않는다.
자연은 변화를 방해하려는 성질을 가지고 있다.
즉, 상향의 자속의 증가를 방해하려고, 코일을 위에서 볼 때 시계방향의 유도전류(하향의 자속 발생)가 흐르게 된다.
자기장
유도전류는 코일을 관통하는 자속의 변화를 방해하는 방향으로 발생한다.
렌츠의 법칙
렌츠
따라서 방향까지 고려하면 페러데이의 전자기 유도 법칙은
$V = -\frac{d\phi}{dt}$
(−)는 반대 방향 의미

퀴즈1

렌츠의 법칙

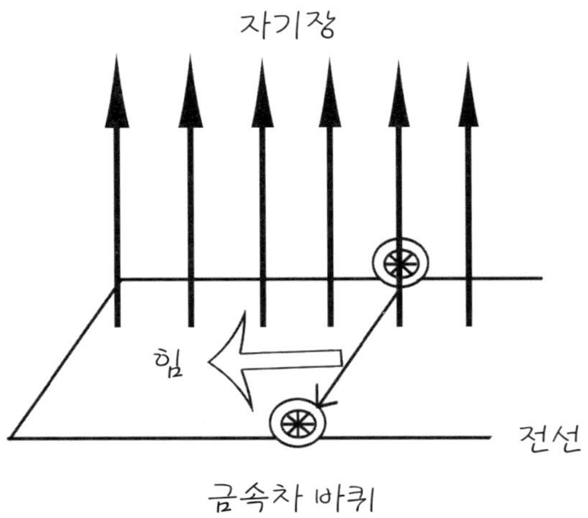

그림과 같은 장치에서
차 바퀴 위의 전선을
왼쪽으로 밀면
유도 전류는
어느 방향으로
흐를까?

퀴즈답

반시계 방향

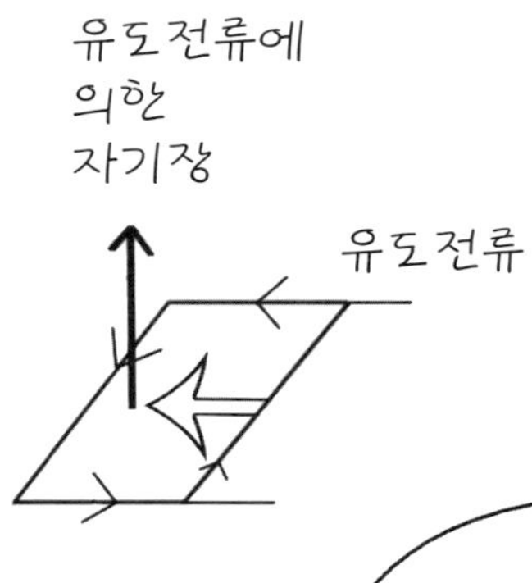

∵ 차 바퀴가 왼쪽으로 움직이면,
코일을 관통하는 자속이 줄기 때문에,
유도전류는 상향의 자속을 만들어서
이 감소를 방해하려고 하므로
유도전류는 반시계 방향으로 흐르게 된다.

퀴즈2

맥스웰의 제 1방정식

페러데이의 전자기 유도법칙

$$V = -\frac{d\phi}{dt}$$

을 전기장 벡터 $\boldsymbol{E}$와 자기장 벡터 $\boldsymbol{B}$(자속밀도 벡터)를 이용하여 제대로 쓰면?

퀴즈답

그림과 같이 원형 코일에 자석을 넣었다, 뺐다 하면, 코일 내부의 자속 밀도 $\boldsymbol{B}$가 시간 t에 따라 변하게 되고,

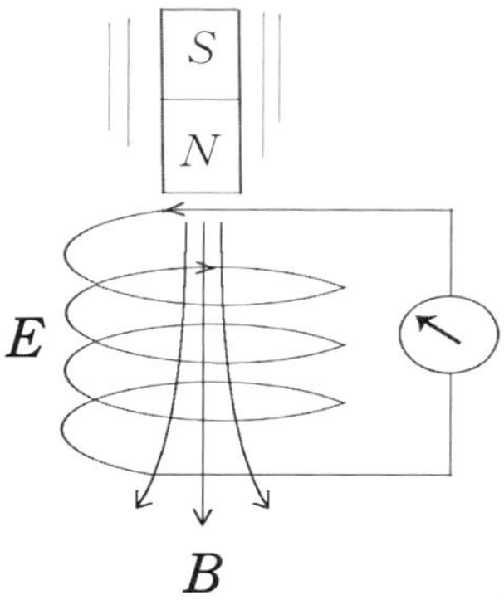

이에 따라, 코일에는 회전하는 전기장 $\boldsymbol{E}$가 발생하여

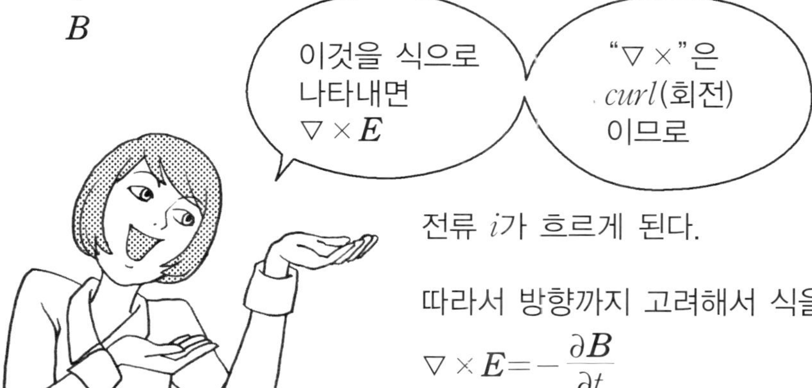

전류 i가 흐르게 된다.

따라서 방향까지 고려해서 식을 만들면

$$\nabla \times \boldsymbol{E} = -\frac{\partial \boldsymbol{B}}{\partial t}$$

양념1
떼러데이의 연설(실화)
여기는 영국의 왕립협회
페러데이의 발표가
있겠습니다.
박수로 환영해 주십시오.
당대 최고
권위의 협회
법률가
과학자
정치가
상인
페러데이
입니다.
제가
전기를
만드는
방법을
알아냈습
니다.
정치가
질문 있습니다.
그게 내 인생과
무슨 관계가
있습니까?
당신이
10년 후에는
여기에 세금을
매길 수 있을
겁니다.
우문현답
페러데이 예언이
맞았어!
전기세
내잖아!
현대에
전기 없는
세상은
생각할 수도
없게
되었다.

4_2. 발전의 원리

전자기유도 최대의 응용

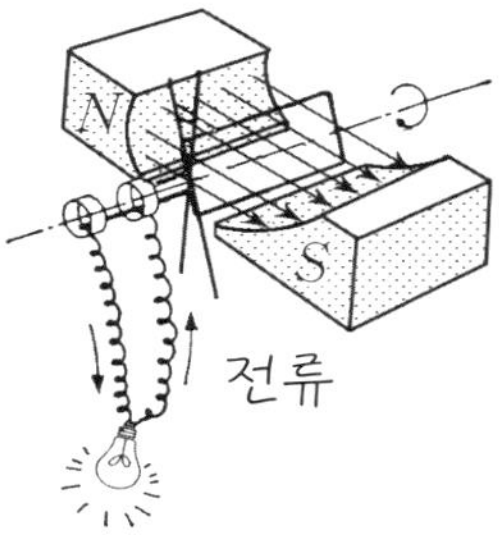

발전기의 구조는 모터와 같아요.

차이점은,
모터는 코일에 전류를 흘려서 코일을 회전시키는 반면, 발전기는 코일을 회전시켜서 전류를 얻는다는데 있다.

코일을 돌리는 에너지원으로는 수력(물의 낙하에너지)이나

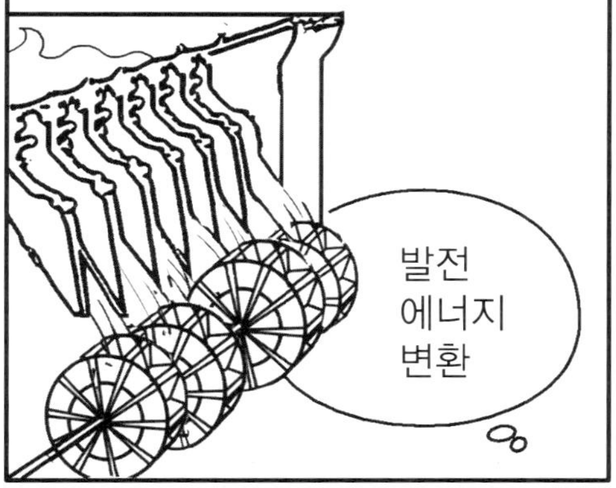

화력 · 원자력(고온의 수증기에너지) 풍력 등이 이용된다.

발전의 원리는 전자기유도 바로 그것이다.
그림과 같이 자기장 속에 코일을 넣고, 그것을 회전시키면 코일을 관통하는 자속이 변화한다.

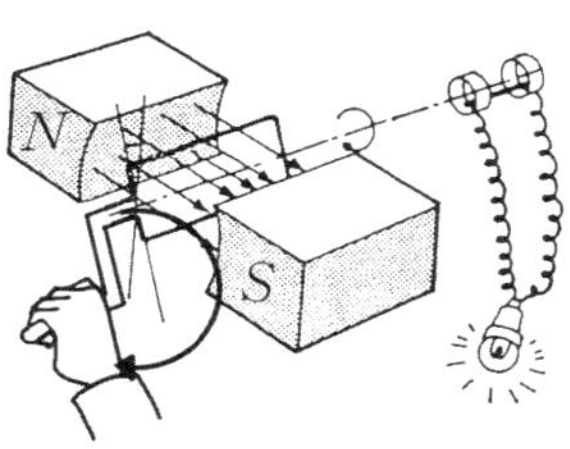

이 경우 코일의 면적 자체는 변화하지 않지만, 코일과 자기장의 기울기가 변화하기 때문에 코일을 관통하는 자기력선의 수, 즉 자속이 변한다.

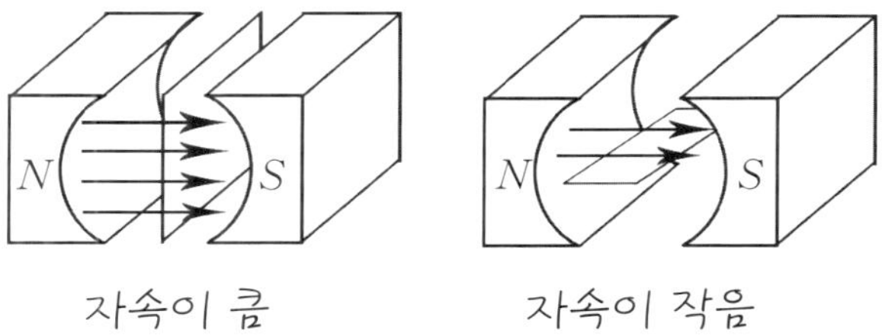

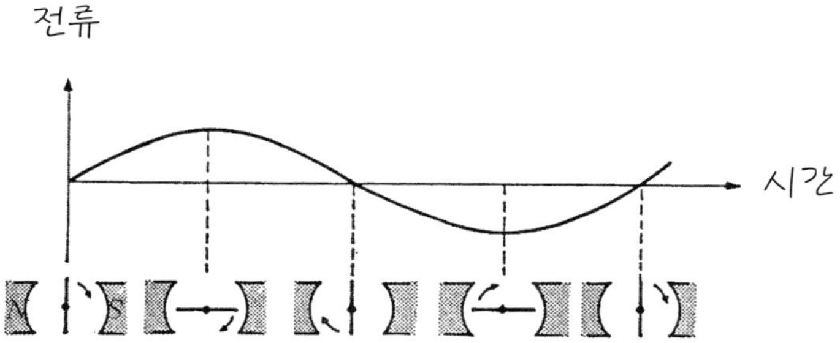

코일의 위치와 회전방향이
앞의 그림과 같다면,
렌츠의 법칙에 의해 유도전류는
위 그림과 같이 흐른다.

코일이 180도 회전했을 때를 생각해 보면
전구의 전류는 반대방향이 된다.
따라서 발전기로부터는 자연히 **교류**가 얻어진다.

페러데이 시대에는 전류가 자기장을
만드는 것의 역작용으로서,
시간적으로 변화하지 않는
자기장으로부터 전류를 얻으려고
여러 가지 노력이 시도되었으나,
모두 실패로 끝났다.

전자기 유도를 일으키는 데는 코일을
관통하는 자속을 변화시켜야만 한다.

그러기 위해서는 외부로부터
일(코일을 회전시키는 것)이 필요하다.

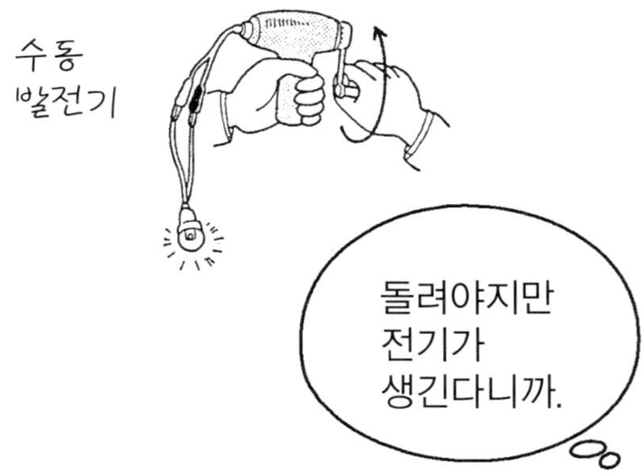

이때 낙하하는 물의 역학적에너지나,
고온 수증기의 열에너지가 소비된다.

즉 발전기는 다른 에너지를
자기장의 변화를 매개로 하여
전기에너지로 변환하는 것이다.

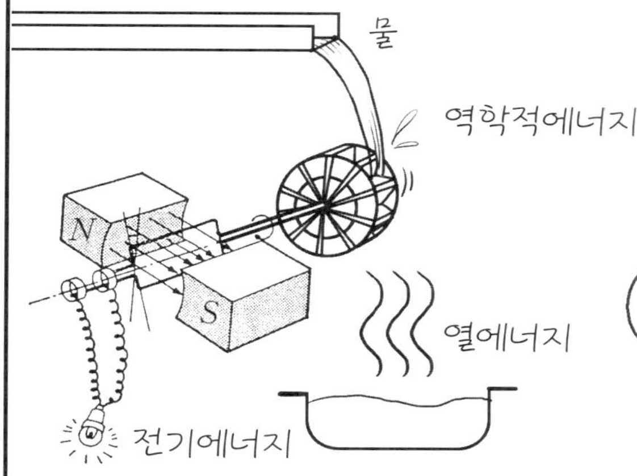

반대로 모터는 전기에너지를
역학적에너지로 변환시키는 장치

만약, 외부로부터의 일이 없이 영구 자석의 자기장만으로부터
전류가 얻어진다면, 이것은 일종의 영구기관이다.

에너지 보존법칙(에너지는 여러 가지로 변환되지만,
솟아 나오거나 소멸되거나 하지는 않는다)이
알려져 있는 현재에는,
이같은 기관이 만들어질 수
없다는 것은 상식이다.

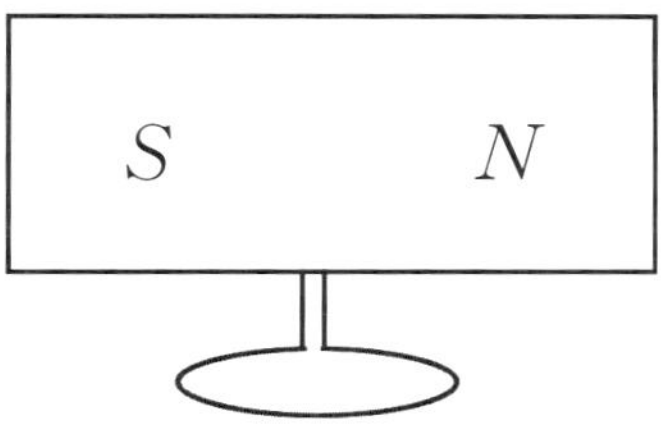

그러나 페러데이의 시절에는
에너지 보존 법칙이 확립되어 있지 않아서,
시간적으로 변화하지 않는 자기장으로부터
전류를 얻으려는 헛된 노력을 했었다.

양념1 자기부상의 원리

전자기유도는 리니어 모터 카의 자기 부상(자기를 이용하여 물체를 공중에 띄우는 것)에도 응용되고 있다.

열차를 떠오르게 하기 위해서 열차쪽에는 전자석이 실려진다.
(이때, 초전도 전자석을 사용하면 발열에 의한 에너지 손실이 적다.)
한편, 궤도면 쪽에는 자석을 빽빽하게 깔아서 반발하게 하는 것도 원리적으로는 가능하지만, 궤도에다 쫙 자석을 깐다는 것은 큰 일이므로, 자석 대신에 코일이 쫙 깔려있다.

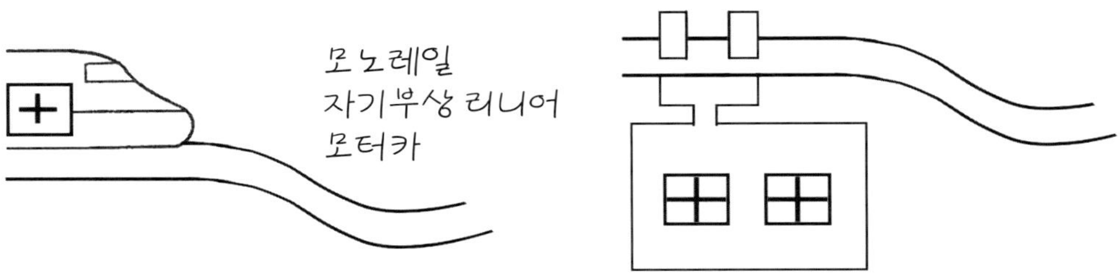

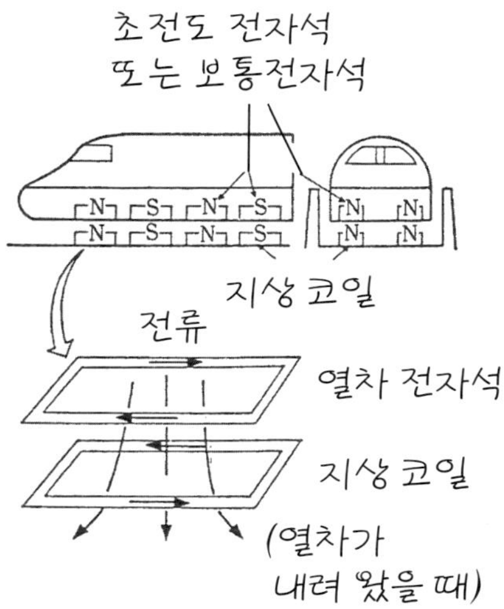

이 코일에는 전류를 흘려둘 필요가 없다.
왜냐하면 전자기유도를 활용하기 때문이다.

열차가 부상해 있다가 만약 내려오면, 열차에 실려 있는 전자석이 형성하는 자기장이 아래를 향하여 내려온다.
그 때문에 궤도면의 코일을 관통하는 자속이 증가하여 전자기유도에 의해 궤도면의 코일에 전류가 발생한다.

유도전류의 방향은 열차의 전자석에 흐르는 전류와는 반대 회전이 되기 때문에 (렌츠의 법칙) 두 코일 사이에는 반발력이 작용하여 열차가 내려가려 하는 것을 방지하게 된다.

반대로 열차가 부상하려 하면, 같은 원리로 하향의 인력을 받아 항상 적당한 높이를 유지하게 된다.

양념2 초전도체의 완전 반자성의 매커니즘

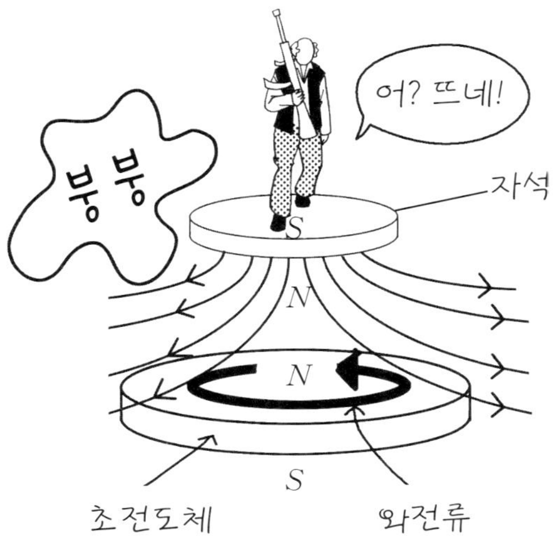

초전도체는 자석을 떠오르게 한다.
그 매커니즘도 전자기유도에 의해 설명할 수 있다.

즉, 초전도체에 자석을 접근시키면, 초전도체를 관통하려 하는 자속이 증가하기 때문에, 전자기유도에 의해서 초전도체 내부에 원형의 전류가 발생한다.

이 전류를 와전류라고 하는데, 그 방향은 렌츠의 법칙에 의해서 자석과는 서로 반발하는 자기장을 생성하게끔 결정된다.
이리하여 자석은 공중에 뜬다.

보통의 도체(상전도체)에서는 전류의 에너지가 도체의 저항에 의해서 열로 변환되고 금방 상실되어 버리는데 비해,

초전도체에서는 저항이 없기 때문에 전류가 영구히 계속해 흘러서 언제까지고 떠올라 있게 하는 힘이 작용한다.

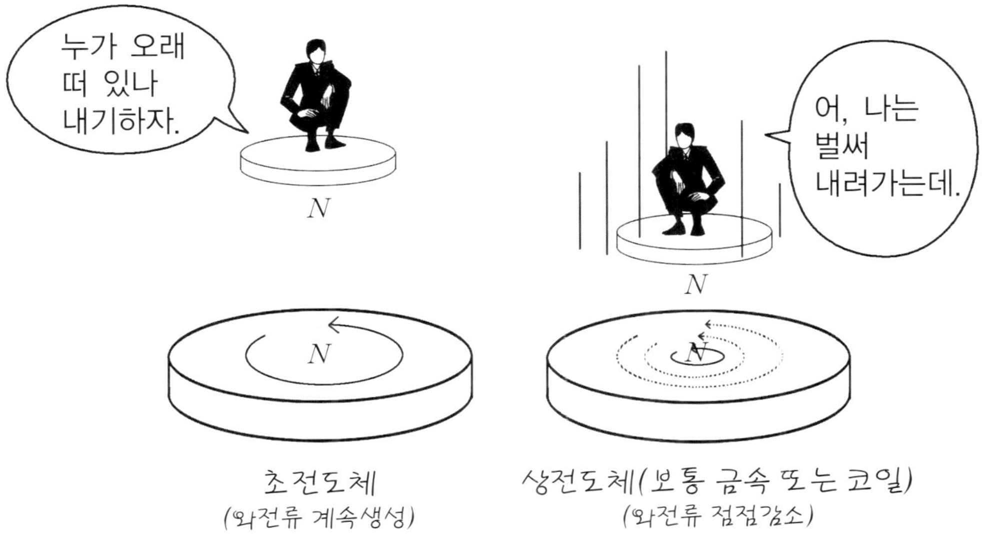

이때 자석의 N극면에 가까운 초전도체의 면 쪽에는
N극이 형성된다. 이것은 철 속의 강자성체와는 반대이며,
이것을 초전도체의 **완전 반자성**이라고 한다.

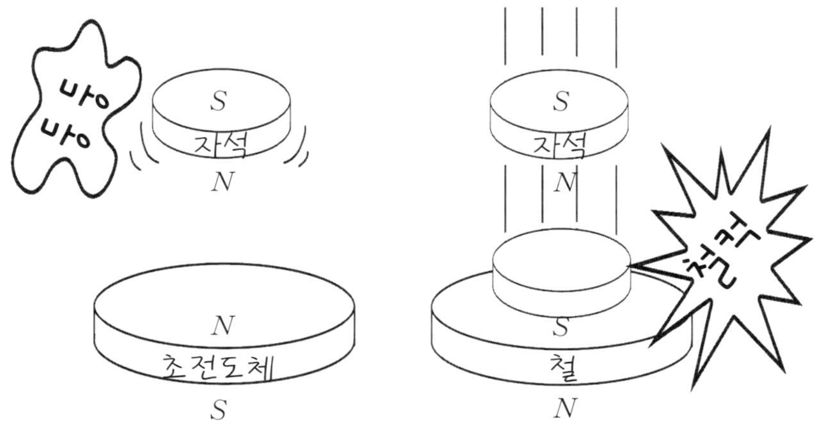

이같이 완전 반자성의 매커니즘은 전자기유도 바로 그것이며,
리니어 모터 카의 자기부상의 원리와 같다.

완전 반자성을 나타내는 물질은 특수한 자기적인 성질을 갖고 있는 것이 아니라
전기저항이 없는 완전도체인 것이다.

또, 앞에서 언급한 구리 등의 물질이 반자성을 나타내는 원인은
물질 속에 생기는 유도전류에 있다고 생각할 수 있다.

다만, 초전도체와는 달리 보통 물질에서는 유도전류는 매우 약하기 때문에
근소한 반자성밖에는 나타내지 않는다.

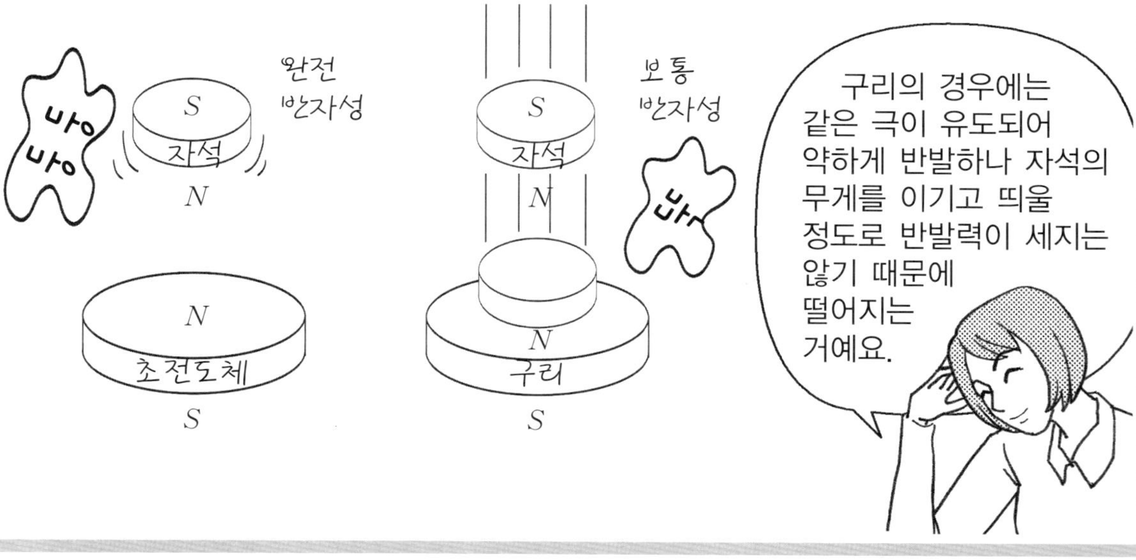

전자기 조리기

전자기 조리기는 불길도, 히터도 보이지 않는데 어떻게 조리가 되는 걸까?

바닥이 가열되지 않는데도 요리를 할 수 있는 전자기 조리기의 원리는 다음과 같다.

전자기 조리기의 단면은 그림과 같이 되어 있다. 내부에는 모기향과 같은 모양을 한 코일이 있고, 그 코일에 20 kHz 이상의 교류가 흐르고 있다. 그 때문에 그림과 같은 자기력선이 냄비 바닥을 관통한다.

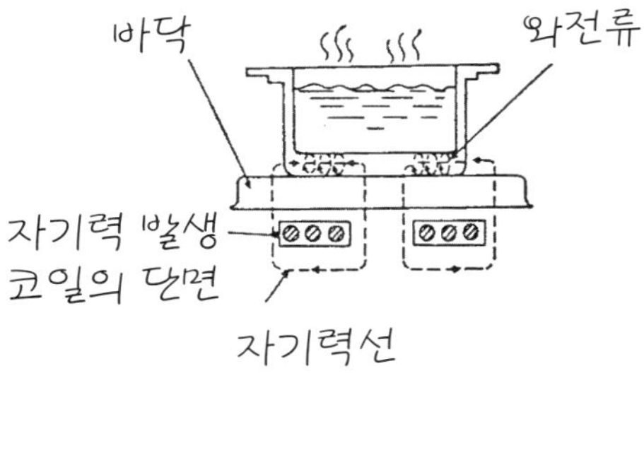

냄비는 알루미늄 따위가 아니라 자기력선을 끌어 당기는 강자성체(철, 스테인리스 등) 이어야 한다. 냄비 바닥을 관통하는 자기장이 맹렬하게 변화하기 때문에 거기에 전류가 흐르고 냄비의 전기저항 때문에 줄열이 발생하여 냄비가 직접 가열된다.

전자기 조리기는 가스처럼 배기가스를 방출하지 않고 에너지변환 효율이 높다는 장점이 있다. (열효율은 가스가 50%, 전열기가 50% 남짓, 전자기 조리기는 약 80%이다.)

퀴즈1

전자기유도의 데몬스트레이션

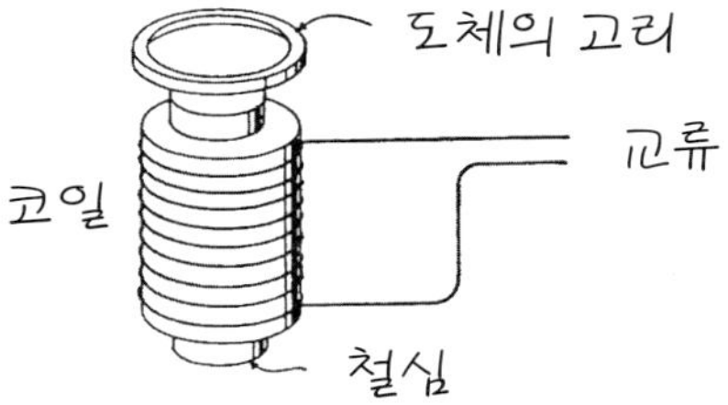

코일 위에 금속(이를테면 구리)
고리를 얹어 두고,
코일에 교류를 흘려보내면
금속 고리는 어떻게 될까?

퀴즈답

'붕' 하고 공중에 튀어 오른다.

고리가 튀어 오르는 것은 다음의 이유 때문이다.

코일의 전류가 급격히 변화하면
금속 고리를 관통하는 자기력선속이 변화하고,
전자기 유도에 의해서 고리에 전류가 흐른다.

이 전류의 방향은, 이를테면
코일의 전류가 증가하고 있을 때는 코일의 전류와
반대 방향으로 된다(렌츠의 법칙).

그래서 두 전류 사이에 반발력이 작용하여
고리가 튀어 오른다.

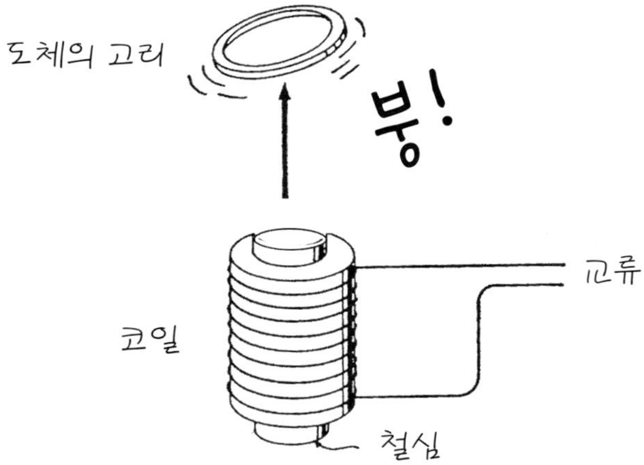

자기장의 변화는 전기장을 낳는다.

전자기유도에 의해 유도전류가 흐른다는 것은 전자가 어떠한 힘을 받아서 이동한다는 것을 말하는데, 이 힘은 바로 전기장에 의한 것이다.
즉, 자기장의 변화는 전지장을 만들어 내어, 이것에 의해 전자가 힘을 받아 이동하므로 유도전류가 흐르게 된다.

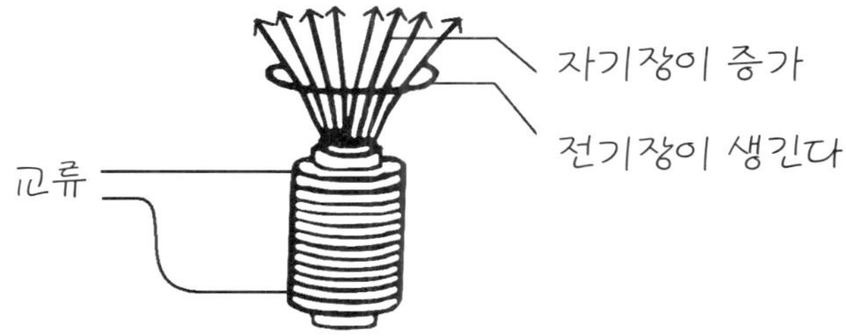

이 법칙의 중요한 점은 고리나 코일이 없어서 전류가 발생하지 않는 경우로 확장할 수 있다는 점이다. 고리나 코일이 없는 공간이라도 자기장의 변화는 전기장을 낳는다.(빛의 정체가 공간을 전파하는 자기장과 전기장의 교대진동이라는 것을 상기해 보세요.) 페러데이의 발견을 이같이 확장해서 하나의 법칙으로 정리한 사람이 **맥스웰**이다.

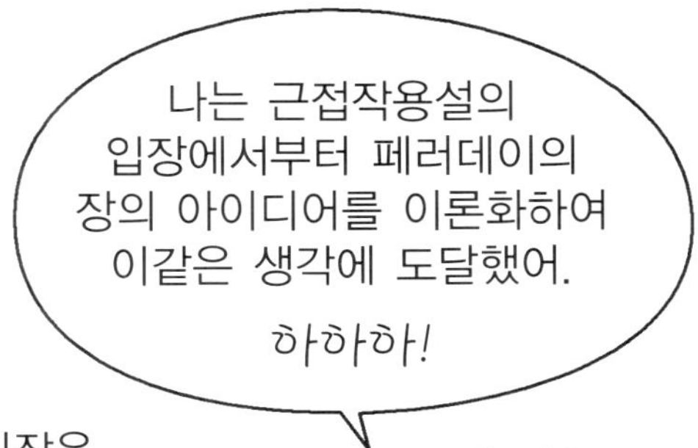

그런데 자기장의 변화에 의해서 생기는 전기장은 전하가 만드는 용출 · 흡수형 전기장과는 그 상태가 다르다.

이 전기장은 자기력선을 둘러싸듯이 발생하기 때문에 순환형이다. 그래서 전하가 만드는 전기장을 **정전기장**, 자기장의 변화가 만드는 전기장을 **유도전기장**이라고 구별하여 부르는 일도 있다.
그러나 이 두 전기장이 전하에 미치는 효과는 같다.

전자기학의 기본 법칙

자, 이제 전자기학 무대에 등장하는 배우가 모두 소개되었다.

전자기 현상의 기본 법칙은 지금까지 나온 법칙들뿐이다.
그것들을 정리하면 다음과 같다.

우선, **전기장과 자기장에 관한 네 가지 법칙**이 있다.

제1법칙 하전입자는 용출 · 흡수형의 전기장을 형성한다.

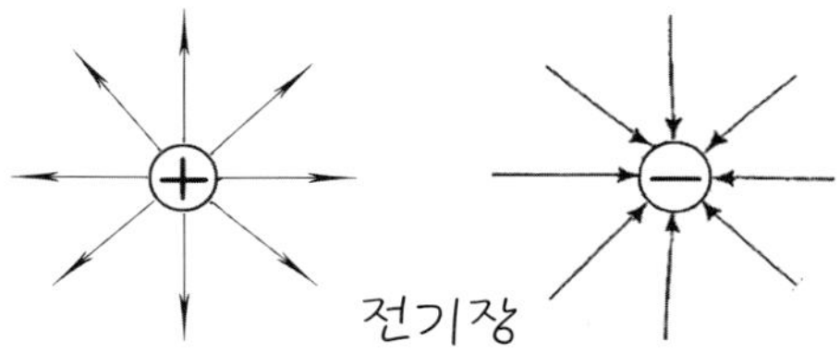

제2법칙 전류(운동하는 하전입자)는 순환형 자기장을 형성한다.

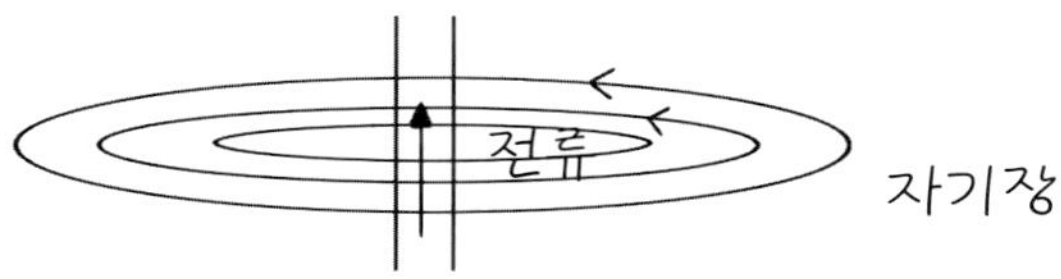

제3법칙 단극인 자석은 존재하지 않는다.

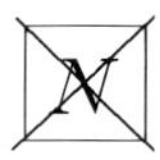

자기장의 원천(source)은 따로 존재하는 것이 아니라 전류가 그 원천이다.

제4법칙 자기장의 변화는 순환형 전기장을 형성한다.

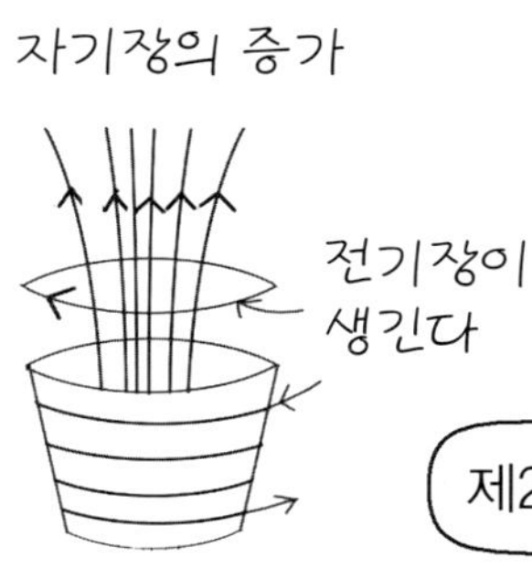

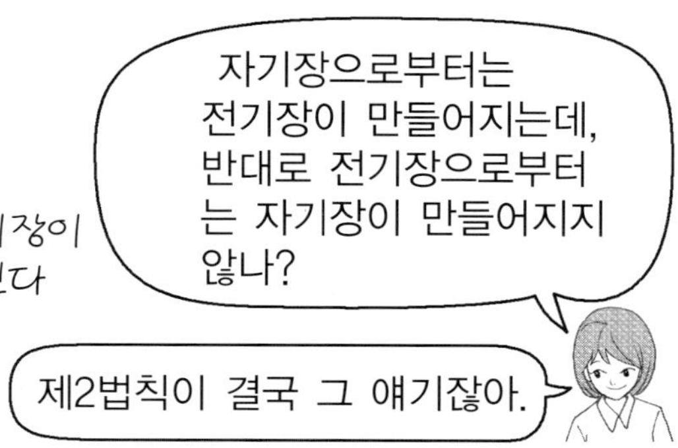

다음으로는 **전하가 받는 힘에 대한 두 가지 법칙**이 있다.

1. 하전입자는 전기장으로부터 힘을 받는다.(전기력)
2. 운동하는 하전입자(전류)는 자기장으로부터 힘을 받는다.(로렌츠력)

양념5 모노폴(monopole)

맥스웰의 전자기학에서는 단극인 자석이 존재하지 않지만, 미크로한 소립자의 세계에서는 자기단극자(monopole)가 존재하는 것이 아닐까 하고 생각되고 있다.

이것은 1934년에 영국의 디랙이 예언한 것이다.

현재 우주 공간으로부터 오는 모노폴을 관측하려는 실험이 시도되고 있다.
그 방법의 하나는 초전도체 링을 두고서 모노폴이 오는 것을 대기하는 것이다.
모노폴이 통과하면 링에 자기력선이 감겨붙고,
직류의 유도전류가 흐르기 시작하고 그대로 계속해서 흐르게 된다.

한편, 보통의 자석과 같은 N, S 양 극의 다이폴이 통과해서는 직류가 발생하지 않는다.

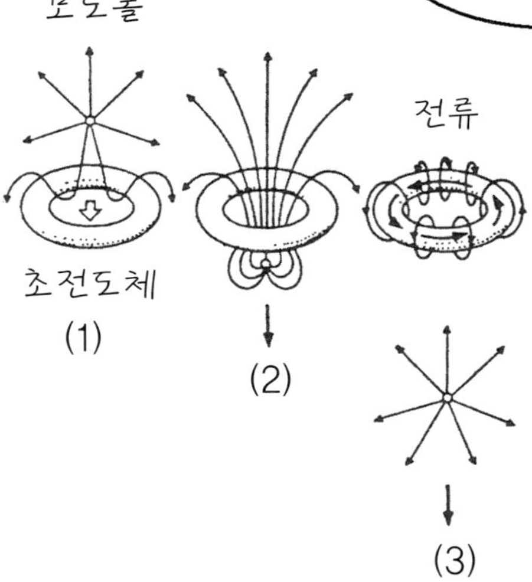

4_3. 교류는 에너지의 운반자

그러나 우리가 전력회사로부터 받는 것은 전자가 아니야.

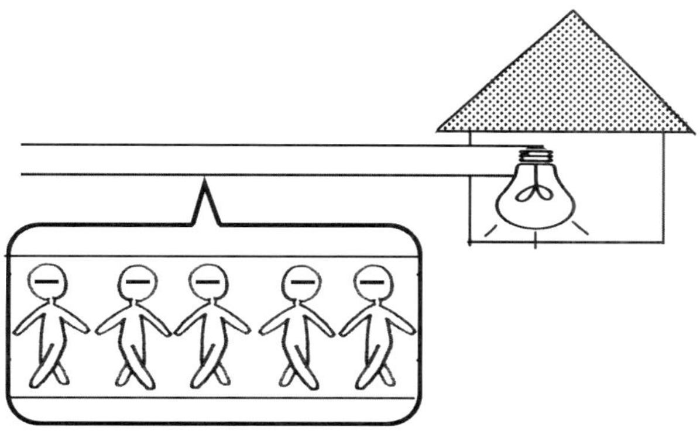

교류에서는 전자가 전선속을 왔다갔다 하고 있을 뿐이거든.

동선의 예를 들면 1 cm^2 당 8.4×10^{22} 개나 되는 대량의 자유전자가 빽빽이 들어 있어서

1 암페어 정도의 직류에서는 전자는 고작 매 초 0.1 mm 정도밖에 진행하지 않아.

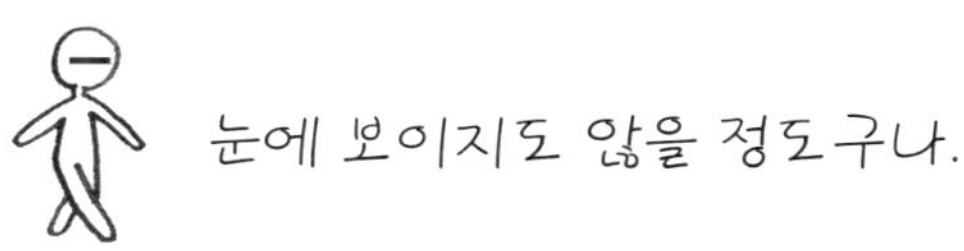

예를 들어, 계산하기 간단하게 주파수 100 Hz의 교류(매 초 방향이 50회 변화)를 생각해 보면, 한 방향으로 계속해서 진행하는 것은 100분의 1초이므로, 단순히 생각하더라도 1암페어 정도의 교류에서는 1회에 0.001 mm 정도밖에 진행하지 않는다.

대전류가 흐르는 송전선 속에서도 전자는 10 mm 정도의 진동을 반복하고 있을 뿐이다.

그럼, 우리가 전력회사로부터 받는 것은 뭐야?

전자의 진동에 의해서 운반되는 **에너지**야!

그런데 우리가 전기에너지를 직접 이용하는 일은 거의 없다.

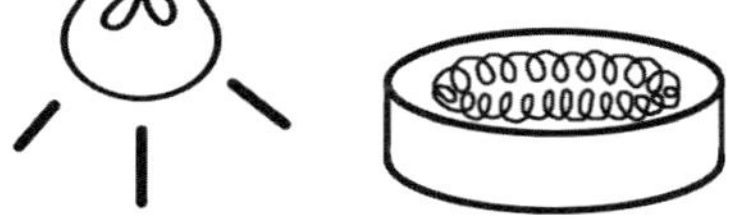

전기는 언제나 빛(전등, 영상), 열(난방, 조리), 일(모터), 소리(오디오) 등의 형태로서 이용된다.

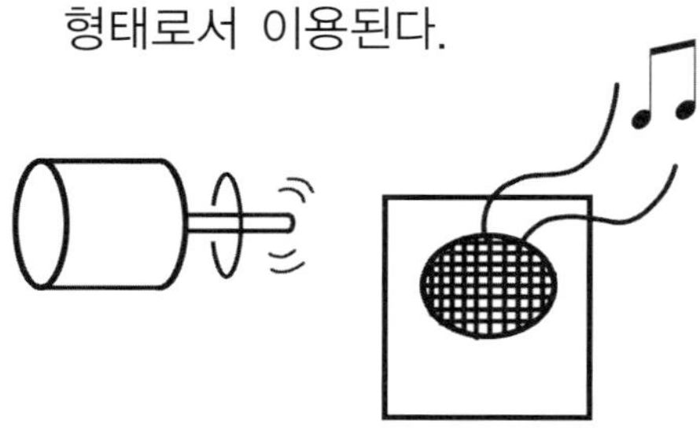

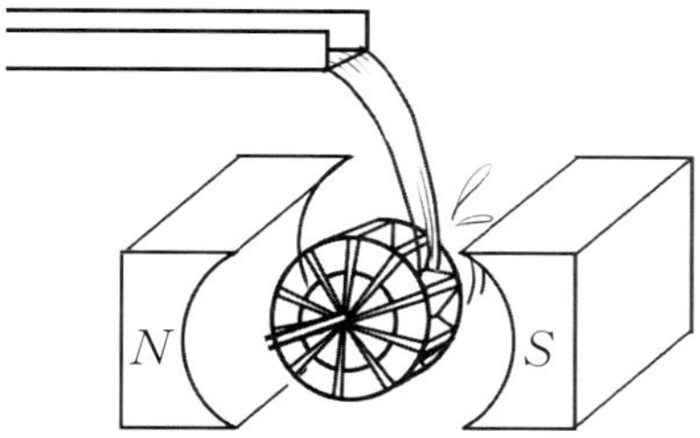

전기는 모두 발전소에서 다른 에너지 (수력, 화력, 원자력 등)로부터 만들어진다.

전기의 기능이란 에너지를 발전소로부터 가정이나 공장으로 운반하는 일이다.

전기가 에너지 운반꾼으로서 적합한 것은, 가정이나 공장에서 이용하는 방대한 에너지를 석유 등의 연료 그대로의 형태로 운반하는 것과 비교해 보면 금방 알 수 있다.

석유 따위와는 달리 전기의 경우는 아무것도 무거운 물질을 운반할 필요가 없다.

전기로 또 한 가지 중요한 것을 운반한다.

그것은 음성, 영상, 문자 등의 정보이다.

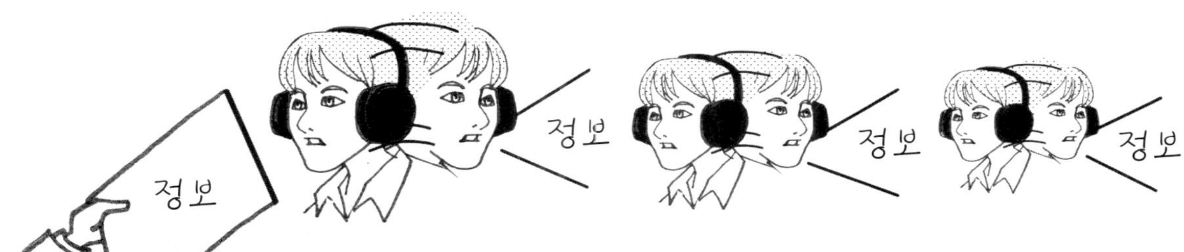

정보에 관해서는 뒤도 미루고, 에너지 운반꾼으로서의 전기에 대해서 생각해 보자.

4_4. 교류는 에너지로 표시

교류에서는 전압과 전류의 크기와 방향이 주기적으로 변화한다.

교류 전압 100 V 또는 교류 전류 1 A란 도대체 어느 시점에서의 전압 또는 전류를 말하는 것일까?

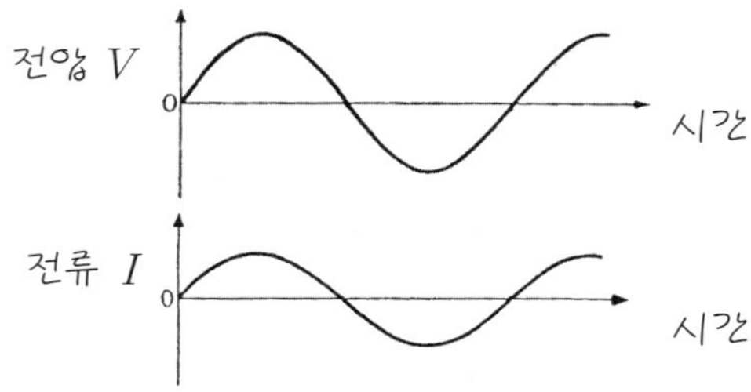

'전압 또는 전류의 평균값을 취하면 되지 않을까?' 하고 소박하게 생각할 수 있으나, 그러면 플러스와 마이너스가 상쇄되어 평균이 제로가 되어 버리니까 문제죠.

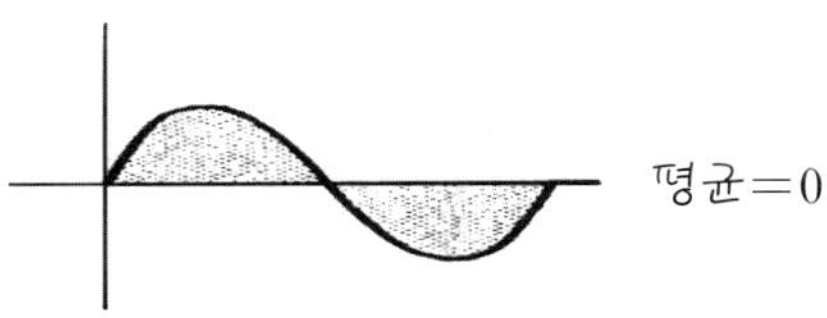

'그렇다면 전류와 전압이 최대인 것을 취하면 어떨까?' 하고 생각할 수 있다.

그러나 항상 100 V인 직류와 플러스 100 V와 마이너스 100 V 사이를 변동하는 교류를 같은 전압이라고 얘기하기는 무리가 따른다.

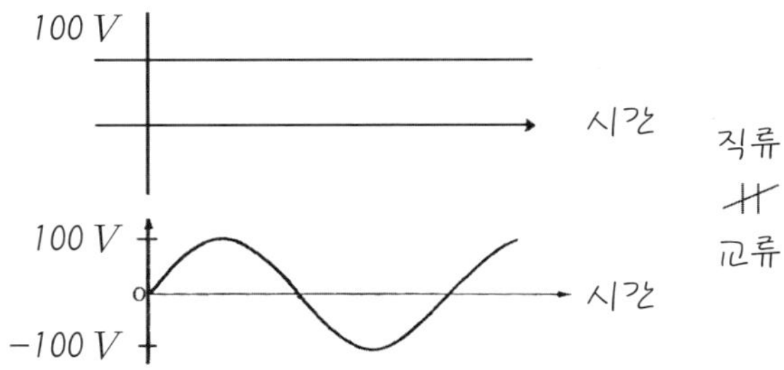

전기는 에너지의 운반꾼이니까 에너지로 정하는 것이 적합할 것 같다.

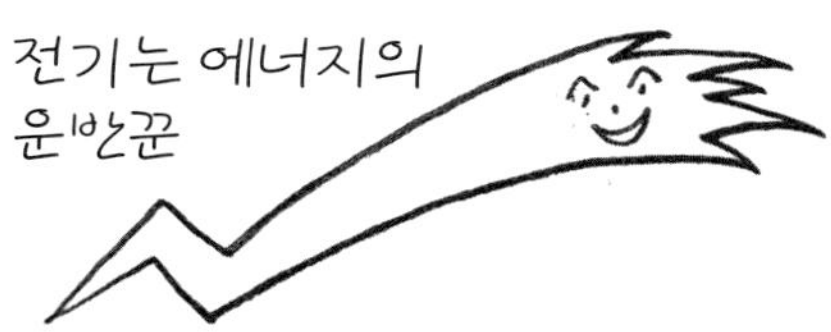

직류인 경우 전류에 의해서 운반되고, 전구 등에서 소비되는 에너지를 나타내는 식은 $P=VI$, 즉 소비전력=전압×전류이다.

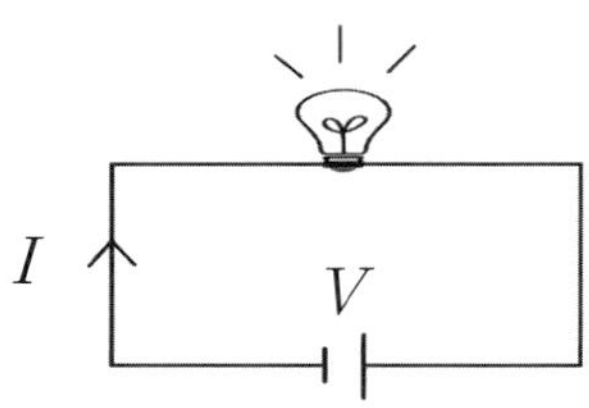

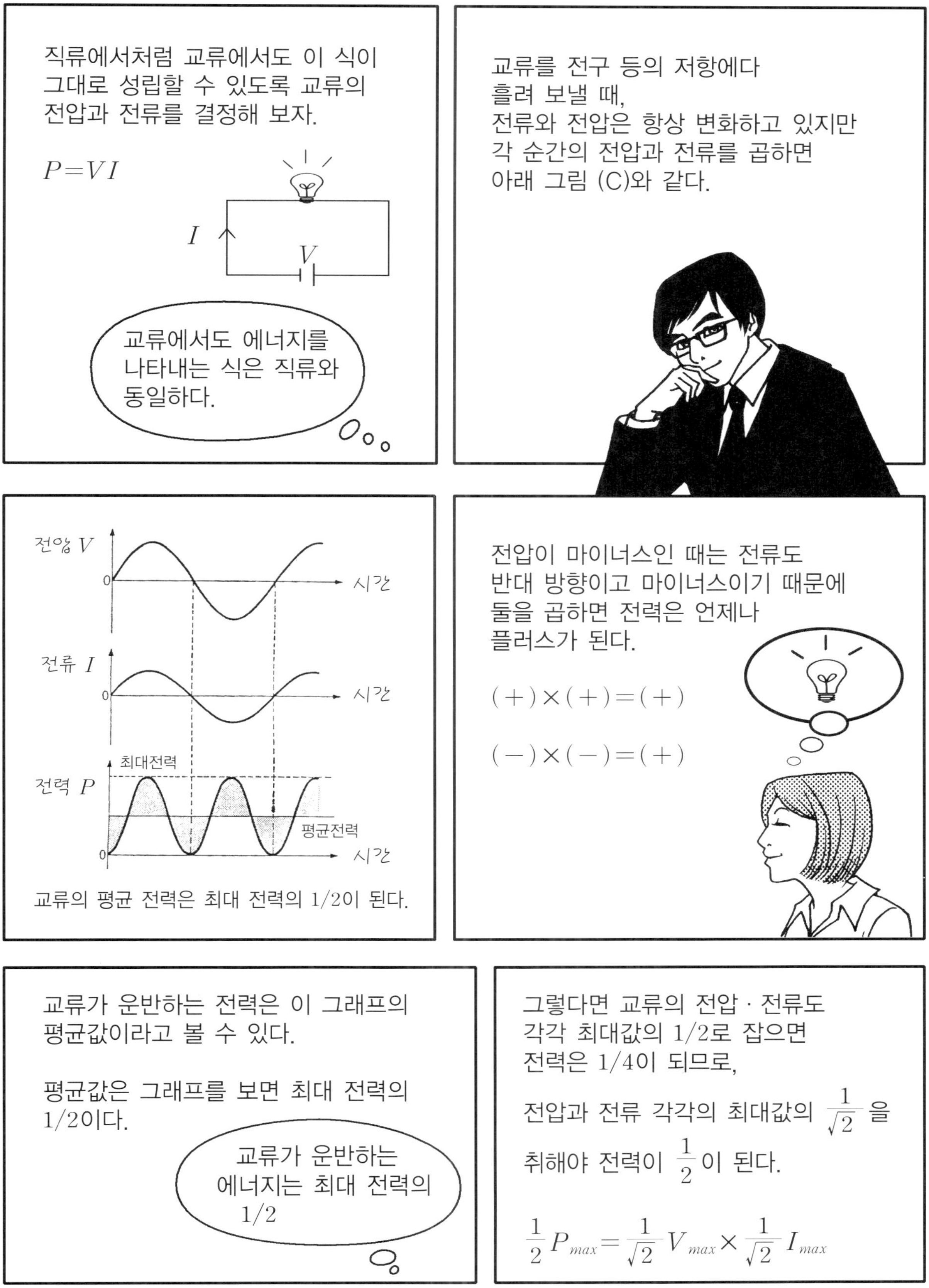
직류에서처럼 교류에서도 이 식이 그대로 성립할 수 있도록 교류의 전압과 전류를 결정해 보자.
P=VI
I
V
교류에서도 에너지를 나타내는 식은 직류와 동일하다.
교류를 전구 등의 저항에다 흘려 보낼 때, 전류와 전압은 항상 변화하고 있지만 각 순간의 전압과 전류를 곱하면 아래 그림 (C)와 같다.
전압 V
0
시간
전류 I
0
시간
최대전력
전력 P
평균전력
0
시간
교류의 평균 전력은 최대 전력의 1/2이 된다.
전압이 마이너스인 때는 전류도 반대 방향이고 마이너스이기 때문에 둘을 곱하면 전력은 언제나 플러스가 된다.
(+)×(+)=(+)
(−)×(−)=(+)
교류가 운반하는 전력은 이 그래프의 평균값이라고 볼 수 있다.
평균값은 그래프를 보면 최대 전력의 1/2이다.
교류가 운반하는 에너지는 최대 전력의 1/2
그렇다면 교류의 전압 · 전류도 각각 최대값의 1/2로 잡으면 전력은 1/4이 되므로,
전압과 전류 각각의 최대값의 $\frac{1}{\sqrt{2}}$ 을 취해야 전력이 $\frac{1}{2}$ 이 된다.
$\frac{1}{2}P_{max}=\frac{1}{\sqrt{2}}V_{max}\times\frac{1}{\sqrt{2}}I_{max}$

이렇게 하여 전압 · 전류의 최대값의 $1/\sqrt{2}$ 의
크기를 전압 · 전류의 실질적인 크기라고
약속하고 **실효값**이라고 부른다.
실효값!
내 용돈이 들쑥날쑥한데
실효값은 일주일에 5천원
평소에 교류 100 V니
10 A니 하고 무심히
사용해 왔던 것이
이 실효값이다.
따라서 가정에 들어오는
220 V의 교류 전압의 최대값은
$220\ V \times \sqrt{2} \cong 311\ V$
이므로
가정의 콘센트에는
$-311\ V \sim +311\ V$
의 전압이 들어와 있다.
실효값을 사용하면 100 V에서 10 A의 전류가 흘렀을 때,
사용되는 전력은 교류에서나 직류에서나
동일하게 1000 W가 되어,
교류와 직류의 차이에 마음을
쓰지 않아도 되므로
매우 편리하다.
전류에서 실효값을 쓰면
평균전력을 바로 구할 수
있구나!

4_5. 직류와 교류 어느쪽?

현재 발전과 송전에는 교류가 사용되고 있다.

19세기 후반, 전력 산업의 발전 초기에는 교류가 좋은가, 직류가 좋은가를 놓고 과학자와 전기기술자들이 2대 진영으로 갈라져서 맹렬한 논쟁을 벌였다.

에디슨의 필사적인 캠페인에도 불구하고 이 논쟁은 교류파의 승리로 끝났다.

그 이유는, 발전기가 자연적으로 교류를 발생한다는 것과 유도 모터라고 하는 뛰어난 교류 모터가 있었다는 것과 함께

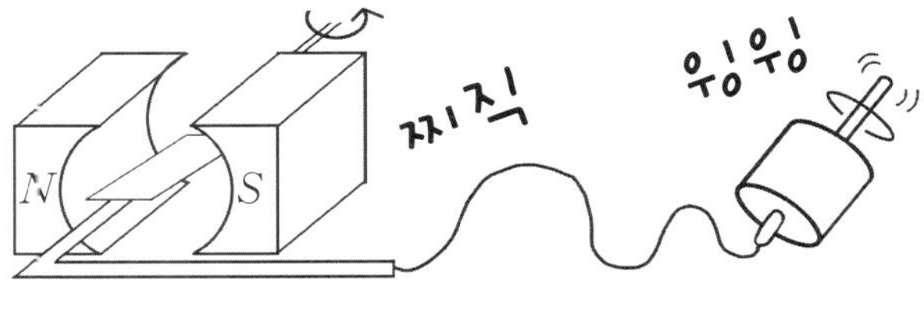

가장 큰 이유인, 교류에서는 변압이 간단하고 고전압 송전이 가능하다는 점이다.

변압기의 원리는 페러데이가 발견한 코일과 코일 사이의 전자기 유도 바로 그것이기 때문에, 교류에 의한 자속변화가 필요하기 때문이다.

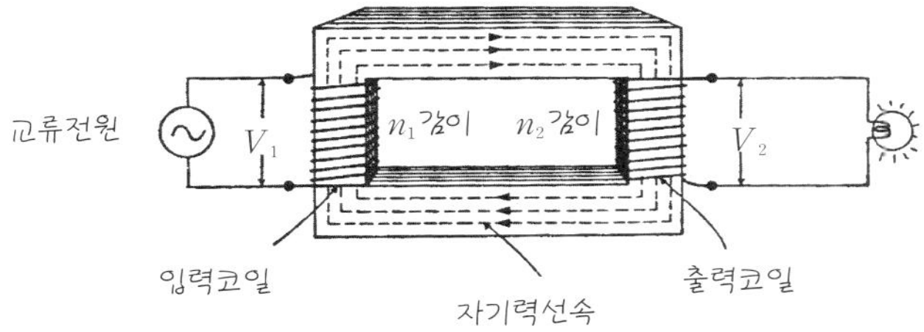

2개의 코일을 한 개의 철심에 감아 놓은 것이 변압기

입력 쪽의 코일에 교류를 흘려 보내면 교류는 주기적으로 진동하므로, 출력 쪽을 관통하는 자기력선속이 주기적으로 변해서 출력 쪽에도 교류의 유도 전류가 얻어진다.

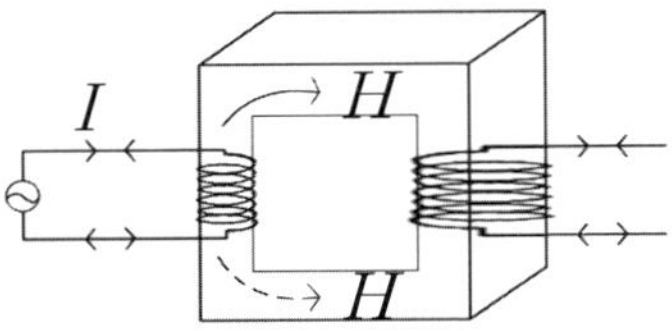

입력 쪽과 출력 쪽의 권선수(코일을 감은 횟수)가 각각 n_1, n_2이면, 입력 쪽과 출력 쪽의 전압비 V_1, V_2는

$\frac{V_1}{V_2} = \frac{n_1}{n_2}$ 이 된다.

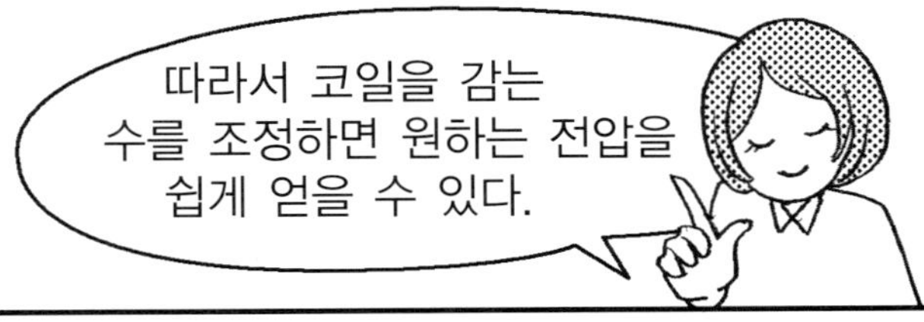

이에 반해 직류인 경우에는 입력 전류가 변하지 않기 때문에, 입출력 코일을 중매하는 자기력선속도 변화 없어서, 변압기는 쓸모가 없게 된다.

또한, 송전 때에는 송전선의 저항에 의해서 열로 상실되는 에너지가 문제가 되는데, 교류에서는 변압기를 이용하여 전압을 높여 고전압으로 송전할 수 있다.

송전에 대해 생각해보면, 송전선에는 저항이 있기 때문에, 가령 발전소 쪽에서 1만 볼트의 전압으로 송전하더라도 전력을 받는 쪽에서는, 이를테면 9000 볼트로 전압이 내려간다.

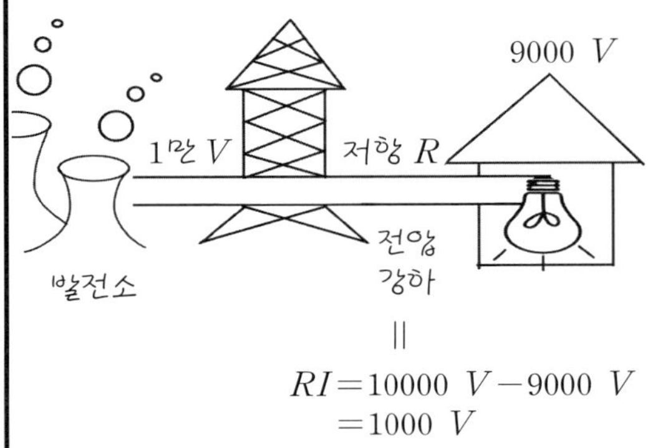

송전선에서의 에너지 손실이란 송전선에서의 소비전력 P를 말하므로

에너지 손실 P = 송전선에서의 전압강하 × 전류

송전선에서의 전압강하 = 송전선의 저항 × 전류 = RI, 전류 = I

즉 $P = RI^2$

그 이유는, 교류 송전에도 몇 가지 결점이 있기 때문인데,
예를 들면, 몇 개의 발전소로부터의 전류를 합쳐서 보낼 경우,
교류의 경우에는 전류가 시간에 따라 변하므로
타이밍을 맞추기가 어렵다는 문제가 있다.

그런 까닭으로 현재 일부 지역에서는
직류송전이 사용되고 있다.

4_6. 교류회로의 두 주역 – 코일과 콘덴서

코일은 교류가 질색

교류회로에서는 직류회로에서 활약했던 전기저항 이외에 코일과 콘덴서가 중요한 역할을 한다.

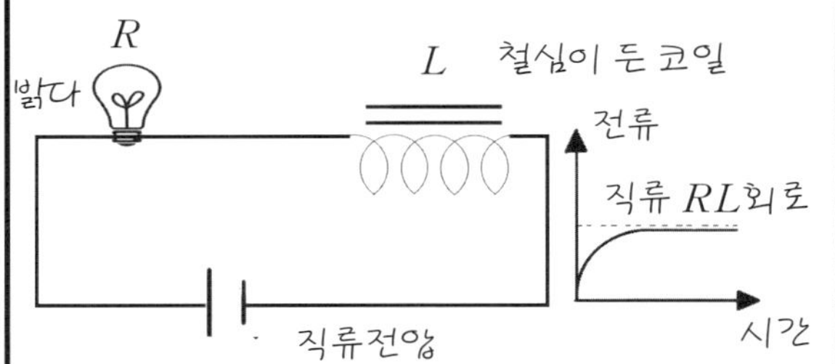

직류 전원에 코일과 전구(저항)를 연결하면 전구에 불이 들어온다.

직류 전원을 교류전원으로 바꾸면 역시 전구는 켜지지만 같은 전압을 걸어주더라도 직류의 경우보다 약간 어둡다.

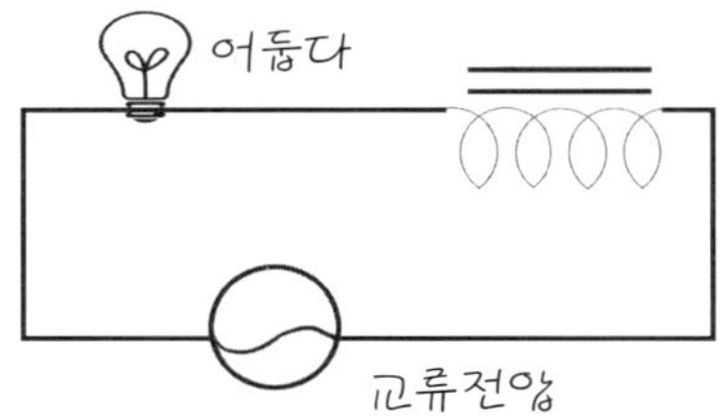

교류를 흘려도 코일의 전기저항이 증가하는 것은 아닌데 왜 어두워질까?

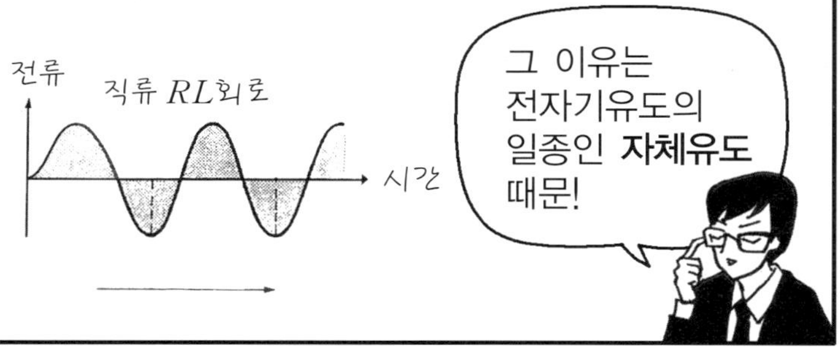

코일에 교류를 흘려보내면, 그 전류 자신에 의해 형성되어 코일을 관통하는 자기력선속이 시간과 더불어 주기적으로 변화한다.

이와 같이 코일을 관통하는 자기력선속이 변화하면 그 변화를 방해하려는 유도기전력이 발생한다.

따라서 코일은 교류를 통과시키기 어렵다.

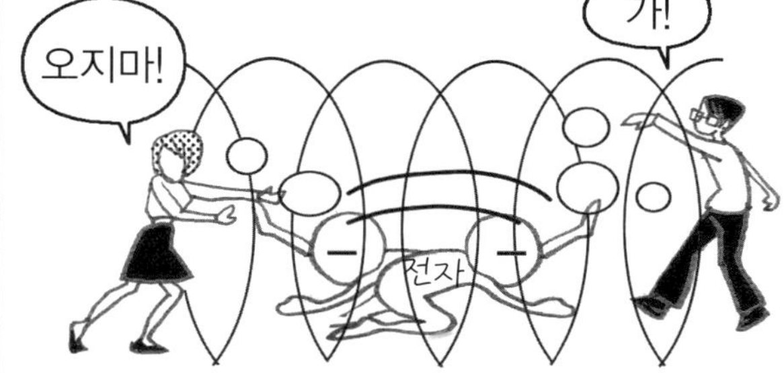

전류의 변화가 빠를수록 역유도
기전력이 크기 때문에
교류의 주파수가 증가하면
점점 더 통과하기
어려워진다.

또, 권선수(코일을 감은 횟수)가
증가하고 철심 등을 넣으면,
코일을 관통하는 자기력선속이
증가하여 코일의 교류를 방해하는
작용이 더욱 커진다.

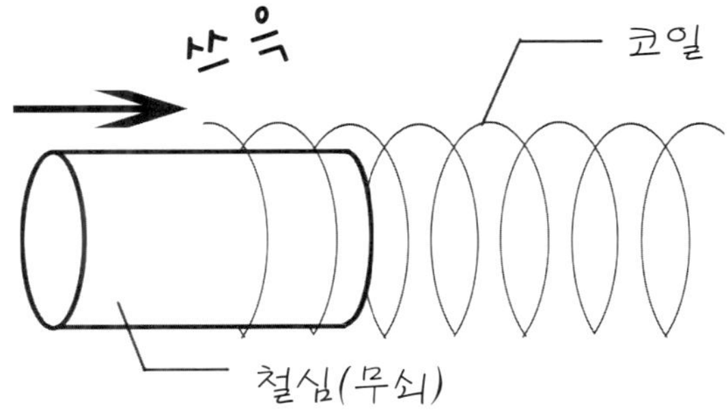

자체유도를 이용한 장치에는
자동차 가솔린 엔진의 점화 코일,
형광등을 켜기 위한 코일
등이 있다.

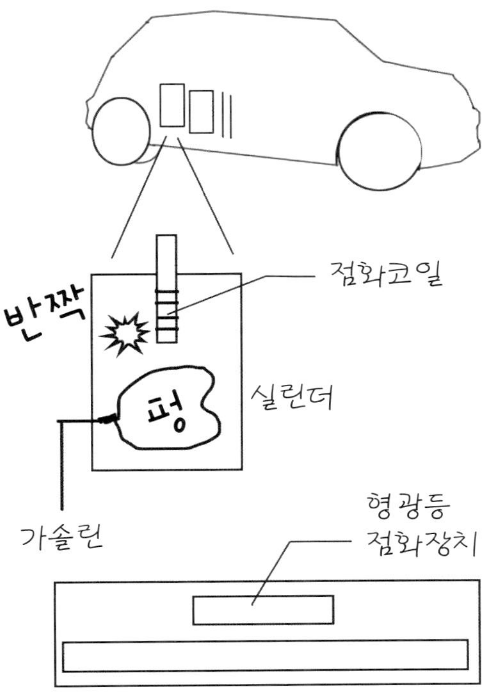

이러한 장치들은,
전지에 코일을 접속하여
스위치를 끊었을 때,
급격히 전류가 줄어드는 것을
방해하려고 자체 유도에 의해서
스위치 접점에 고전압이 발생하여
불꽃이 튀는 것을
이용한다.

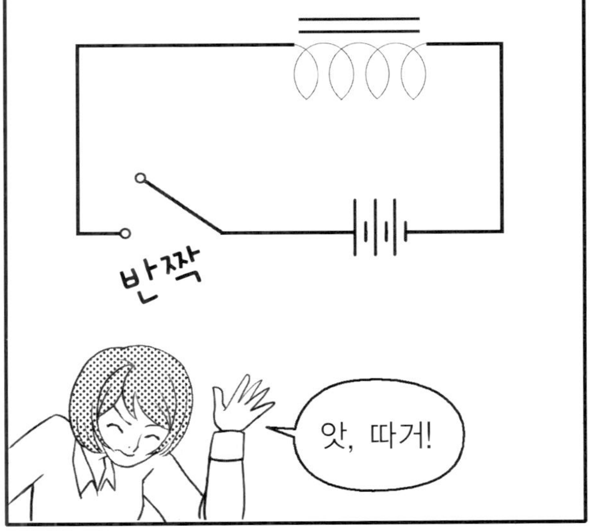

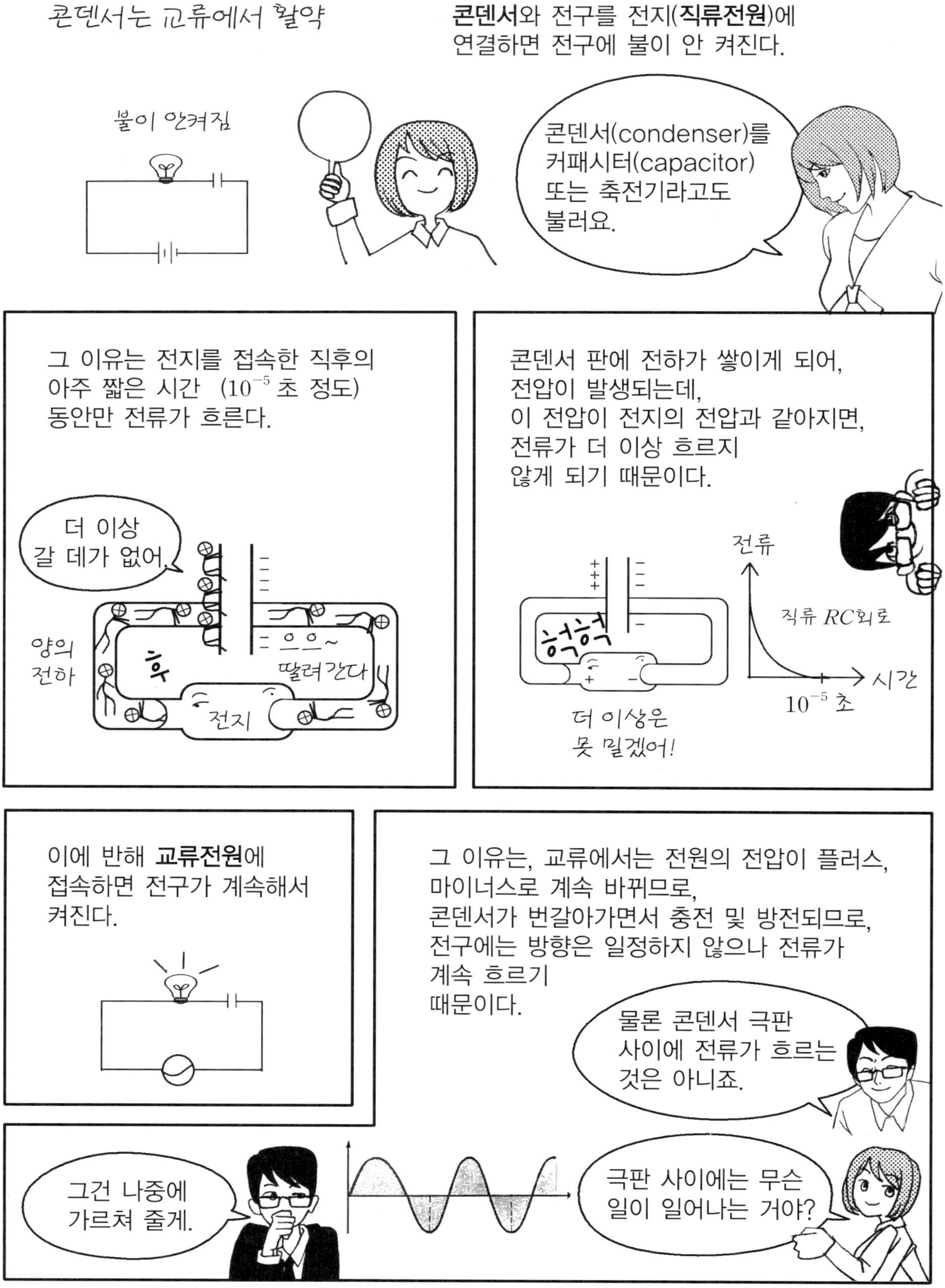
콘덴서는 교류에서 활약
콘덴서와 전구를 전지(직류전원)에 연결하면 전구에 불이 안 켜진다.
불이 안켜짐
콘덴서(condenser)를 커패시터(capacitor) 또는 축전기라고도 불러요.
그 이유는 전지를 접속한 직후의 아주 짧은 시간 (10⁻⁵ 초 정도) 동안만 전류가 흐른다.
더 이상 갈 데가 없어.
양의 전하
후
으으~
딸려간다
전지
콘덴서 판에 전하가 쌓이게 되어, 전압이 발생되는데, 이 전압이 전지의 전압과 같아지면, 전류가 더 이상 흐르지 않게 되기 때문이다.
헉헉
더 이상은 못 밀겠어!
전류
직류 RC회로
시간
10⁻⁵ 초
이에 반해 교류전원에 접속하면 전구가 계속해서 켜진다.
그 이유는, 교류에서는 전원의 전압이 플러스, 마이너스로 계속 바뀌므로, 콘덴서가 번갈아가면서 충전 및 방전되므로, 전구에는 방향은 일정하지 않으나 전류가 계속 흐르기 때문이다.
물론 콘덴서 극판 사이에 전류가 흐르는 것은 아니죠.
그건 나중에 가르쳐 줄게.
극판 사이에는 무슨 일이 일어나는 거야?

이와 같이 콘덴서를 접속한 회로는 직류에서는 작동하지 않지만, 교류에서는 작동을 잘한다.

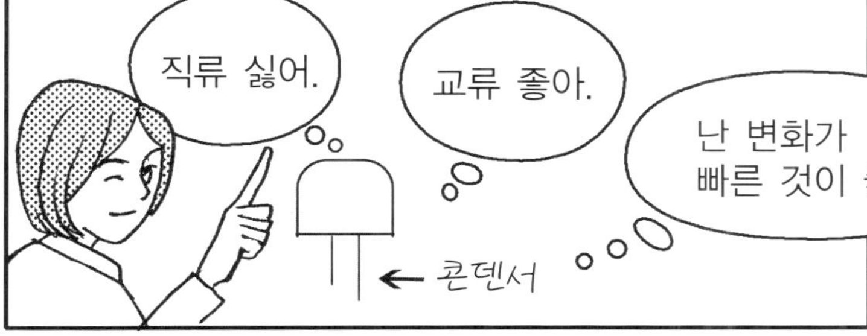

교류의 주파수를 높이면 높일수록 전구의 밝기는 증가한다.

즉, 콘덴서회로에는 주파수가 높은 교류 일수록 잘 흐른다.

일반적으로 콘덴서에 저장되는 전기량은 가한 전압에 비례한다. 즉, V 볼트의 전압을 걸었을 때, 콘덴서의 양 극판에 플러스, 마이너스 Q 쿨롱의 전기량이 저장되었다면

$$Q = CV$$

의 관계가 있다.

C는 1 볼트의 전압을 걸었을 때 콘덴서에 저장되는 전기량으로서, 콘덴서의 전기 용량(capacitance)이라고 불리며, 단위는 **패럿**(Farad) F가 사용된다.

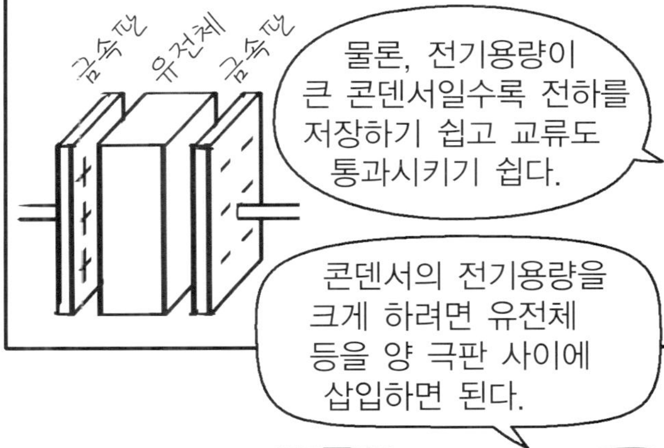

코일과 콘덴서의 차이점

코일은 직류를 잘 통과시키지만, 주파수가 큰 교류일수록 통과시키기 어렵다.
콘덴서는 직류는 통과시키지 않지만, 주파수가 큰 교류 일수록 통과시키기 쉽다.

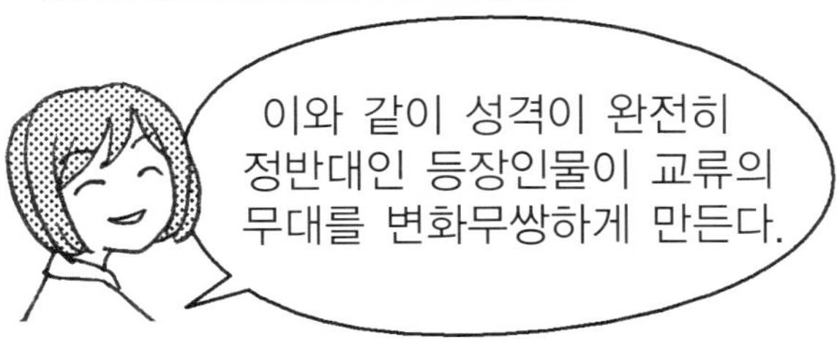

4_7. 동조회로

코일과 콘덴서를 병렬로 연결하면
라디오 방송국을 선택할 수 있는
동조회로를 만들 수 있다.

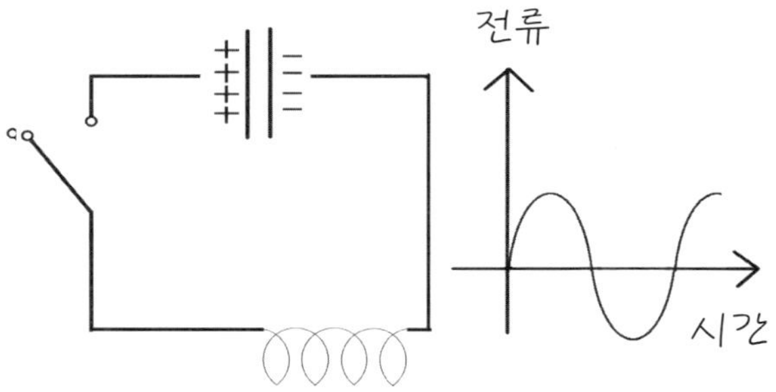

처음에 콘덴서를 충전해 두고,
스위치를 넣으면, 콘덴서에
저장되어 있던 전하가
코일 쪽으로 흘러나간다.

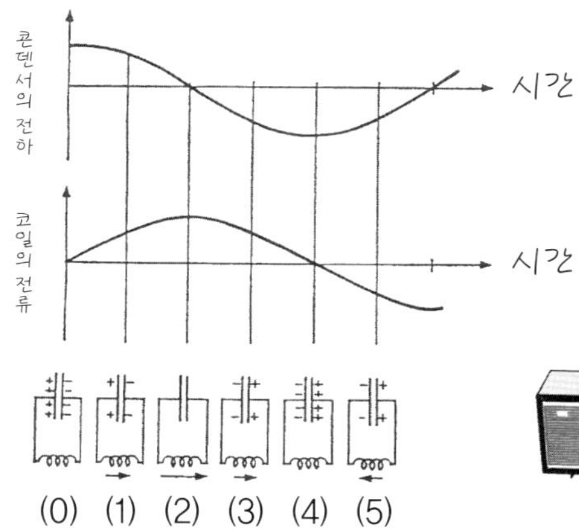

코일을 통과하는 전류가 증가하면, 코일은 자체유도에 의해서
전류의 증가를 방해하려 한다.

따라서 코일에 흐르는 전류는 증가하다가 감소하게 되고,
콘덴서의 극판에는 처음과는 반대의 전하가 저장되게 된다(3).

코일의 전류가 감소하면, 이번에는 코일은 자체유도에 의해
전류를 증가시키려고 하는데, 콘덴서 극판에는 반대의 전하가 저장되어
있으므로 마이너스의 전류가 코일에 흐르게 된다(5).

다음에는 지금까지와 똑같은 일이 반대방향으로 일어난다.
이와 같은 일이 반복되어서, 이 회로에는 왔다 갔다 하는
진동전류가 흐르게 된다.

그래서 이 동조회로를 **진동회로**라고도 부른다.

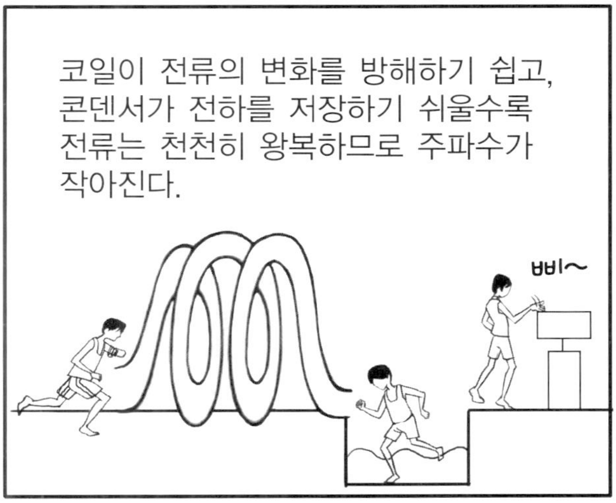

코일이 전류의 변화를 방해하는 성질의 크기를 나타내는 데에는 **인덕턴스**(Inductance) L이 사용된다.

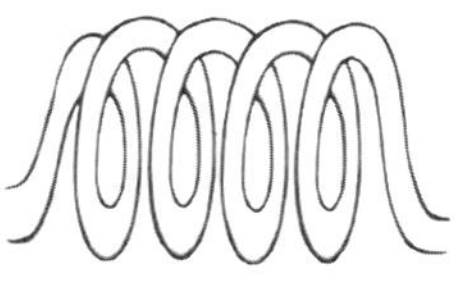

또, 콘덴서가 전하를 저장하기 쉬운 정도를 나타내는 데는, 앞에서 이미 얘기했듯이, **정전용량**(Capacitance) C라는 양이 사용된다.

저장용량

이 두 가지 양을 사용하면 진동회로에 생기는 전류의 주파수 f는 다음의 식으로 나타내어진다.

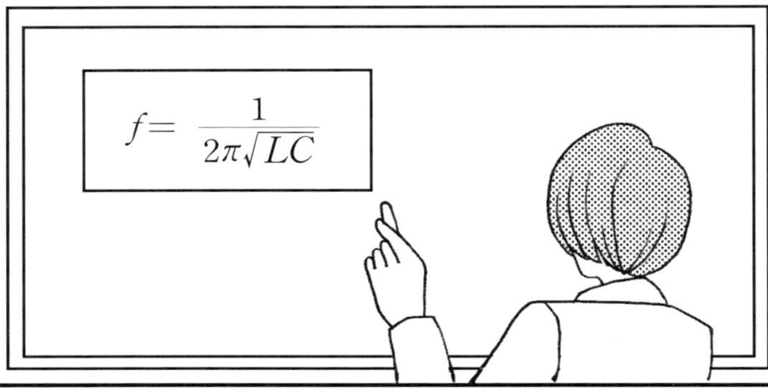

라디오 방송국을 선택하려고 할 때에는, 콘덴서의 정전용량 C나 코일의 인덕턴스 L을 변화시켜서, 이 진동회로의 주파수를 원하는 방송국의 전파의 주파수에다 일치시킨다.

그렇게 하면 진동회로는 특정 방송국의 전파와만 공명(공진)하여 그것을 끌어내 준다.

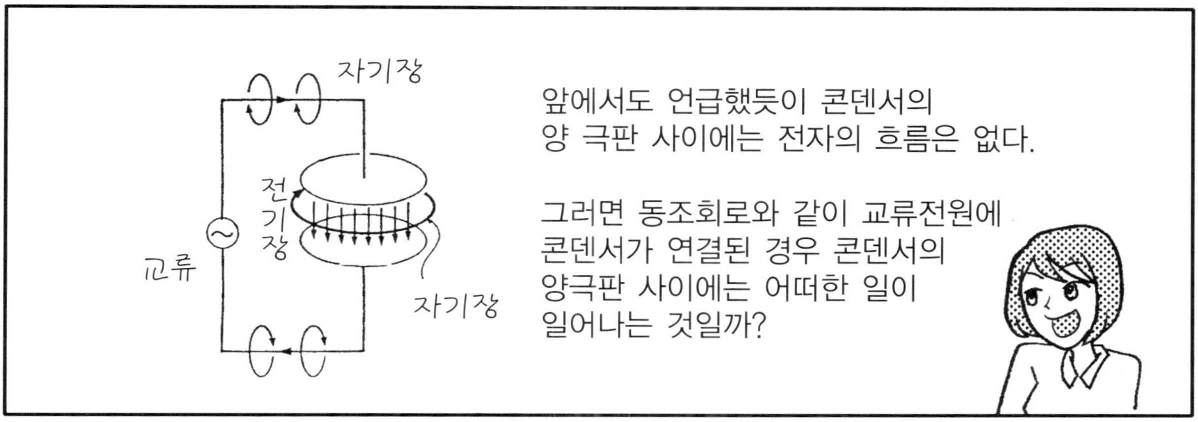
자기장
전기장
교류
자기장
앞에서도 언급했듯이 콘덴서의 양 극판 사이에는 전자의 흐름은 없다.
그러면 동조회로와 같이 교류전원에 콘덴서가 연결된 경우 콘덴서의 양극판 사이에는 어떠한 일이 일어나는 것일까?

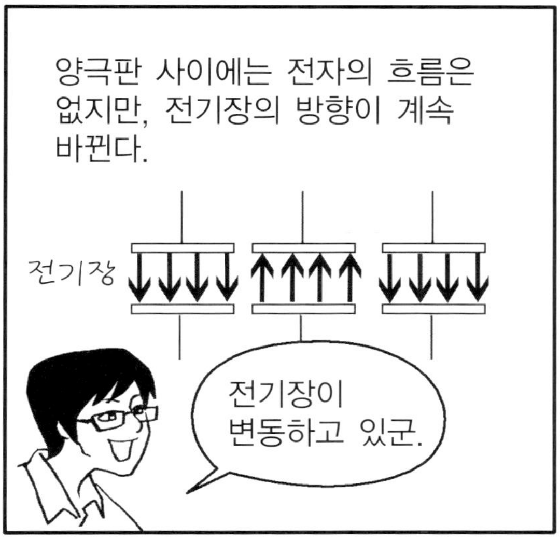
양극판 사이에는 전자의 흐름은 없지만, 전기장의 방향이 계속 바뀐다.
전기장
전기장이 변동하고 있군.

이 변동하는 전기장도 도선을 흐르는 전류와 마찬가지로 자기장을 형성한다.
자기장
1861년에 내가 세운 대담한 가설이야.
나중에 실험적으로 증명됐지.
맥스웰

자기장은 전류뿐만 아니라 변동하는 전기장에 의해서도 만들어지지.
전류에 의한 자기장
전기장에 의한 자기장
맥스웰

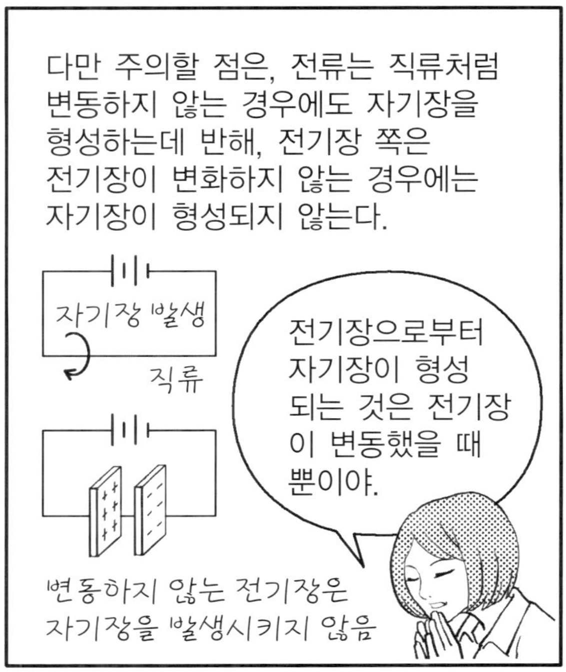
다만 주의할 점은, 전류는 직류처럼 변동하지 않는 경우에도 자기장을 형성하는데 반해, 전기장 쪽은 전기장이 변화하지 않는 경우에는 자기장이 형성되지 않는다.
자기장 발생
직류
전기장으로부터 자기장이 형성되는 것은 전기장이 변동했을 때뿐이야.
변동하지 않는 전기장은 자기장을 발생시키지 않음

맥스웰의 생각은 전자기학의 기본법칙 중의 하나를 다음과 같이 수정하게 만들었다.

수정 전

전류는 순환형 자기장을 형성한다.

수정 후

전류와 변동하는 전기장은 그 주위에 순환형 자기장을 형성한다.

맥스웰은 이와 같은 생각과 기존에 알려진 법칙들을 정리하여 전자기학의 기본법칙을 네 개의 식으로 정식화 하였다.

제1법칙	하전입자는 용출 · 흡수형의 전기장을 형성한다.	$\frac{\rho_e}{\varepsilon}=div\boldsymbol{E}$
제2법칙	전류와 변동하는 전기장은 그 주위에 순환형 자기장을 형성한다.	$\boldsymbol{J}=curl\boldsymbol{H}$
제3법칙	단극인 자석은 존재하지 않는다.	$0=div\boldsymbol{H}$
제4법칙	자기장의 변화는 순환형 전기장을 형성한다.	$-\mu\frac{\partial\boldsymbol{H}}{\partial t}=curl\boldsymbol{E}$

변동하는 전기장이 형성하는 자기장을 직접 관찰하는 것은 맥스웰 당시의 실험 기술로는 불가능했으므로, 맥스웰의 가설은 좀처럼 받아들이지 않았다.

또, 당시는 여전히 원격 상호작용설의 입장에 서 있는 학자들이 큰 세력을 떨치고 있었다.

그러나 맥스웰의 가설은 전자기학의 기본법칙을 완전한 것으로 만드는 동시에 여태까지 인류가 그 존재를 알아채지 못했던 전자기파의 존재를 예견하게 된다.

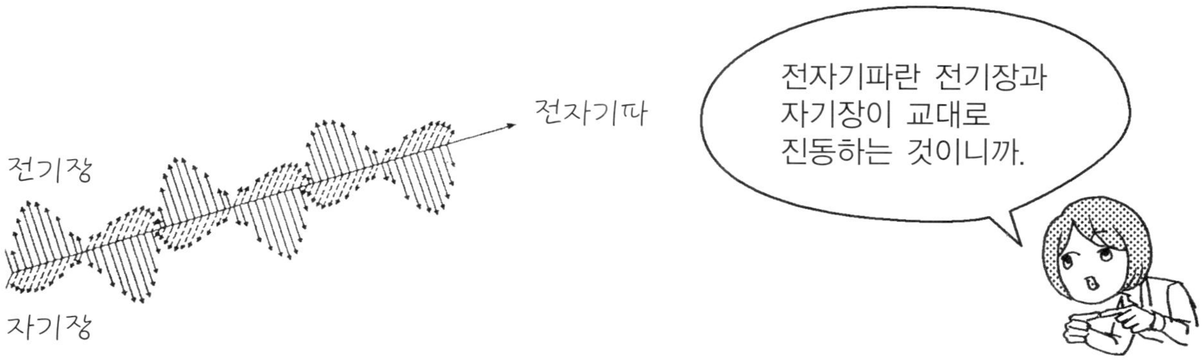

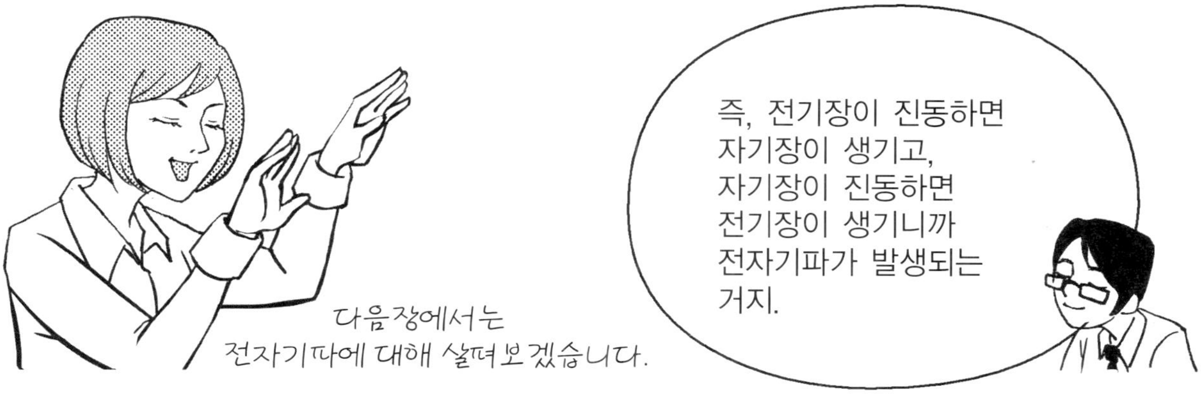

맥스웰 방정식의 직관적인 이해

맥스웰 방정식은 우리가 잘 알고 있는 것을
수식으로 나타낸 것에 지나지 않는다.

1. 첫 번째 방정식 $\frac{\rho_e}{\varepsilon}=div\boldsymbol{E}$는

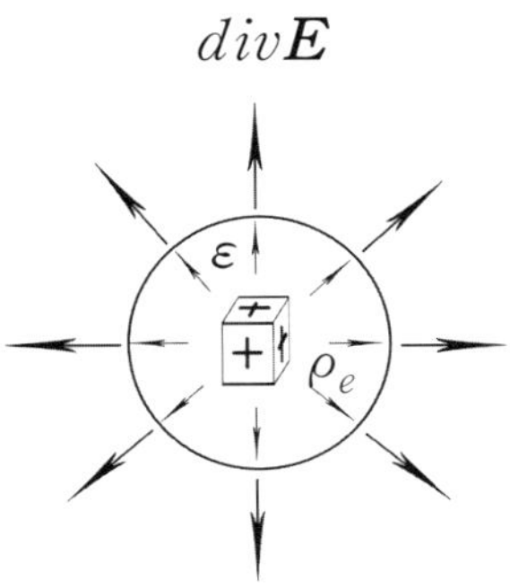

전기를 띤 입자(전하)가 존재하면 그것으로부터
전기장($\boldsymbol{E}$)가 발생한다는 의미이다.

식에서 ρ_e는 전하밀도
(단위체장당의 전기량 e=electricity)이며,
이것은 총 전하가 Q 쿨롱이라면 $\rho_e=Q/V$
(V는 부피)로 주어진다.

전하밀도가 크면, 전기장이 많이 나올 것
(이것을 수학적으로는 전기장의 발산=$div\boldsymbol{E}$라고 나타냄)
이므로, 전기장의 발산 $div\boldsymbol{E}$는 전하밀도 ρ_e에
비례한다는 뜻이다.

그리고 ε은 유전률인데, 유전률이 클수록
전기장이 뚫고 나오기 어려워지므로,
전기장의 발산은 유전률에는 반비례한다는 뜻이다.

2. 두 번째 식 $\boldsymbol{J}=curl\boldsymbol{H}$는
전류가 흐르면 회전하는
자기장($\boldsymbol{H}$)이 생긴다는 뜻이다.

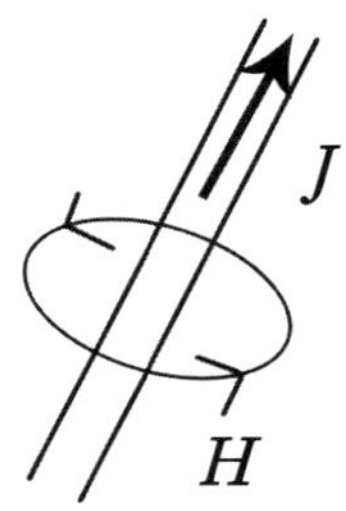

식에서 $\boldsymbol{J}$는 전류밀도
(단위면적당의 전류)로
총 전류가 $\boldsymbol{I}$암페어이면
$\boldsymbol{J}=\boldsymbol{I}/A(A$는 면적)이다.
전류밀도가 크면 회전하는
자기장(이것을 수학적으로는
자기장의 회전 $curl\boldsymbol{H}$라고 나타냄)이 세지므로,
회전하는 자기장은 전류밀도에
비례한다는 의미이다.

3. 세 번째 식 $0 = div\boldsymbol{H}$는
아무 것도 없는 것(좌변의 "0")에서 자기장이
발산(이것을 수학적으로 나타내면 $div\boldsymbol{H}$)된다는 뜻이다.

말을 바꾸면, 자기장은 오른쪽 그림과 같이,
시작도 없고 끝도 없다는 의미이다.

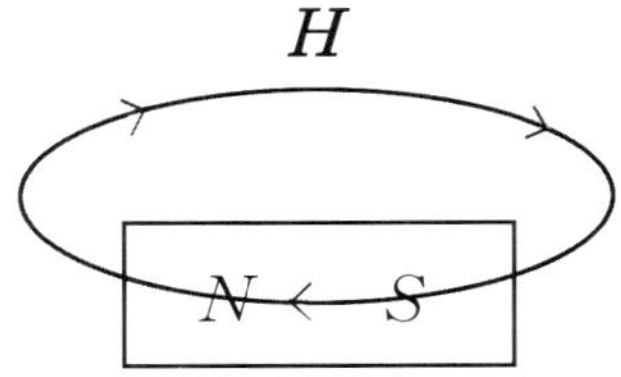

즉, 전문 용어로는
소스(source, 샘)가 없다는 뜻이다.

부연하면 전기장을 발산하는 전하와
유사한 자하라는 것은 존재하지 않고,
자기장은 하전입자(전기를 띤 입자)가
움직이면 발생한다는 뜻이다.

4. 네 번째 식 $-\mu \frac{\partial \boldsymbol{H}}{\partial t} = curl\boldsymbol{E}$은

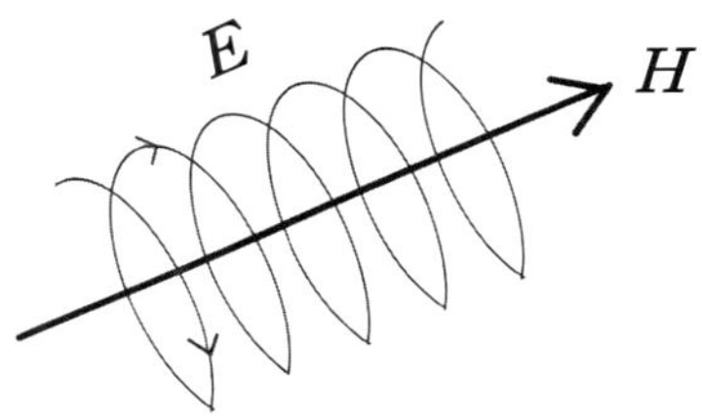

자기장이 시간에 따라 변화하면
(이것을 수식으로 나타내면 $\frac{\partial \boldsymbol{H}}{\partial t}$가 됨)
회전하는 전기장(이것을 수식으로 나타내면
$curl\boldsymbol{E}$가 됨)이 생긴다는 뜻이다.

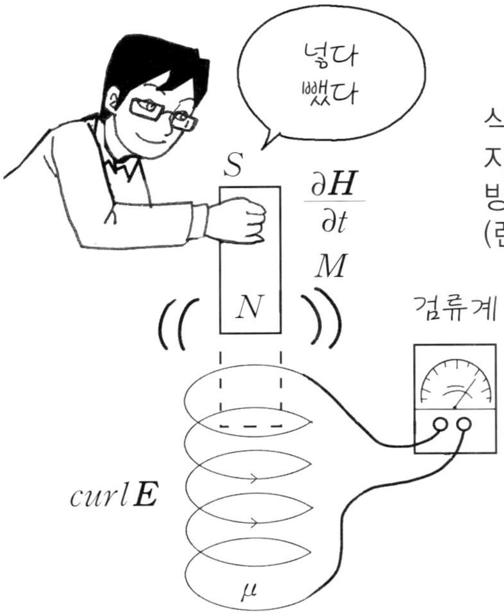

식에서 좌변의 부호(−)는
자기장의 시간 변화를 상쇄시키려는
방향으로 전기장이 생긴다는 뜻이다.
(렌츠의 법칙)

또, 투자율 μ는 자기장을 투과시키는
정도를 나타내므로,
투과율이 큰 곳에서 자기장을 변화
시키면 그 효과가 더 크게 나타난다는
것이다.

맥스웰 방정식을 오른쪽과 같이 쓰기도 한다.

$$\frac{\rho_e}{\varepsilon} = div\boldsymbol{E} \qquad \frac{\rho_e}{\varepsilon} = \nabla \cdot E$$

$$\boldsymbol{J} = curl\,\boldsymbol{H} \qquad \boldsymbol{J} = \nabla \times \boldsymbol{H}$$

$$0 = div\boldsymbol{H} \qquad 0 = \nabla \cdot \boldsymbol{H}$$

$$-\mu\frac{\partial \boldsymbol{H}}{\partial t} = curl\,\boldsymbol{E} \qquad -\mu\frac{\partial \boldsymbol{H}}{\partial t} = \nabla \times \boldsymbol{E}$$

$$div\boldsymbol{E} = \nabla \cdot \boldsymbol{E} = \frac{\partial \boldsymbol{E}_x}{\partial x} + \frac{\partial \boldsymbol{E}_y}{\partial y} + \frac{\partial \boldsymbol{E}_z}{\partial z}$$

$$curl\,\boldsymbol{H} = \nabla \cdot \boldsymbol{H} = \begin{vmatrix} \boldsymbol{i} & \boldsymbol{j} & \boldsymbol{k} \\ \frac{\partial}{\partial x} & \frac{\partial}{\partial y} & \frac{\partial}{\partial z} \\ H_x & H_y & H_z \end{vmatrix}$$

$$= \boldsymbol{i}\begin{vmatrix} \frac{\partial}{\partial y} & \frac{\partial}{\partial z} \\ H_y & H_z \end{vmatrix} - \boldsymbol{j}\begin{vmatrix} \frac{\partial}{\partial x} & \frac{\partial}{\partial z} \\ H_x & H_z \end{vmatrix} + \boldsymbol{k}\begin{vmatrix} \frac{\partial}{\partial x} & \frac{\partial}{\partial y} \\ H_x & H_y \end{vmatrix}$$

$$= \boldsymbol{i}\left(\frac{\partial H_z}{\partial y} - \frac{\partial H_y}{\partial z}\right) - \boldsymbol{j}\left(\frac{\partial H_z}{\partial x} - \frac{\partial H_x}{\partial z}\right) + \boldsymbol{k}\left(\frac{\partial H_y}{\partial x} - \frac{\partial H_x}{\partial y}\right)$$

5

전자기파

5_1. 전자기파의 예언

우주로부터의 메시지

인류가 전파의 존재를 꿈에서조차 알지 못했던 태고 적부터, 전파는 우주로부터 지구로 쏟아지고 있었다.

천체로부터의 전파는 광대한 우주에 관한 귀중한 정보를 제공한다.

태양계 밖에서 전파를 발생하고 있는 천체를 전파별이라고 부르는데, 전파별은 실제로는 하나의 별이 아니라 가스와 별의 집단일 경우가 많으므로 전파 천체라고도 불린다.

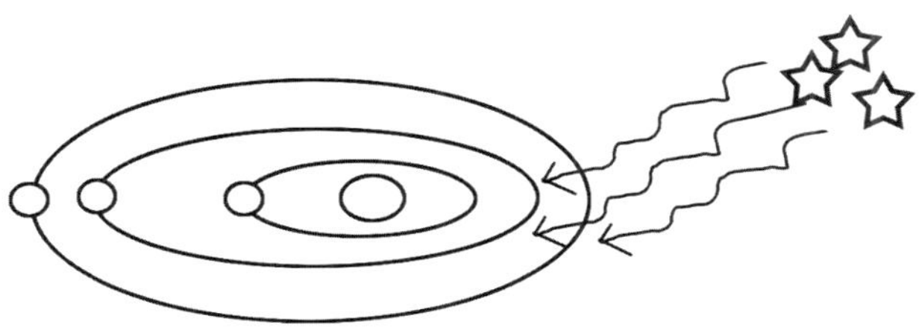

전파 천체에는 여러 가지 종류가 있다.

전파와 더불어 강력한 X선 (이것도 전자기파의 일종)을 내는 X선 별

X선 별 근처에는 블랙홀이 존재하는 것도 있는 것으로 생각되고 있다.

블랙홀의 강한 중력에 의해서 성간 가스가 빨려 들어갈 때 X선이 발생하는 것이다.

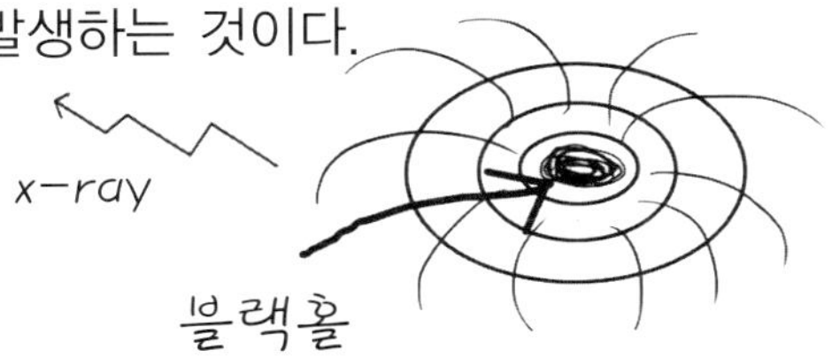

1초 간격 정도로 규칙적으로 전파의 세기가 바뀌는 펄서. 펄서의 전파는 별의 주기적인 팽창과 수축에서 생긴다.
그 진동 주기는 매우 안정되어 있어서, 지금까지 시간의 기준으로 사용되어 온 원자시계(원자의 진동을 이용)를 대신하여 시간의 새로운 기준이 되려 하고 있다.

은하계 속에 있으면서 대량의 전파를 내고 있는 전파은하.

그리고 현재의 물리 이론으로는 설명할 수 없을 만큼 방대한 에너지를 방출하고 있는 퀘이사.

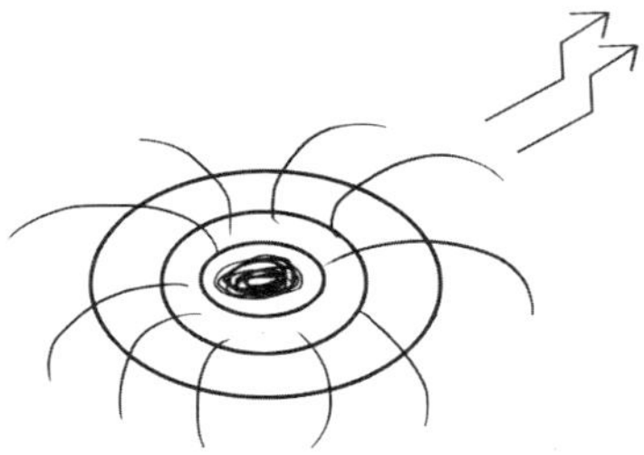

이들 전파 천체에는 아직도 미지의 요소가 많다. 전파망원경은 여태까지의 광학망원경과는 달리 전파의 눈을 통해서, 우주의 새로운 모습을 밝혀가고 있다.

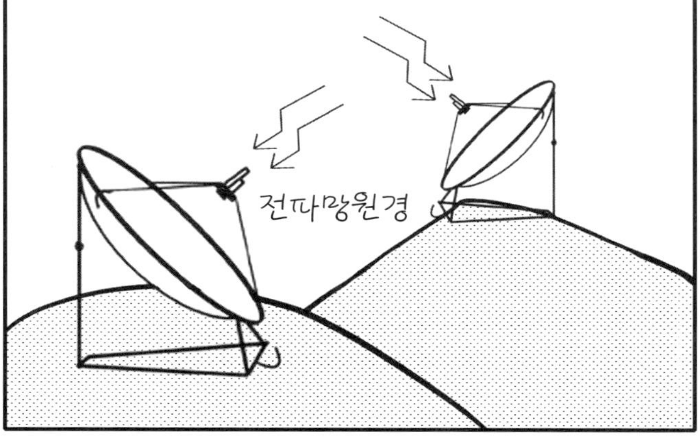

별로부터의 전파의 효용은 이뿐이 아니다. 베네거가 주장한 대륙이동이 실제로 일어나고 있다는 것이 퀘이사로부터의 전파에 의해서 직접 확인되고 있다.

이를테면 하와이가 해마다 수 센티미터씩 한국으로 접근하고 있다는 것이 아래 그림과 같은 시스템 [VLBI(Very Long Baseline Interferometry)이라고 한다]으로 관측되고 있다.

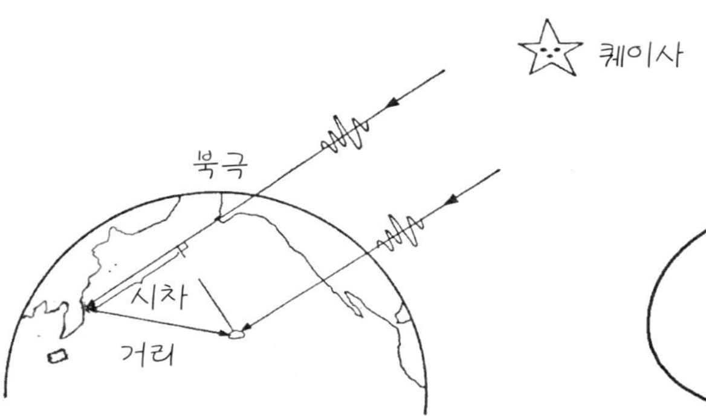

퀘이사는 초기 천체로 밝기가 보통 은하의 만배 이상인 관측 가능한 가장 먼 거리에 있는 천체.

VLBI는 지구 위의 두 지점 사이의 거리를 퀘이사로부터 오는 전파가 도달하는 시간차로부터 측정한다.

맥스웰의 예언
전파는 오늘날 텔레비전이나 라디오를 비롯한 통신수단으로 여러 곳에 사용되고 있다.
그러나 전파는 눈에 보이지도 않고, 손에 잡히지도 않으므로 실감하기 어렵다.
전파를 잡아볼려고
뭐해?
눈에 보이지 않는 전파를 어떻게 발견했을까?
? ! #
전파(정확하게는 전자기파)의 발견에는 영국의 맥스웰의 이론적 고찰과 독일의 헤르츠에 의한 실험이 결정적인 역할을 했다.
맥스웰
헤르츠
전파의 발견은 인류에게 새로운 통신수단을 가져다주는 동시에, 원격상호작용설과 근접상호작용설에 관한 논쟁에 결말을 짓고
승리
원격상호 작용설
심판
근접상호 작용설
전자기장이 전하와 독립적으로 존재할 수 있다는 것을 밝혔다.
전자기장은 귀신과 같이 공간을 날아다니지.
우와! 전자기장이다.

전자기파의 존재를 이론적으로 끌어내기 위해서 맥스웰은 새로운 법칙을 사용한 것이 아니라 자신이 새로이 첨가한 '전기장의 변화는 자기장을 형성한다' 고 하는 법칙과, 전자기유도에서 밝혀진 '자기장의 변화는 전기장을 형성한다' 고 하는 법칙을 조합했다.
맥스웰
음…
만약 처음에 어딘가에서 전기장의 변동이 있으면, 그것은 자기장의 변동을 낳는다.
그러면 이번에는 자기장의 변동이 전기장의 변동을 만들어낸다.
전기장→자기장→전기장→자기장→ …, 이렇게 하여 전기장과 자기장이 번갈아 가면서 서로를 만들면서 공간을 전파해 갈 것이다.
이것이 바로바로 전자기파죠.
맥스웰은 이와 같은 추론에 의해서 전자기파의 존재를 예언했다.
전자기파라는 것이 분명히 있을 거야.
또, 그는 전자기파가 전파하는 속도를 이론적으로 계산하여 그것이 $3 \times 10^8\ m/s$ (30만 km/s)라는 것을 제시했다.
맥스웰
1초에 지구 7바퀴 반
어, 전자기파의 속도가 빛의 속도와 같잖아!!
이 속도의 일치로부터 맥스웰은 한 걸음 더 나아가서
빛이란 전자기파의 일종일거야.
라고 하는 가설을 제창했다.
이것이 유명한 맥스웰의 빛의 전자기파설이다 (1861년).

맥스웰이란 인물

맥스웰(1831~1879년)은 페러데이가 전자기유도를 발견한 해에 태어났다.

그는 하층 계급인 페러데이와는 대조적으로 영국 북부 스코틀랜드의 영주의 아들이었다.

에든버러 중등학교에 입학한 맥스웰은 처음에는 '바보녀석'이라는 별명이 붙여질 만큼 그다지 성적이 좋지 못한 학생이었으나 곧 두각을 나타내기 시작했다.

불과 14살 때에 난형 도형을 그리는 방법에 대한 논문을 썼고, 그것이 에든버러 왕립협회의 청중 앞에서 읽혀졌다.

그는 특히 수학에 뛰어난 재능을 보여서 케임브리지 대학을 졸업할 때는 수학 분야 최고의 영예인 스마스상을 수상했다.

그는 이 수학적 능력을 발휘하여, 페러데이의 자기력선, 전기력선의 개념을 이론적으로 체계화했다.

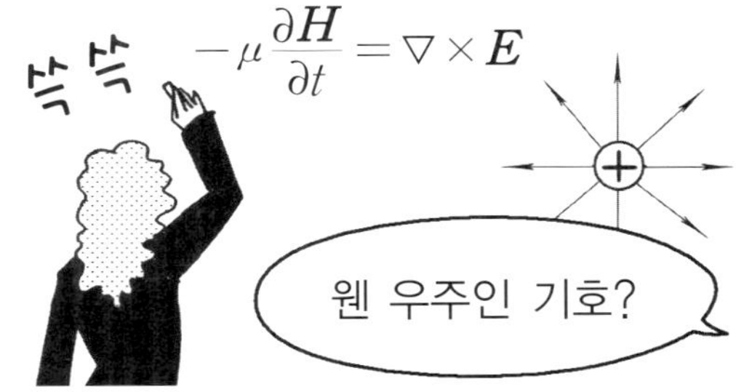

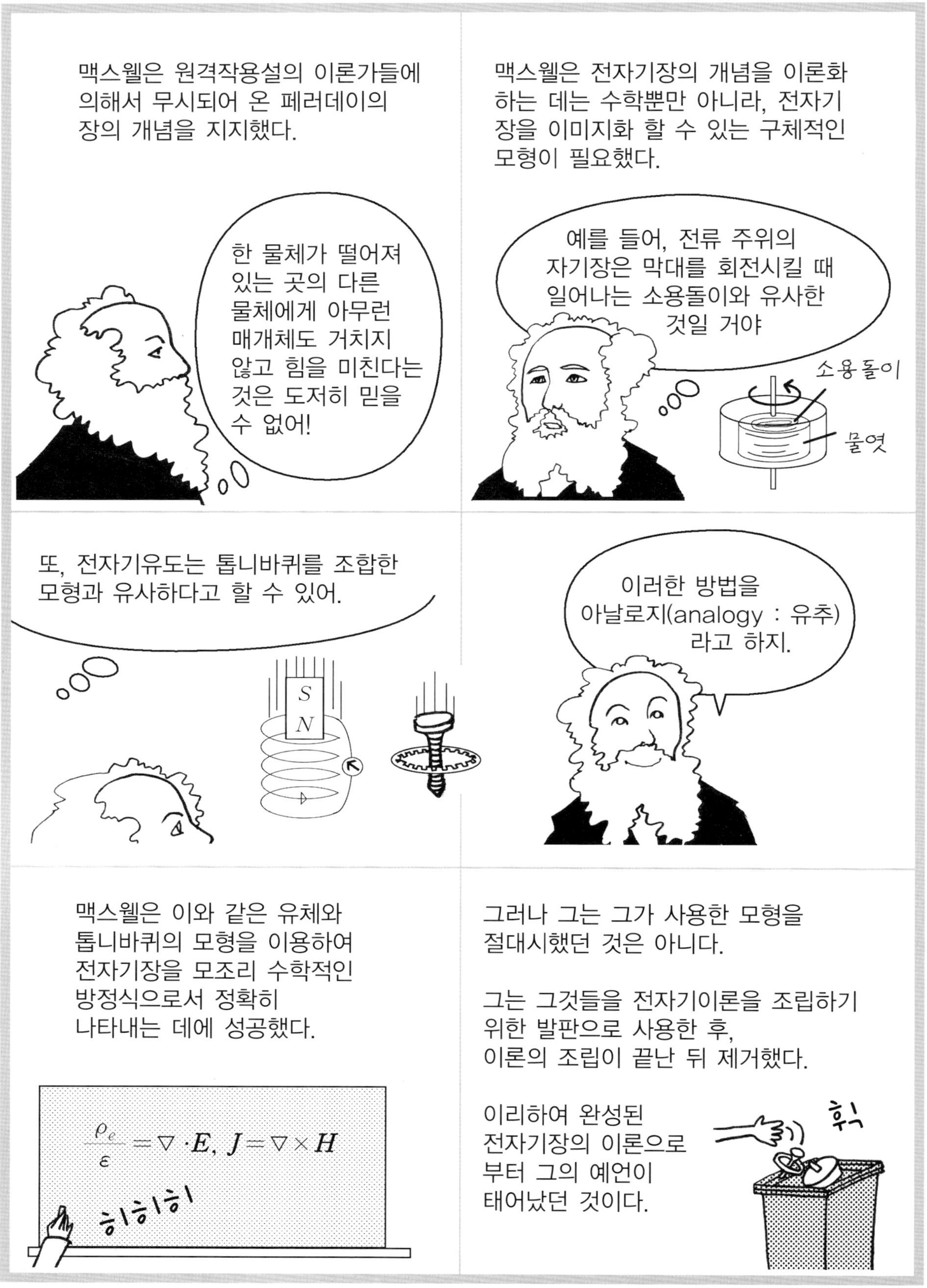
맥스웰은 원격작용설의 이론가들에 의해서 무시되어 온 페러데이의 장의 개념을 지지했다.
한 물체가 떨어져 있는 곳의 다른 물체에게 아무런 매개체도 거치지 않고 힘을 미친다는 것은 도저히 믿을 수 없어!
맥스웰은 전자기장의 개념을 이론화 하는 데는 수학뿐만 아니라, 전자기장을 이미지화 할 수 있는 구체적인 모형이 필요했다.
예를 들어, 전류 주위의 자기장은 막대를 회전시킬 때 일어나는 소용돌이와 유사한 것일 거야
소용돌이
물엿
또, 전자기유도는 톱니바퀴를 조합한 모형과 유사하다고 할 수 있어.
S
N
이러한 방법을 아날로지(analogy : 유추) 라고 하지.
맥스웰은 이와 같은 유체와 톱니바퀴의 모형을 이용하여 전자기장을 모조리 수학적인 방정식으로서 정확히 나타내는 데에 성공했다.
$\frac{\rho_e}{\varepsilon} = \nabla \cdot E,\ J = \nabla \times H$
히히히
그러나 그는 그가 사용한 모형을 절대시했던 것은 아니다.
그는 그것들을 전자기이론을 조립하기 위한 발판으로 사용한 후, 이론의 조립이 끝난 뒤 제거했다.
이리하여 완성된 전자기장의 이론으로부터 그의 예언이 태어났던 것이다.
휙

맥스웰의 예언은 매우 대담한 것이었다. 왜냐하면 그 당시 '전기장의 변동이 자기장을 형성한다'고 하는 그의 가설 자체가 아직 실험으로 검증되어 있지 않은 상태에서,

그는 이 미확인 가설을 바탕으로 전자기파의 존재를 예언하고, 빛은 이 미확인 전자기파의 일종이라고 주장했기 때문이다.

맥스웰은 자신의 이론과 예언에 자신을 갖고 있었지만, 대부분의 학자들은 이것을 호의적으로 받아들이지 않았다.

그 무렵, 원격작용설의 이론은 때마침 전성기에 있었고, 전자기장(근접작용설)의 입장에 서 있던 맥스웰은 매우 고독했다.

맥스웰의 기대에 반해서 전자기파의 존재는 그의 생존 중에는 확인되지 않았다.

그러나 맥스웰의 전자기장의 이론은 보다 엄격한 시련, 즉 시간의 시련을 이겨내고 현재까지 살아 남았다.

5_2. 전자기파의 발견

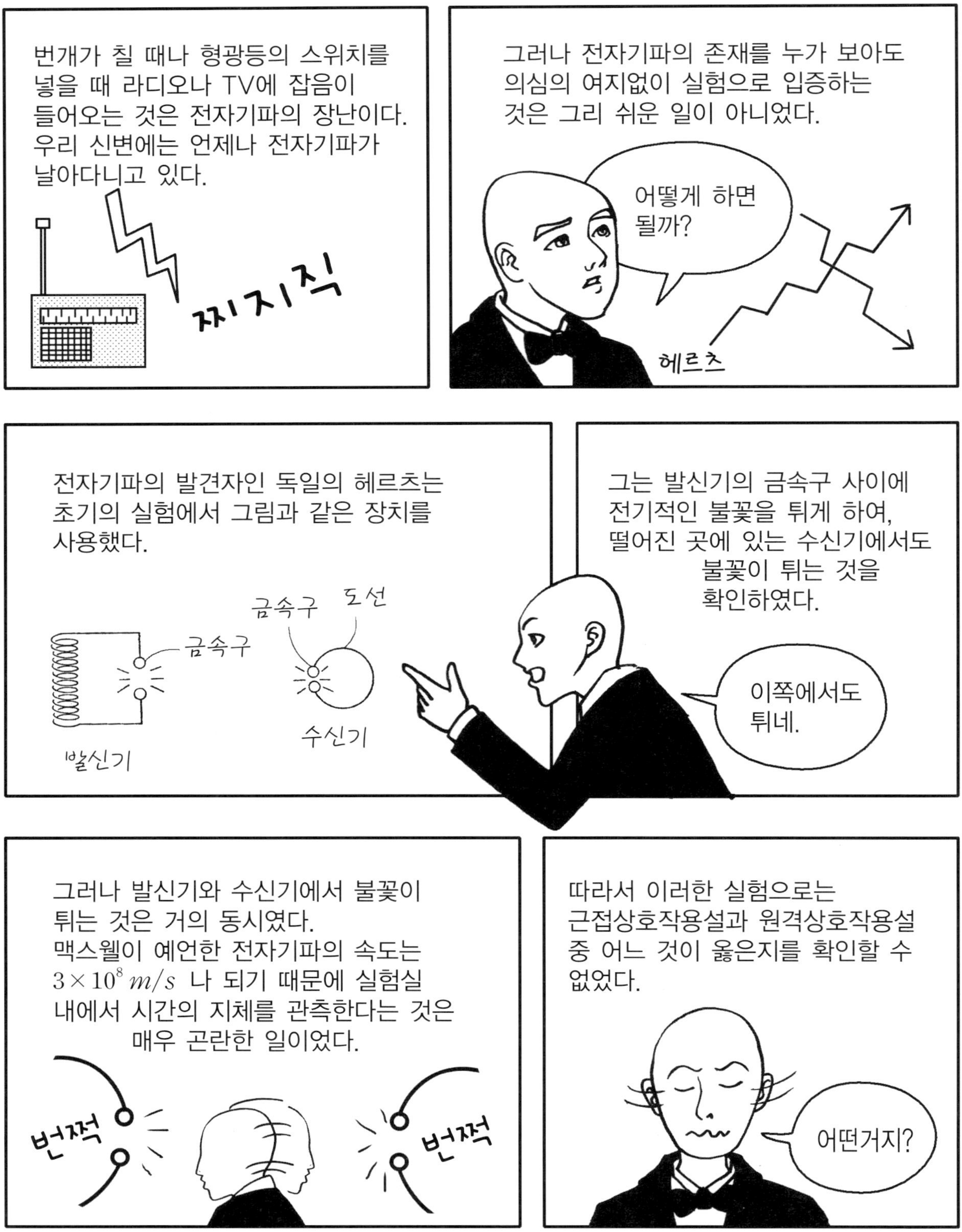
번개가 칠 때나 형광등의 스위치를 넣을 때 라디오나 TV에 잡음이 들어오는 것은 전자기파의 장난이다. 우리 신변에는 언제나 전자기파가 날아다니고 있다.
찌지직
그러나 전자기파의 존재를 누가 보아도 의심의 여지없이 실험으로 입증하는 것은 그리 쉬운 일이 아니었다.
어떻게 하면 될까?
헤르츠
전자기파의 발견자인 독일의 헤르츠는 초기의 실험에서 그림과 같은 장치를 사용했다.
금속구
도선
금속구
발신기
수신기
그는 발신기의 금속구 사이에 전기적인 불꽃을 튀게 하여, 떨어진 곳에 있는 수신기에서도 불꽃이 튀는 것을 확인하였다.
이쪽에서도 튀네.
그러나 발신기와 수신기에서 불꽃이 튀는 것은 거의 동시였다. 맥스웰이 예언한 전자기파의 속도는 $3\times10^8\, m/s$ 나 되기 때문에 실험실 내에서 시간의 지체를 관측한다는 것은 매우 곤란한 일이었다.
번쩍
번쩍
따라서 이러한 실험으로는 근접상호작용설과 원격상호작용설 중 어느 것이 옳은지를 확인할 수 없었다.
어떤거지?

전자기파의 존재를 명확하게 증명하기
위해서는 적어도 다음의 두 가지를
확인할 필요가 있었다.
1. 전자기파는 공간을 유한한 속도로
전파한다.
2. 공간에 전기장과 자기장
(이를테면 그 강약)이
실제로 존재한다.
헤르츠는 고민 끝에 **정상파**를
이용하여 이 두 가지 조건을
확인하였다.
그래, 맞아.
정상파를
이용하는거야.
여기서, 정상파를 이해하기
위해, 파동이라고 하는 것의
일반적인 성질을 확인해 두자.
쏙
로프의 한 끝을 벽에 고정시키고
다른 한 쪽 끝을 손으로 잡아서
로프를 흔들어 본다.
그러면 마루와 골이 손에서부터
벽쪽으로 전달된다.
이같이 파형이 이동하는 파동을
진행파라고 한다.
이것이 보통 우리가 머리에 그려내는
파동이다.
마루
골
파장
진행파

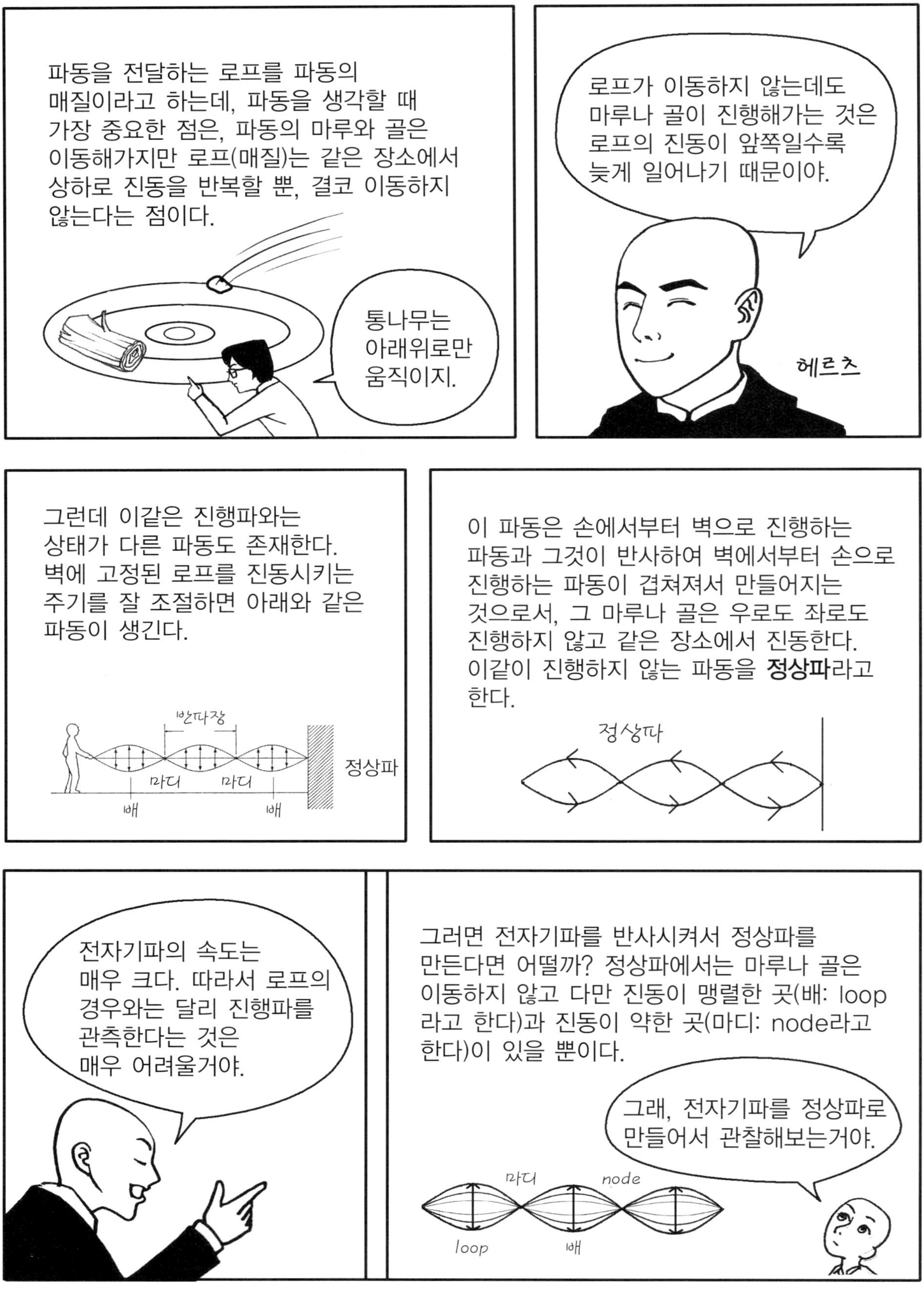
파동을 전달하는 로프를 파동의 매질이라고 하는데, 파동을 생각할 때 가장 중요한 점은, 파동의 마루와 골은 이동해가지만 로프(매질)는 같은 장소에서 상하로 진동을 반복할 뿐, 결코 이동하지 않는다는 점이다.
통나무는 아래위로만 움직이지.
로프가 이동하지 않는데도 마루나 골이 진행해가는 것은 로프의 진동이 앞쪽일수록 늦게 일어나기 때문이야.
헤르츠
그런데 이같은 진행파와는 상태가 다른 파동도 존재한다. 벽에 고정된 로프를 진동시키는 주기를 잘 조절하면 아래와 같은 파동이 생긴다.
반파장
마디
마디
배
배
정상파
이 파동은 손에서부터 벽으로 진행하는 파동과 그것이 반사하여 벽에서부터 손으로 진행하는 파동이 겹쳐져서 만들어지는 것으로서, 그 마루나 골은 우로도 좌로도 진행하지 않고 같은 장소에서 진동한다. 이같이 진행하지 않는 파동을 **정상파**라고 한다.
정상파
전자기파의 속도는 매우 크다. 따라서 로프의 경우와는 달리 진행파를 관측한다는 것은 매우 어려울거야.
그러면 전자기파를 반사시켜서 정상파를 만든다면 어떨까? 정상파에서는 마루나 골은 이동하지 않고 다만 진동이 맹렬한 곳(배: loop라고 한다)과 진동이 약한 곳(마디: node라고 한다)이 있을 뿐이다.
그래, 전자기파를 정상파로 만들어서 관찰해보는거야.
마디
node
loop
배

정상파를 관찰해보면,
마디와 마디 사이의 거리는
진행파 파장의 절반, 즉 반파장인
것을 알 수 있다.
따라서 마디 사이의 거리를 측정하면
전자기파의 파장을 알 수 있다.

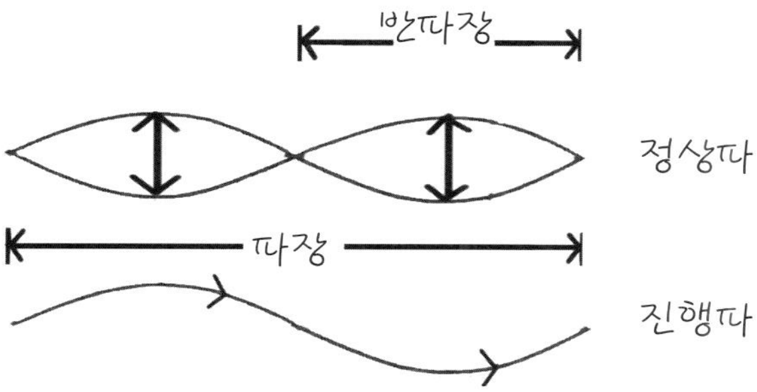

한편, 발신기의 전기 진동의
주파수는 진동회로의 이론으로
부터

$$f = \frac{1}{2\pi\sqrt{LC}}$$

이므로, 이 식을 이용하여
계산할 수 있다.

그런데 파동의 속도(v)=
파장(λ)×주파수(f)(1개의 파
동의 길이×1초 간에 통과하
는 파동의 개수)
이므로, 전자기파의 속도를
실험으로 확인할 수 있다.

헤르츠는 발신기로는 고전압의 진동회로를
사용하고, 이 회로 내의 콘덴서로는
접근시킨 금속구를 사용하여,
그 사이에 전기장이 변동하면 전자기파가
발생하는 것을 이용했다.

(참고) 이때 구 사이를 튀는 불꽃은
공기 속을 번갈아 흐르는 진동전류인데,
이것은 반드시 필요한 것은 아니며,
전기장의 변동만 있으면 전자기파가
발생한다.

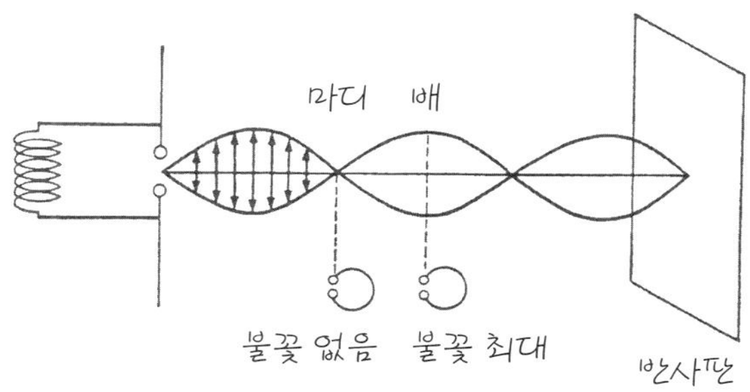

수신기로는 콘덴서의 극판에 해당하는 두 금속구와 코일(한 번 감은 코일)에 해당하는 원형도선을 사용하여 진동회로의 역할을 하였다.

또한, 헤르츠는 벽에 연결한 로프의 경우와 마찬가지로, 전자기파를 반사시키기 위해서, 발신기와 마주 보는 위치에 금속판을 두었다.
이렇게 하여, 발신기와 금속판 사이에 전자기파의 **정상파**를 만들었다.

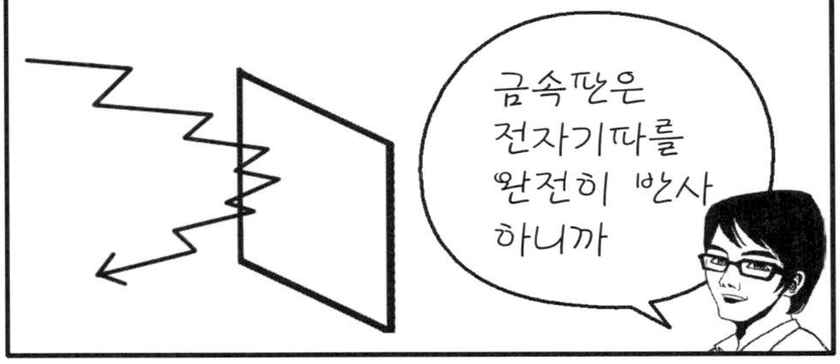

헤르츠는 수신기를 발신기와 반사판 사이의 여러 위치에 두고 불꽃이 튀는 상태를 조사했다.

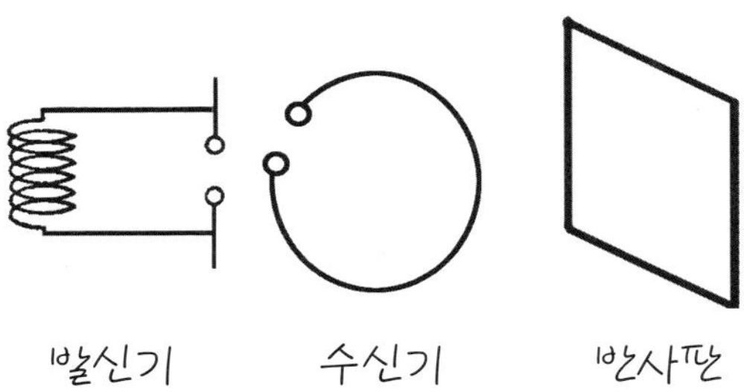

그러자 그가 예상했던 대로 수신기의 위치에 따라서 불꽃이 세게 튀는 곳과 거의 튀지 않는 곳이 관측되었다.

그는 정상파의 마디와 마디 사이의 거리 (반파장)를 측정하고, 그것으로부터 전자기파의 속도가 맥스웰이 예언한대로 $3\times10^{8}\ m/s$ 라는 것을 확인했다.

이리하여 헤르츠는 공간에 전자기장의 강약이 존재하고, 그것이 유한한 속도로 전파한다는 것(전자기파의 존재)을 뭇사람들 앞에 밝혔다.

헤르츠의 실험은 전기장과 자기장이 존재한다는 것을 증명한 것으로서, 이것으로 원격상호작용설과 근접상호작용설의 논쟁에 최종적인 결말이 났다.

5_3. 전자기파의 발생

헤르츠는 맥스웰의 또 하나의 가설, 빛의 전자기파설의 정당성을 밝혀냈다. 그는 전자기파의 속도가 빛과 같은 $3\times10^{8}\,m/s$ 인데다 전자기파가 빛과 같이 반사나 굴절을 한다는 것을 확인했다.

이리하여 빛은 전자기파의 일종이라는 것을 알았고, 그때까지 별개로 진행되어 왔던 빛과 전자기파 연구의 흐름은 하나로 합류되었다.

헤르츠는 또한, 전자기파의 발생 메커니즘을 이론적으로 해명해 나갔다.

전기장과 자기장의 근원이 되는 것은 전기를 띤 입자이다. 그러나 하전입자가 정지해 있을 때는 정적인 전기장 밖에는 만들지 않는다.

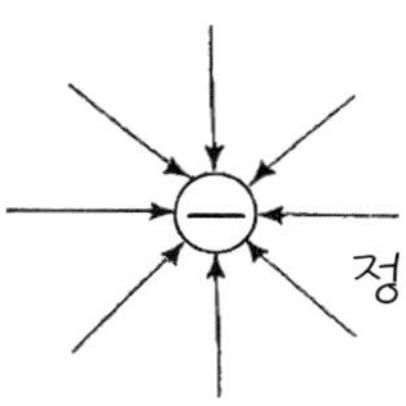

또, 전기를 띤 입자가 등속으로 운동해도 전자기파는 발생되지 않는다. 이것은 일정한 세기의 직류(등속으로 운동하는 하전입자의 집합)가 시간적으로 변화하지 않는 자기장 밖에는 만들지 않는 것으로부터 추측할 수 있다.

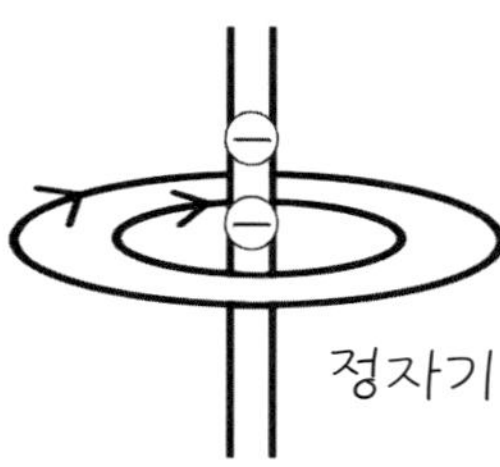

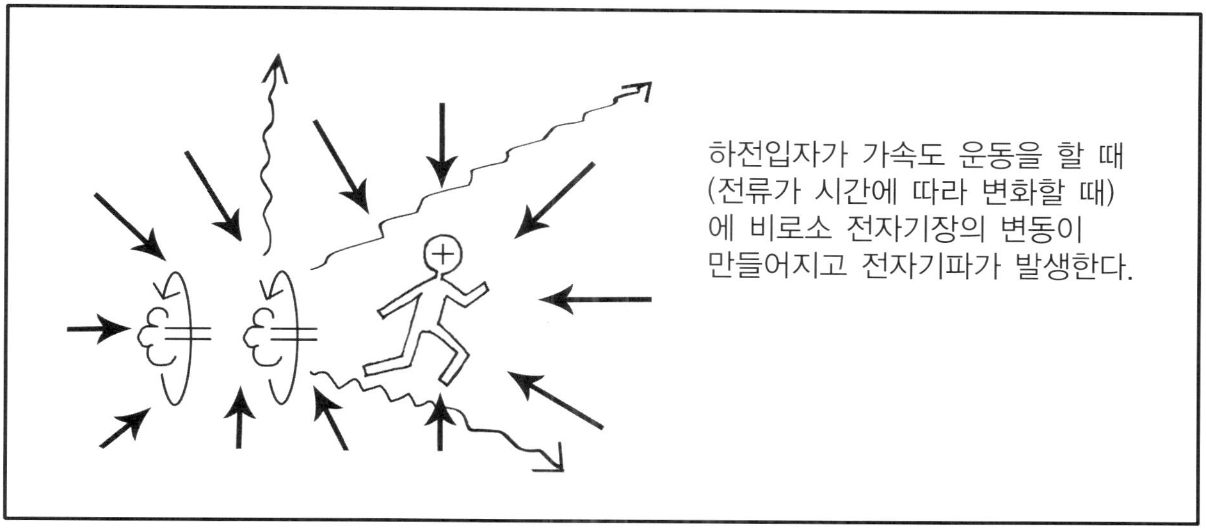
하전입자가 가속도 운동을 할 때
(전류가 시간에 따라 변화할 때)
에 비로소 전자기장의 변동이
만들어지고 전자기파가 발생한다.

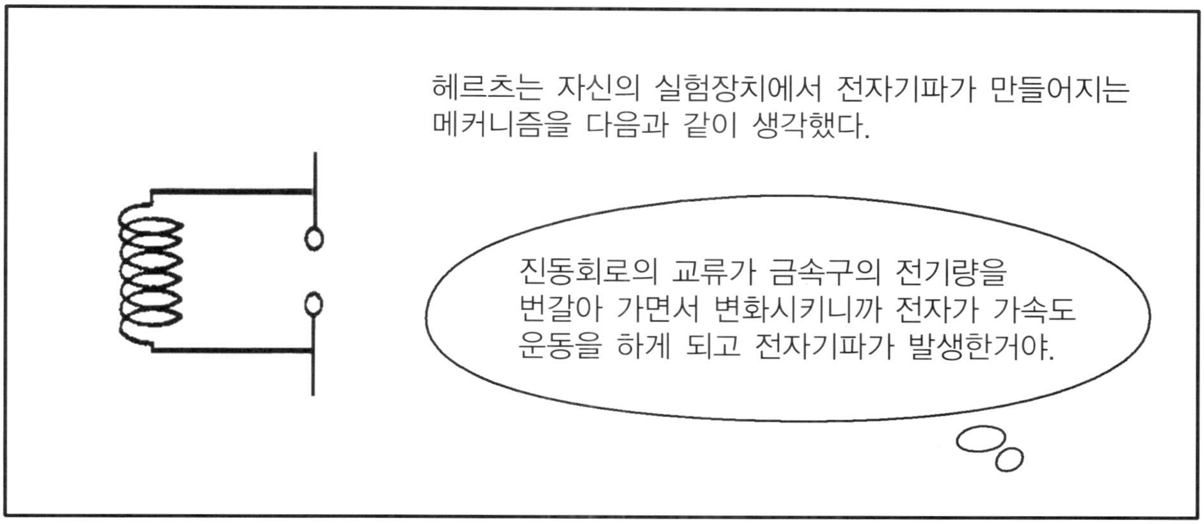
헤르츠는 자신의 실험장치에서 전자기파가 만들어지는
메커니즘을 다음과 같이 생각했다.
진동회로의 교류가 금속구의 전기량을
번갈아 가면서 변화시키니까 전자가 가속도
운동을 하게 되고 전자기파가 발생한거야.

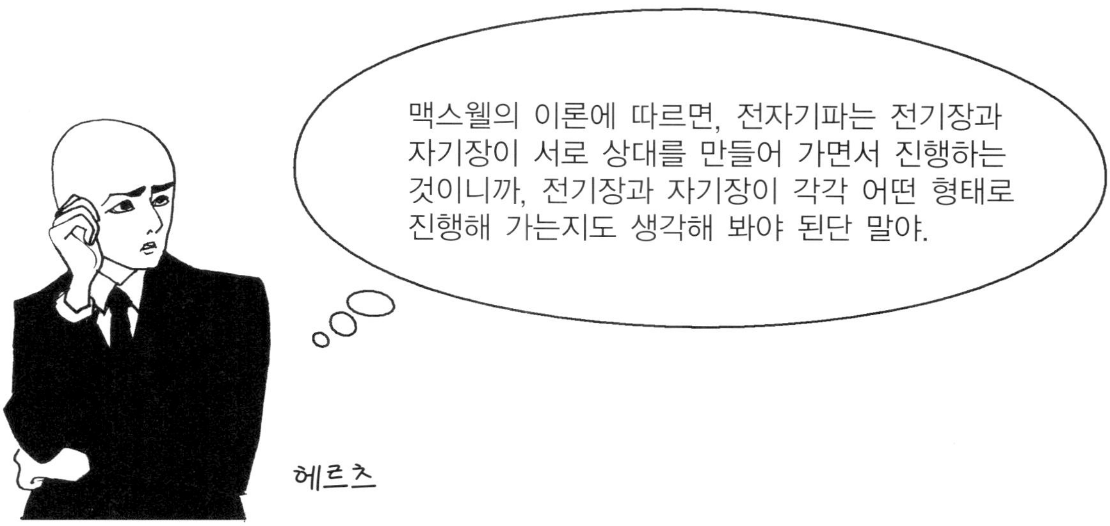
맥스웰의 이론에 따르면, 전자기파는 전기장과
자기장이 서로 상대를 만들어 가면서 진행하는
것이니까, 전기장과 자기장이 각각 어떤 형태로
진행해 가는지도 생각해 봐야 된단 말야.
헤르츠

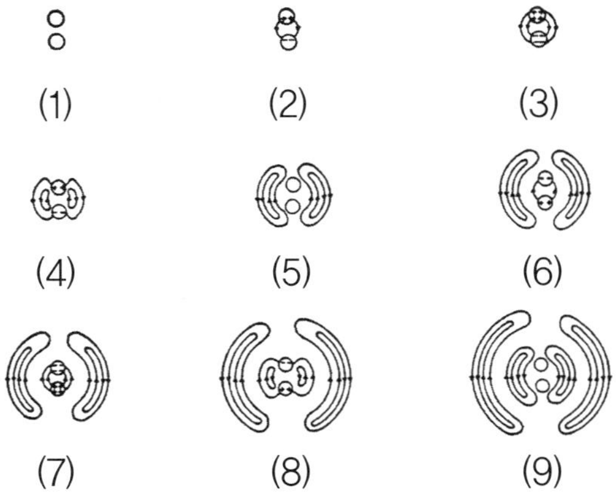
(1)
(2)
(3)
(4)
(5)
(6)
(7)
(8)
(9)

전기장의 확산방법

그림 (1)~(3)과 같이 위쪽 금속구에는 플러스, 아래쪽 금속구에는 마이너스의 전하가 저장되어 가면 하향의 전기력선이 종이면과 일치하는 평면에서 증가해 가겠지. 그리고 (3)~(5)에서는 금속구의 전하가 감소해 가니까 전기력선도 감소되어 갈거란 말야.

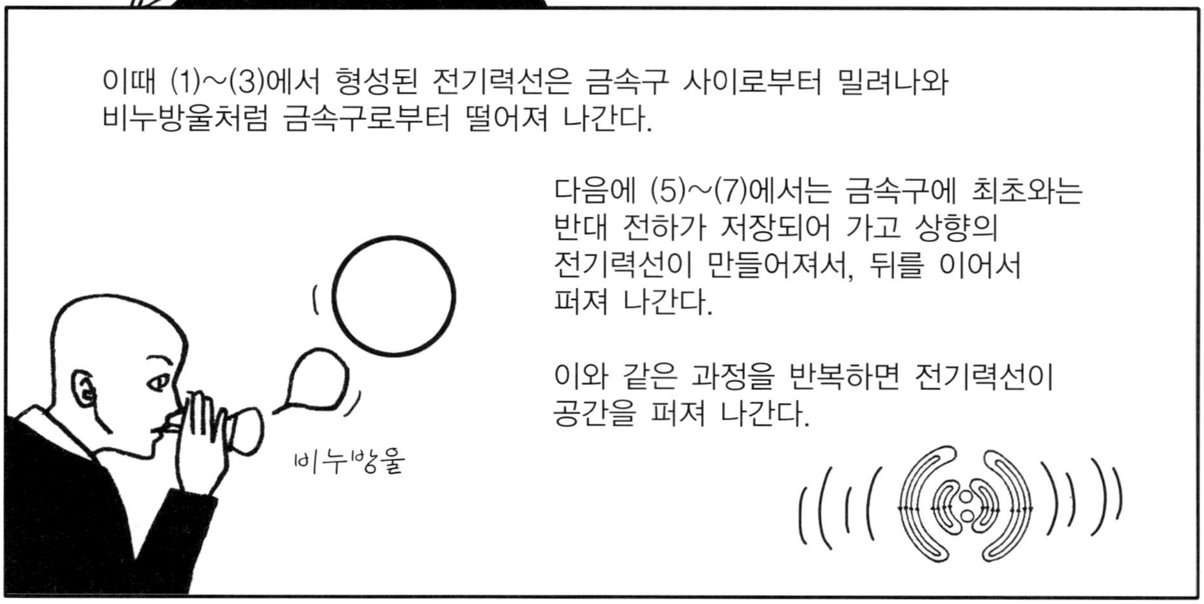
이때 (1)~(3)에서 형성된 전기력선은 금속구 사이로부터 밀려나와 비누방울처럼 금속구로부터 떨어져 나간다.
다음에 (5)~(7)에서는 금속구에 최초와는 반대 전하가 저장되어 가고 상향의 전기력선이 만들어져서, 뒤를 이어서 퍼져 나간다.
이와 같은 과정을 반복하면 전기력선이 공간을 퍼져 나간다.
비누방울

이번엔 자기장에 대해서 생각해봐야지. 금속구 사이의 전기장이 변동하면 원형의 자기력선이 형성되고, 금속구 사이의 전기장의 방향이 주기적으로 변동하면, 자기력선의 방향도 우회전, 좌회전으로 번갈아 가면서 변동할거야.
(1)
(2)
(3)
(4)
(5)
(6)
(7)
(8)
(9)
자기장의 확산방법
이 자기력선도 차례차례로 바깥쪽으로 퍼져 나가서, 금속구의 중심을 가로지르는 수평선 위에서의 자기력선의 상태는 마치 수면에 돌을 떨어뜨렸을 때의 원형 파문과 같을 거야!
휙

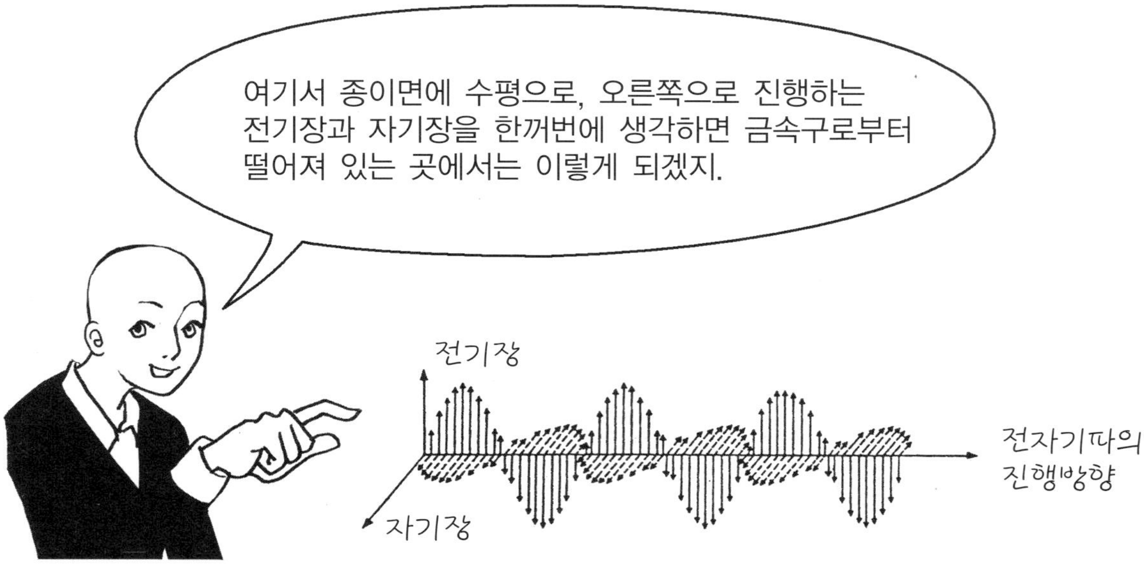

전자기파의 전파방법. 전기장과 자기장은 항상 직교한다.

전자기파와 전파의 차이점은?

보통 전자기파라는 말은 모든 파장의 전자기장의 파동을 가르키는 반면,
전파라는 말은 전자기파 중에서 파장이 길고,
통신에 사용되는 파동을 일컬으며,
그 범위는 파장이 약 $0.1\ mm$까지이다.

여러 가지 전자기파 ($1\ nm = 10^{-9}\ m$, $1\ kHz = 10^3\ Hz$, $1\ MHz = 10^6\ Hz$)

	명칭	파장	주파수	이용례
	VLF(극장파)	100~10 km	3~30 kHz	
	LF(장파)	10~1 km	30~300 kHz	선박, 항공기용 통신
	MF(중파)	1000~100 km	300~3000 kHz	AM 라디오
전	HF(단파)	100~10 m	3~30 MHz	원거리 라디오
파	VHF(초단파)	10~1 km	30~300 MHz	FM 라디오, 텔레비전
	UHF(극초단파)	100~10 cm	300~3000 MHz	텔레비전. 택시무선, 레이다
	SHF	10~1 cm	3000~30000 MHz	전화중계, 레이다, 위성 텔리비전
	EHF	10~1 mm	30000~300000 MHz	전화중계, 레이다
적외선		1 mm~780 nm		적외선 사진, 건조
가시광선		780~380 nm		광학기계
자외선		380~10 nm		살균등
X선		10~0.001 nm		X선 사진, 재료검사, 의료
감마선		0.1 nm미만 (주로 방사성 원자핵으로부터 발생)		재료검사, 의료

라디오는 산 뒤에서 잘 들리는데
TV는 산 뒤에서 왜 잘 안 보일까?

파동이 장애물의 그늘로 접어드는 현상을 **회절**이라고 하는데, 파장이 긴 파동일수록 회절 효과가 크다.

전자기파도 마찬가지여서 AM 라디오에 사용되는 중파(MF)는 회절하기 쉬워서 산그늘 따위로도 돌아들지만,

텔레비전에 사용되는 초단파(VHF), 극초단파(UHF)는 회절하기 어려워서 (즉, 직진성이 증가하여) 산이나 빌딩의 그늘에는 도달하기 어렵다.

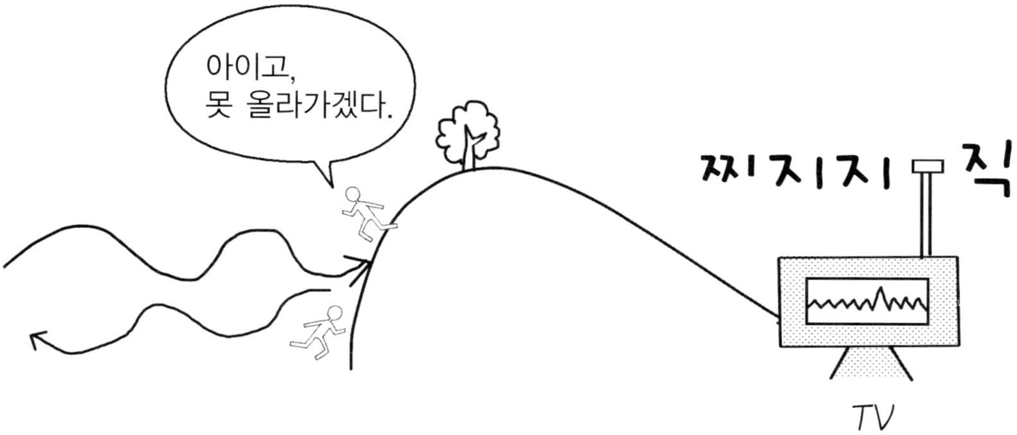

전자기장은 에너지를 갖는다.

전기장과 자기장은 에너지를 갖는다.

태양빛은 지구를 데워주고, 식물은 광합성에 의해서 그 에너지를 영양분으로 바꾼다.

가시광보다 파장이 조금 긴 적외선은 열선이라고 불리며, 적외선 난로 등의 난방에 이용된다.

가시광보다 파장이 짧은 자외선은 살균작용이 있고 볕에 그을리는 원인이 된다.

파장이 보다 짧은 X선은 인체를 투과하여 그 상태를 필름에 감광시킨다.

X선이나 γ선과 같이 파장이 짧아지면 에너지가 높아져 세포에 나쁜 영향을 주어 생물이나 인간에게 위험하게 된다.

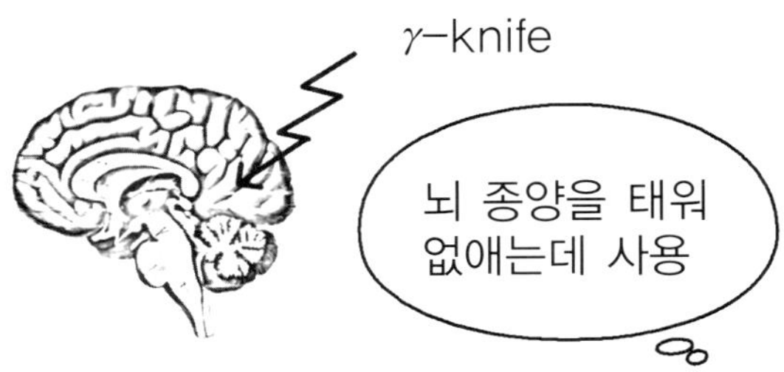

양념2

전자기파는 그 근원이 없어져도
공간에 존재한다.

1987년 한 천문대는 지구로부터 17만 광년 떨어져 있는 마젤란 성운에서 한 별이 대폭발을 일으키고 그 생애를 마친 것을 관측했다.

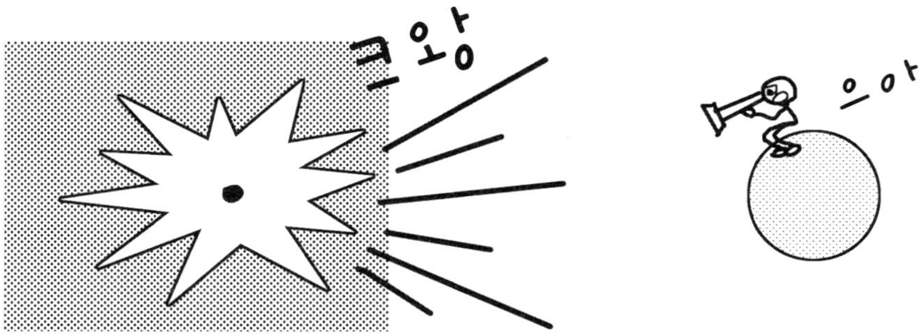

마젤란 성운

지구에서는 이 별의 폭발에 의한 전자기파가 1987년에 관측되었으나, 실제로는 이 폭발은 17만 년 전에 일어난 일이었다.(빛이 지구까지 도착하는데 17만년이 걸리므로)

폭발에 의해서 별이 산산조각으로 흩어져 버렸어도, 전자기파는 17만년 동안 우주공간을 계속하여 진행해 온 것이다.

이같이 전자기파, 즉 전기장과 자기장은 그 근원이 되는 물질이 없어지더라도, 그것과 독립하여 공간에 존재할 수 있다.

즉, 자연계는 **물질 입자**와 **장**이라고 하는 두 종류의 존재에 의해 구성되어 있다.

양념3 전자레인지

전자레인지는 줄열(저항에 의한 발열)을 이용하는 전열기와 전자기유도를 이용하는 전자기 조리기와는 그 원리가 다르다.

전자레인지 속에는 마그네트론이라고 하는 전자기파 발생장치가 있어서, 파장 약 $1.2\ cm$의 마이크로파라고 불리는 전자기파가 나온다.

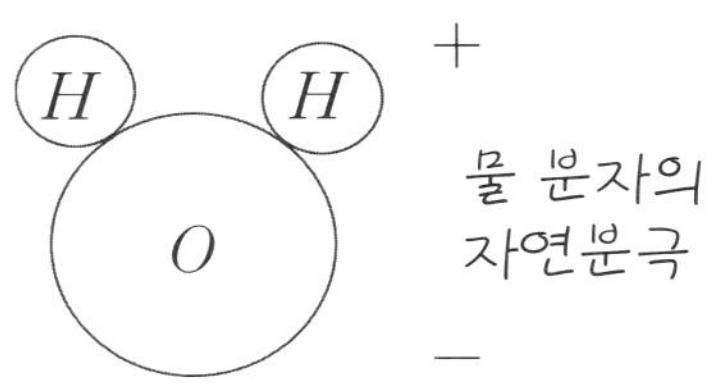

전자레인지 속에 식품을 넣으면, 자연 상태로서 분극되어 있는 물의 분자가 마이크로파의 맹렬하게 변동하는 전기장과 공진하여 진동한다.

이 분자의 운동이 열이며, 운동이 맹렬해질수록 식품의 온도는 상승한다. 이리하여 식품은 눌지도 않고 내부로부터 데워지게 된다.

파동 방정식

전자기파는 전기장 $\boldsymbol{E}$의 변화 $\dfrac{\partial \boldsymbol{E}}{\partial t}$가 회전하는 자기장 $\nabla \times \boldsymbol{H}(= curl\ \boldsymbol{H} = rot\ \boldsymbol{H})$를 낳고, 또 자기장 $\boldsymbol{H}$의 변화 $\dfrac{\partial \boldsymbol{H}}{\partial t}$가 회전하는 전기장 $\nabla \times \boldsymbol{E}(= curl\ \boldsymbol{E} = rot\ \boldsymbol{E})$를 낳기 때문에 생성된다.

이것을 식으로 나타내면?
그리고 이 식들로부터 전자기파의 파동방정식을 만들어보세요.

$$\varepsilon_0 \frac{\partial \boldsymbol{E}}{\partial t} = curl\ \boldsymbol{H} \qquad (1)$$

$$-\mu_0 \frac{\partial \boldsymbol{H}}{\partial t} = curl\ \boldsymbol{E} \qquad (2)$$

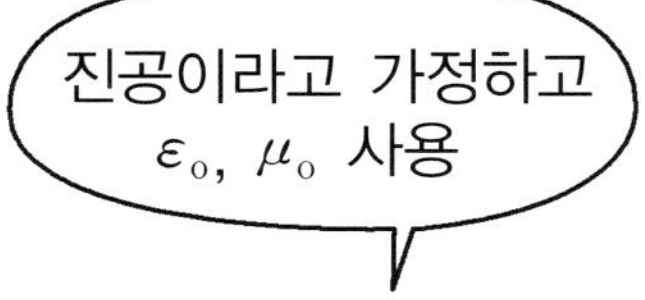

(2) 식의 양변에 $curl$을 취하면

$$-\mu_0 curl\left(\frac{\partial \boldsymbol{H}}{\partial t}\right) = curl(curl\ \boldsymbol{E}) \qquad (3)$$

우변은 벡터 공식에 의해서 다음과 같이 된다.

$$curl(curl\ \boldsymbol{E}) = grad(div\ \boldsymbol{E}) - \nabla^2 \boldsymbol{E} \qquad (4)$$

전하가 없는 진공 중이라고 가정하면, 전기장의 발산 $div\ \boldsymbol{E}$는 없으므로 $div\ \boldsymbol{E} = \boldsymbol{0}$, 따라서

$$curl(curl\ \boldsymbol{E}) = -\nabla^2 \boldsymbol{E} \qquad (5)$$

(5) 식을 (3) 식에 대입하면

$$-\mu_0 curl\left(\frac{\partial \boldsymbol{H}}{\partial t}\right) = -\nabla^2 \boldsymbol{E} \qquad (6)$$

(6)의 $curl$을 $\frac{\partial}{\partial t}$ 의 안쪽으로 넣으면

$$\mu_o \frac{\partial}{\partial t}(curl\ \boldsymbol{H}) = \nabla^2 \boldsymbol{E} \qquad (7)$$

(7) 식의 좌변의 $curl\ \boldsymbol{H}$ 대신에 (1) 식을 대입하면

$$\mu_o \frac{\partial}{\partial t}\left(\varepsilon_o \frac{\partial \boldsymbol{E}}{\partial t}\right) = \nabla^2 \boldsymbol{E}$$

$$\mu_o \varepsilon_o \frac{\partial^2 \boldsymbol{E}}{\partial t^2} = \nabla^2 \boldsymbol{E}$$

$$\boxed{\nabla^2 \boldsymbol{E} = \mu_o \varepsilon_o \frac{\partial^2 \boldsymbol{E}}{\partial t^2}} \qquad (8)$$

자기장에 대해서도 유사한 수학적 조작을 거쳐서

$$\boxed{\nabla^2 \boldsymbol{H} = \mu_o \varepsilon_o \frac{\partial^2 \boldsymbol{H}}{\partial t^2}} \qquad (9)$$

5_4. 전자기파는 정보의 운반자

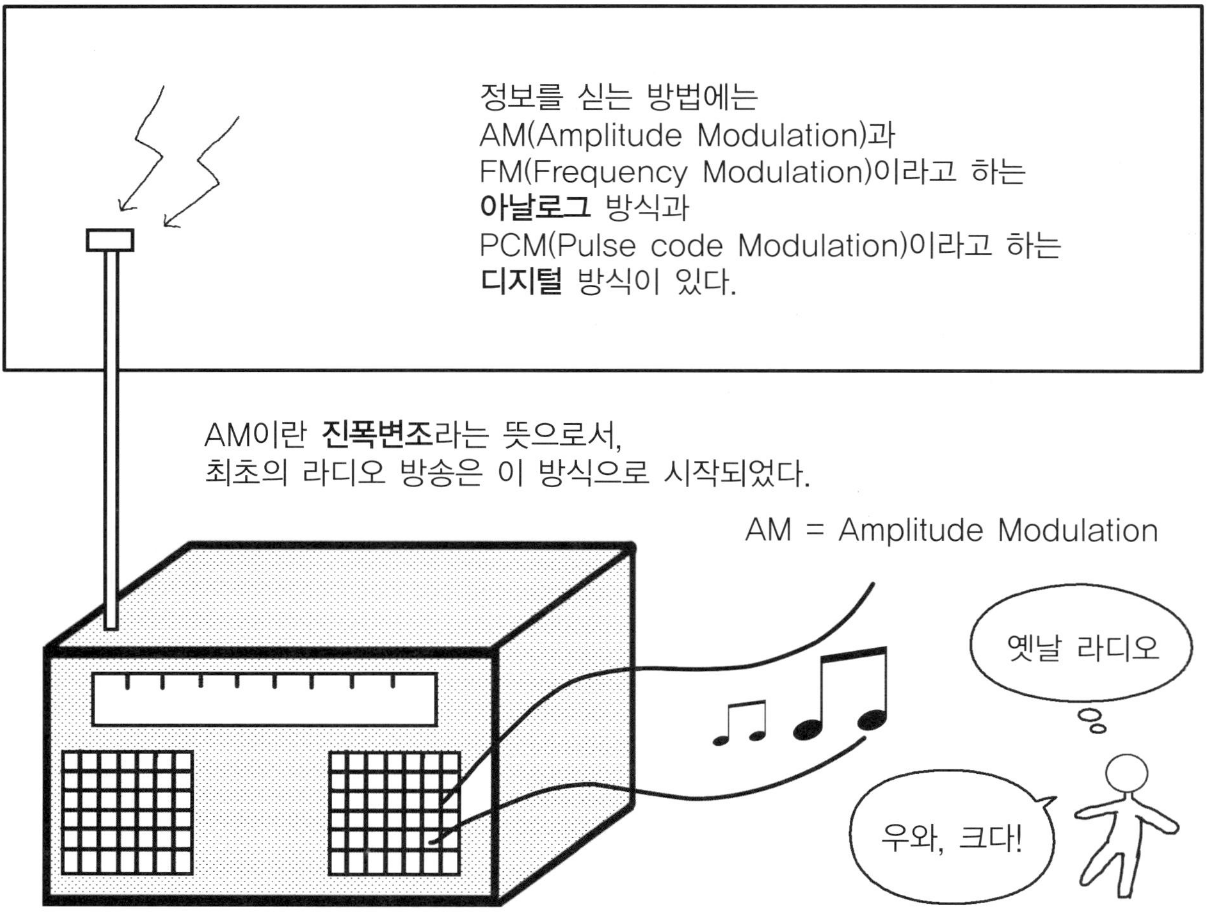

AM 방식에서는 그림과 같이 음성신호를 일정한 주파수의 전자기파와 합성하여 진폭을 크게 또는 작게 하여 (진폭변조) 방송국에서 내보내고,

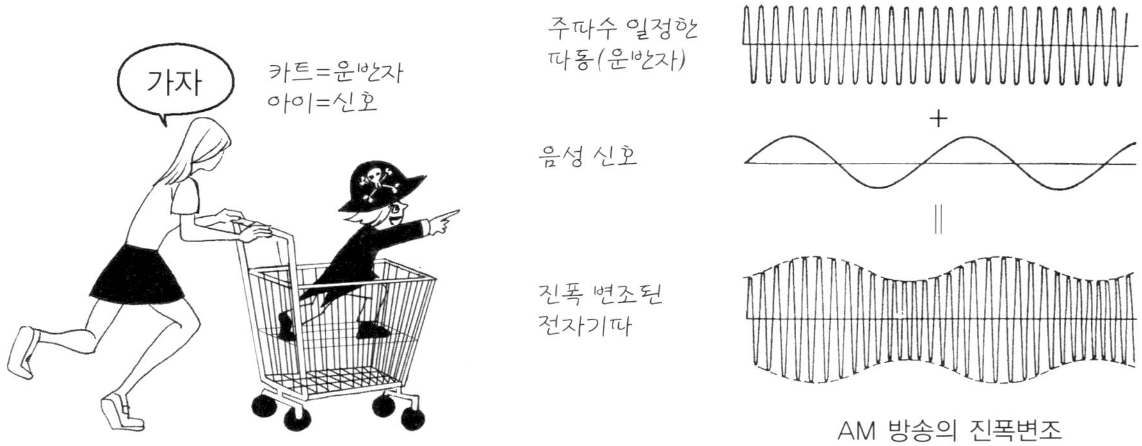

AM 방송의 진폭변조

이것을 라디오 안테나가 잡은 후, 라디오 내의 회로에서 일정한 주파수의 전자기파를 제거하여 음성정보만을 스피커를 통해 들리게 한다.

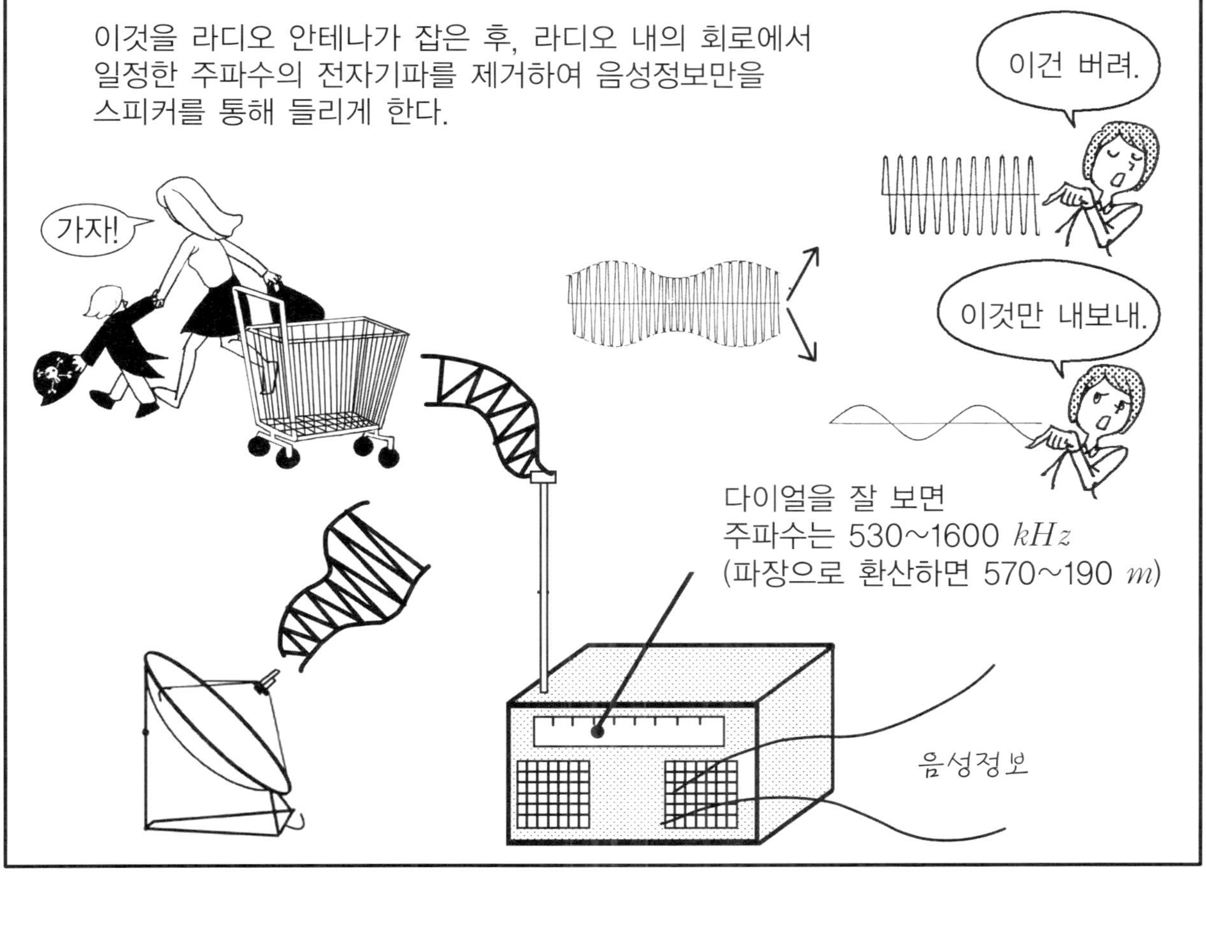

한편, FM이라는 것은 주파수 변조를 말한다.
FM 방식에서는 그림과 같이 음성정보를 전자기파의 주파수의 변화로서 표현한다.

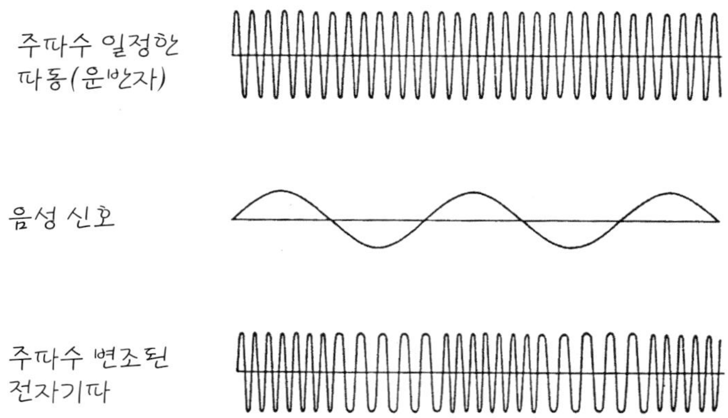

FM 방송의 주파수 변조

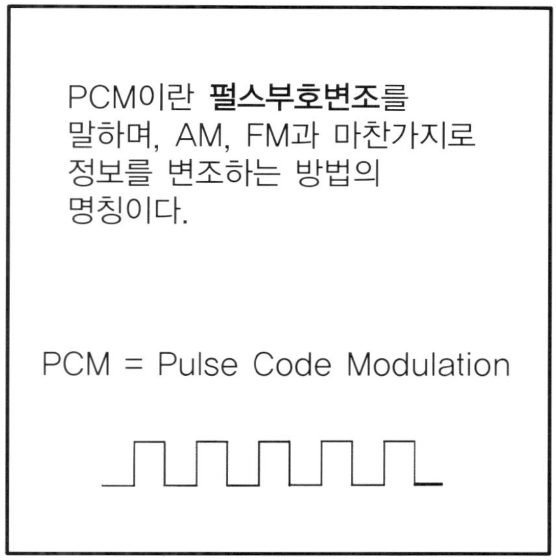

PCM 방식에서는 음성신호를 그대로 일정한 시간 간격으로 자른다.

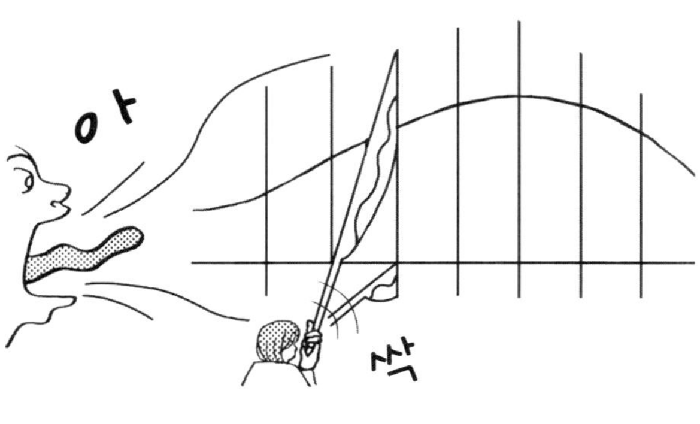

그 다음 잘라진 소리 기둥의 높이를 잰다.

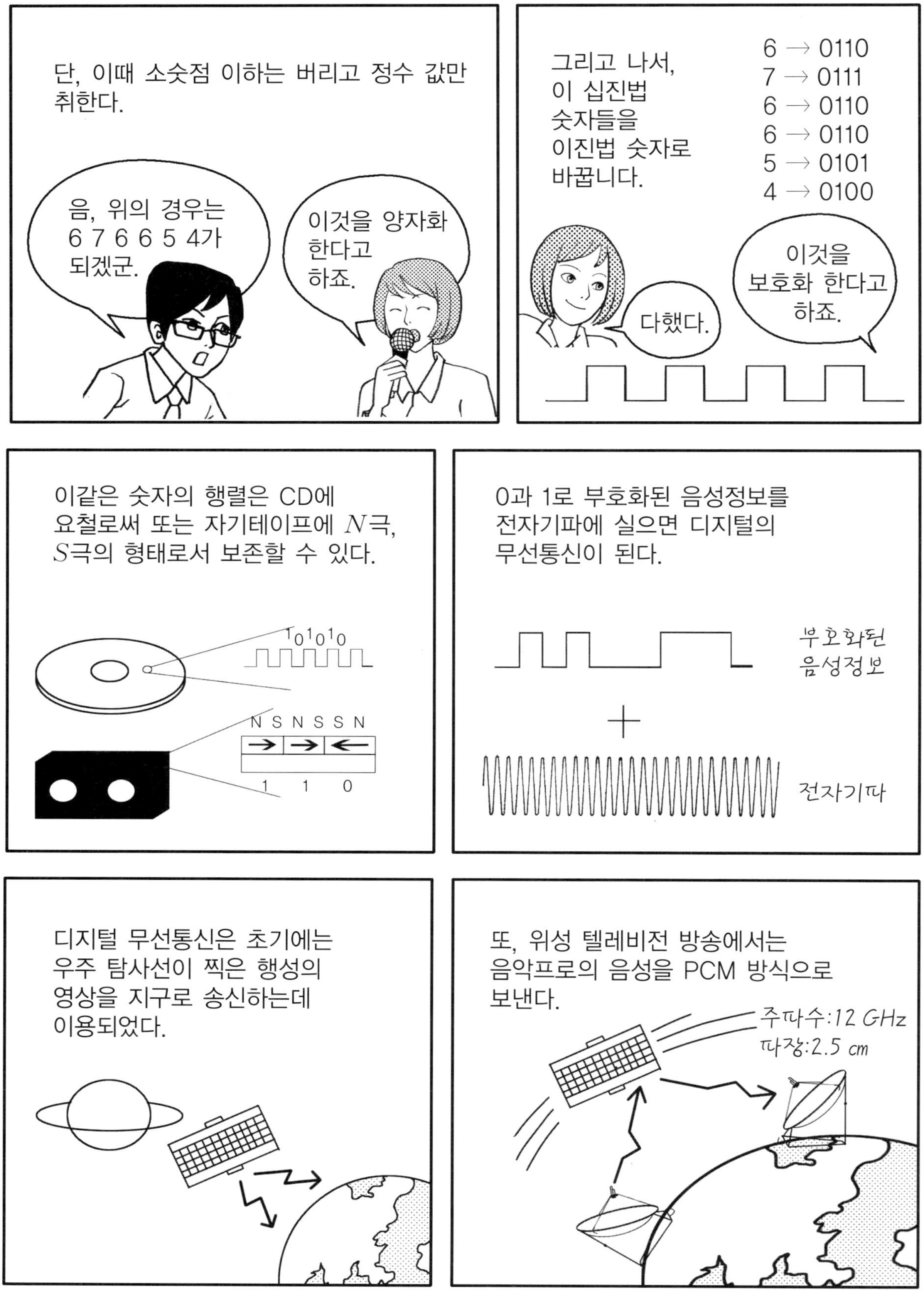
단, 이때 소숫점 이하는 버리고 정수 값만 취한다.
음, 위의 경우는 6 7 6 6 5 4가 되겠군.
이것을 양자화 한다고 하죠.
그리고 나서, 이 십진법 숫자들을 이진법 숫자로 바꿉니다.
6 → 0110
7 → 0111
6 → 0110
6 → 0110
5 → 0101
4 → 0100
다했다.
이것을 보호화 한다고 하죠.
이같은 숫자의 행렬은 CD에 요철로써 또는 자기테이프에 N극, S극의 형태로서 보존할 수 있다.
1 0 1 0 1 0
N S N S S N
1 1 0
0과 1로 부호화된 음성정보를 전자기파에 실으면 디지털의 무선통신이 된다.
부호화된 음성정보
+
전자기파
디지털 무선통신은 초기에는 우주 탐사선이 찍은 행성의 영상을 지구로 송신하는데 이용되었다.
또, 위성 텔레비전 방송에서는 음악프로의 음성을 PCM 방식으로 보낸다.
주파수:12 GHz
파장:2.5 cm

디지털 통신은 앞으로 급속하게 그 이용이 확대될 것으로 기대된다.

그 이유는 이 방식은 잡음에 대해서 매우 강하기 때문이다.

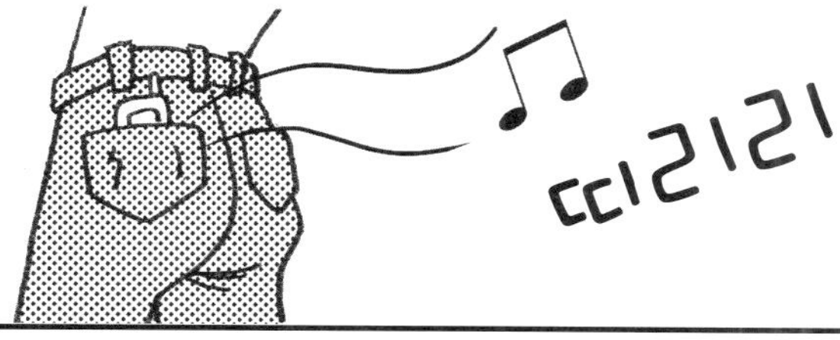

잡음에 강한 비밀을 두 가지만 들어보자. 첫째는 PCM 방식으로 보내지는 신호는 0과 1의 두 종류 밖에 없다는 점이다.

만약 잡음에 의해서 1의 신호가 0.7이 되더라도 수신쪽은 1로 간주해도 되며, 0의 신호가 0.1이 되더라도 0으로 간주할 수 있다.

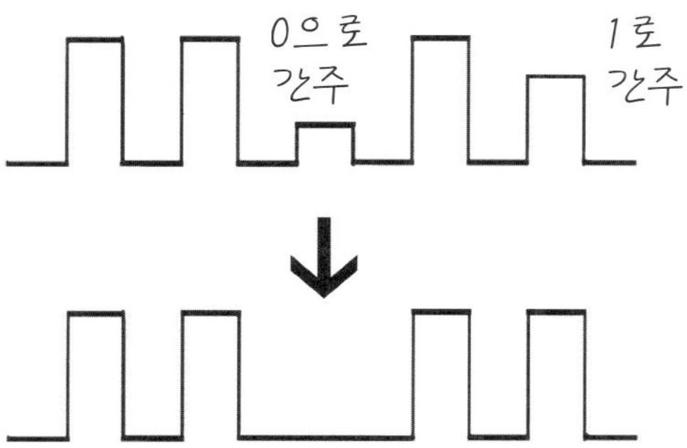

또, PCM 방식에서는 정보를 전달하는 도중에서 정보의 탈락이 일어나더라도, 수신쪽에서 이것을 정정하여 정확한 정보로 되돌려 놓는 요술과 같은 일을 할 수 있다.

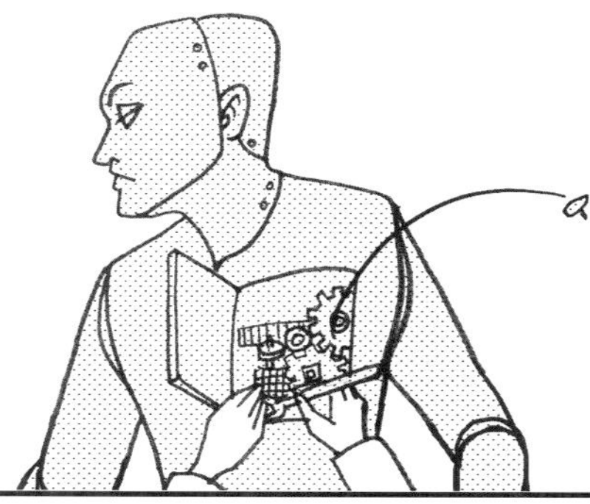

이것을 오류제어방식이라고 하는데, 알기 쉽게 말하면 다음과 같은 방법과 마찬가지의 원리가 이용된다.

그때 이 세 정보 외에 $2+1+3=6$ 이라고 하는 또 하나의 정보를 첨가해서 보낸다. 그렇게 하면 정보가 수신쪽에 전송되는 과정에서, 이를테면 2라고 하는 정보가 탈락되더라도 $\square+1+3=6$이라는 식으로부터 2를 수신쪽에서 재현할 수 있다.

전자기파의 발신에 사용되는
반파장 발신 안테나의 원리를 설명해 보세요.

헤르츠가 이용한 2개의 금속구로부터의 전자기파의 복사를 다이폴(쌍극)복사라고 하는데, 그 복사 효율을 개량한 것이 반파장 안테나이다. 반파장 다이폴 안테나는 콘덴서의 극판을 일직선이 되게 벌여놓은 것이라고 생각할 수 있다.

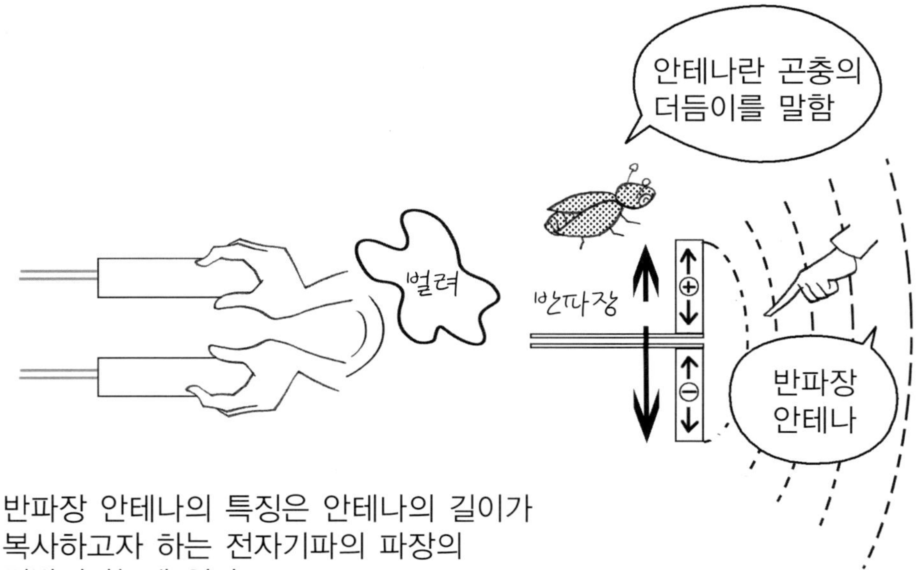

반파장 안테나의 특징은 안테나의 길이가 복사하고자 하는 전자기파의 파장의 절반이라는데 있다.

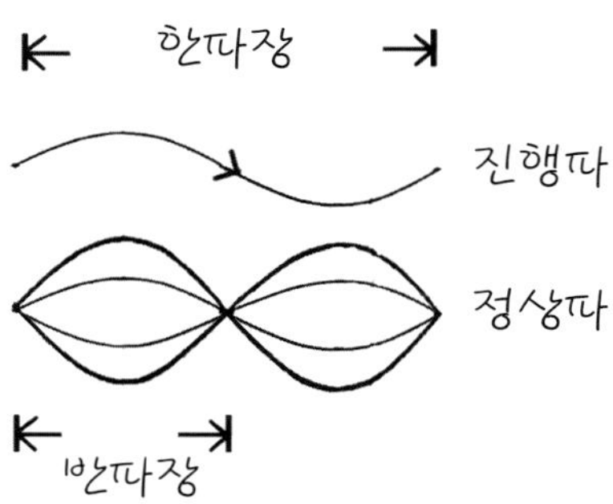

반파장으로 되어 있는 것은, 헤르츠의 실험 때에 설명한 것과 같이 정상파 1개의 길이는 진행파 파장의 절반이 되기 때문에, 안테나를 흐르는 진동 전류, 즉 전자의 진동이 정상파를 만들게 하기 위한 것이다.

짧은 안테나일수록 파장이 짧은 정상파가 만들어지기 때문에 단파장(즉, 고주파)의 전자기파를 복사한다.

퀴즈2

라디오나 TV에 사용되는 전자기파는
어떤 상태로 전파할까요?

퀴즈답

안테나로부터 복사(발신)된 전자기파는
속도 $3 \times 10^8\ m/s$로 공간을 전파해 간다.

라디오나 VHF, UHF TV의 전자기파는
전기장(또는 자기장)의 진동방향이 항상
하나의 평면상에서 진동하며 전파한다.
이같은 전자기파를 **직선편파**라고 한다.

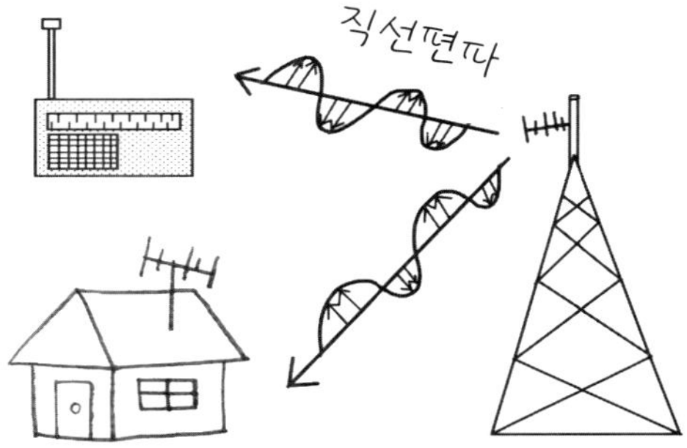

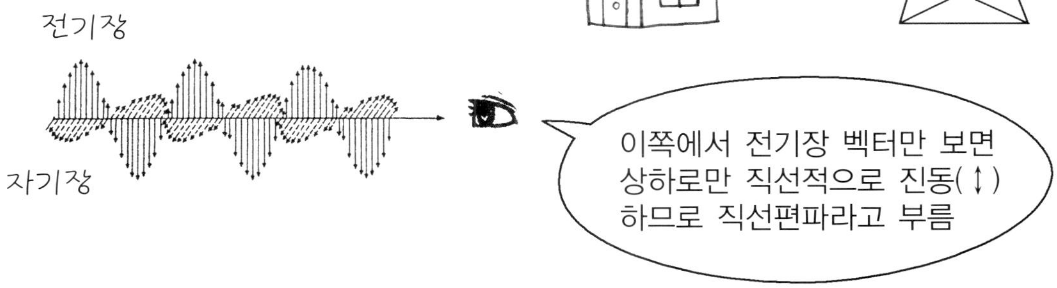

위성방송 TV에서는 전기장과 자기장이 회전하면서 전파하는
원편파가 사용되고 있다.
원편파에는 우회전과 좌회전이 있고,
수신쪽에서 이것을 구별할 수 있기 때문에 혼선을 피하는데 편리하다.

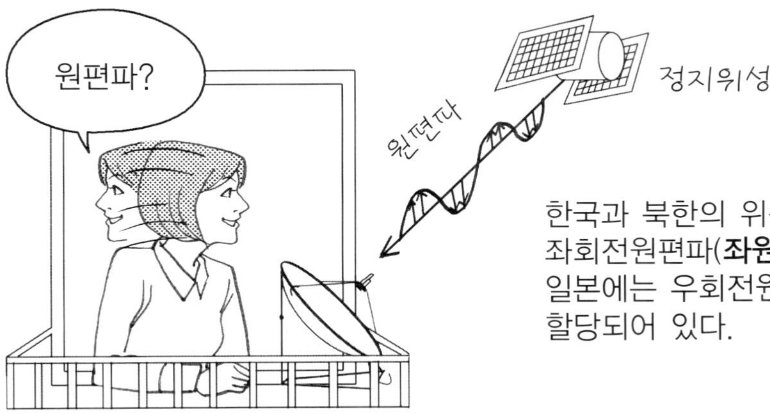

한국과 북한의 위성방송에서는
좌회전원편파(**좌원편파**)가 사용되고 있고,
일본에는 우회전원편파(**우원편파**)가
할당되어 있다.

이쪽에서 봤을 때
전기장 벡터가 원을
그리며 회전(◯)하기
때문에 원편파라고
부름.
나는 아래 위로만
흔들어서 직선편파
만들어야지.
통신위성
뉴스를 말씀
드리겠습니다.
난 빙빙 돌려서
원편파 만들거다.
와!
짝짝짝

전자기파를 수신하는 수신 안테나의 원리를 설명해 보세요.

발신 안테나로부터 발신되어 복사하면서 공간을 전파해 온 전자기파를 수신하는 데는 마찬가지로 안테나가 사용된다.

수신 안테나에도 여러 가지가 있는데, 기본적인 것은 역시 반파장 안테나로서 TV의 안테나가 여기에 속한다.

반파장 안테나는 전자기파의 전기장과 자기장 중 전기장으로부터 전류를 만들어 내는 것으로서, '하전입자는 전기장으로부터 힘을 받는다' 고 하는 기본 법칙을 이용하고 있다.

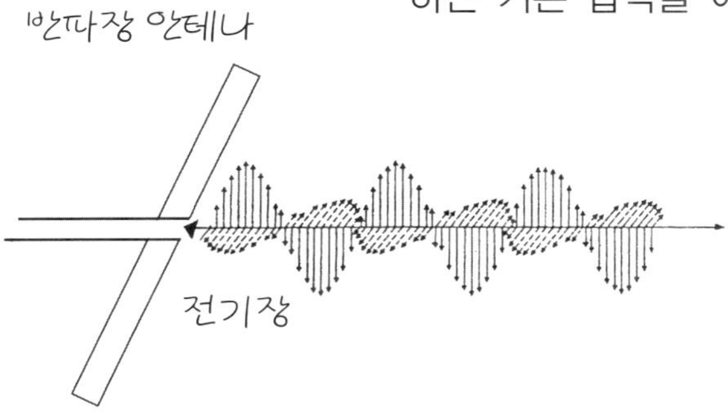

그림과 같이 전자기파의 전기장의 진동이 안테나 내부의 전자를 진동시켜서 안테나에 전류가 발생되어 수신하게 된다.

안테나의 길이를 반파장으로 하는 이유는 발신의 경우와 마찬가지로, 수신하고자 하는 전자기파와 안테나에 발생하는 전류를 **공진**시키기 위한 것이다.

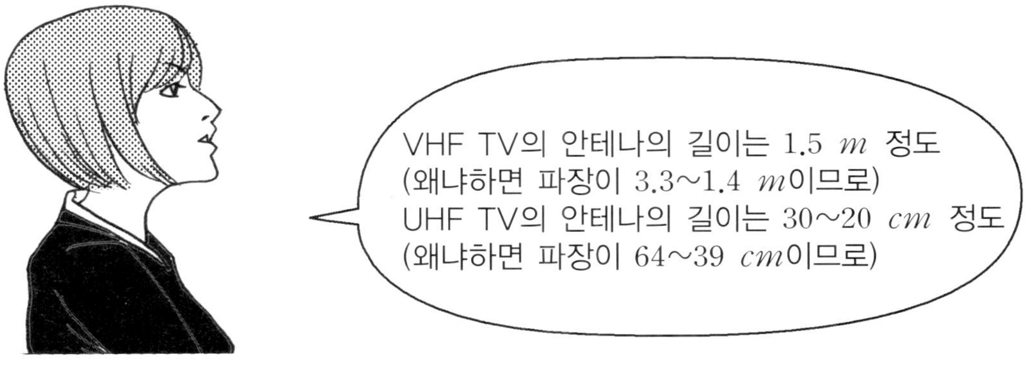

또 다른 종류의 안테나로는, 전자기파의 자기장으로부터 전류를 얻는 안테나이다. 루프 안테나라고 불리는 이 안테나도 자주 이용된다. 루프 안테나 중 가장 간단한 것은 한 번을 감은 코일이다.

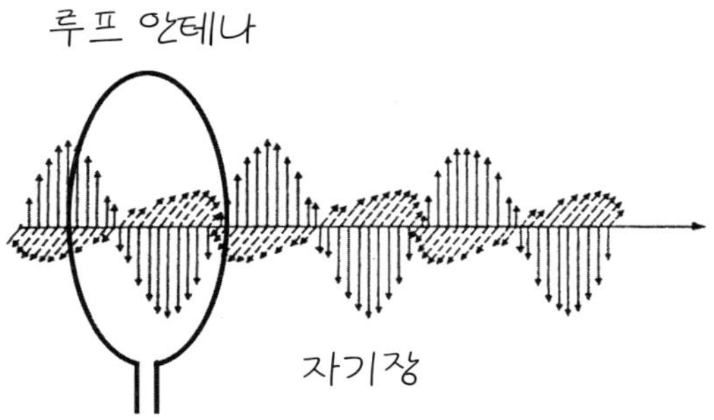

그림과 같이 전자기파가 루프 안테나를 관통하면 자기장의 세기가 변화하므로, 전자기유도의 법칙에 의해서 루프에 유도전류가 발생하는 것을 이용하여 전자기파를 수신한다.

휴대용 라디오에 들어 있는 페라이트 안테나도 마찬가지로 전자기유도의 법칙을 이용한다.
그림과 같이, 코일을 감는 수를 많게 하고, 페라이트라고 하는 강자성체의 막대를 넣어서 감도를 높여준다.

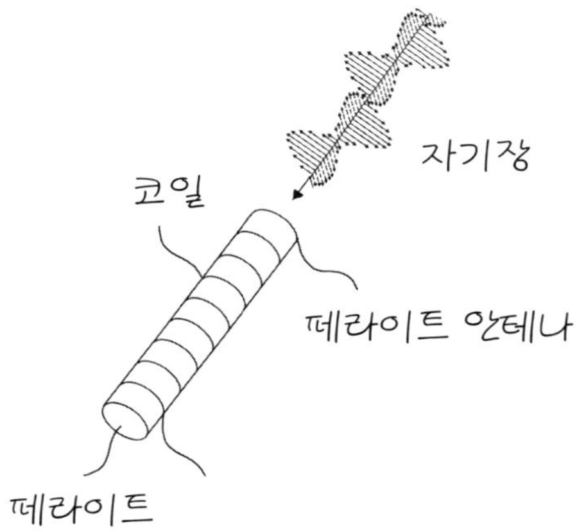

또 다른 형태의 안테나로, 전파망원경, 전화의 무선회선, 위성방송의 수신 등에 사용되는 파라볼라 안테나가 있다.
이 안테나에서는 입사한 전자기파가 모두 초점에 모이기 때문에 약한 전자기파를 강화할 수 있다.
초점 부분의 작은 안테나에서 전류가 얻어지고, 둥근 파라볼라는 초점에 전자기파를 모으는 반사거울의 구실을 한다.

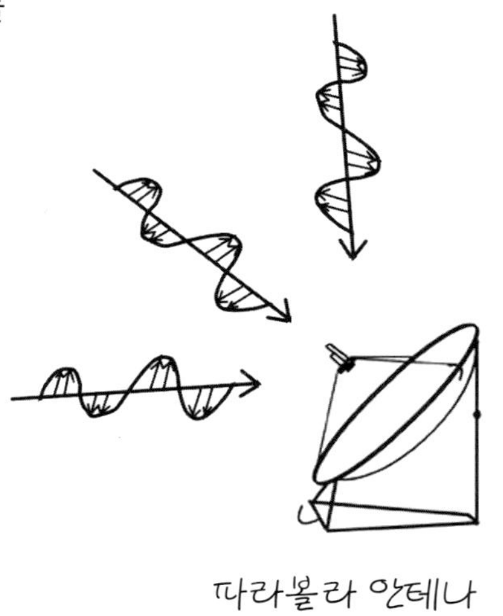

레이다의 원리를 설명해 보세요.

레이다는 파라볼라 안테나를 사용하여
목표 물체를 향해서 전파를 발사하고,
그 반사파가 되돌아오기까지 걸리는 시간을
측정하여, 물체까지의 거리를 구한다.

전파가 **왕복**하는 데에 걸리는 시간을 t,
전파의 속도를 c(광속 $3\times10^8\ m/s$)라고 하면,
물체까지의 거리 d는 다음과 같다.

$$d = \frac{ct}{2}$$

펄스파를 이용하면 거리는
옆의 그림과 같이 나타낼 수 있다.

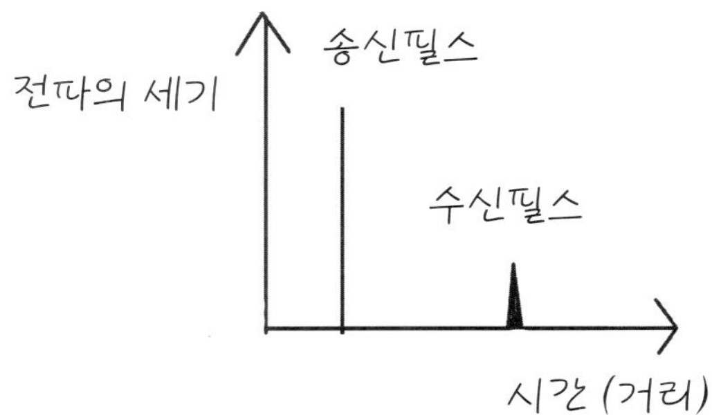

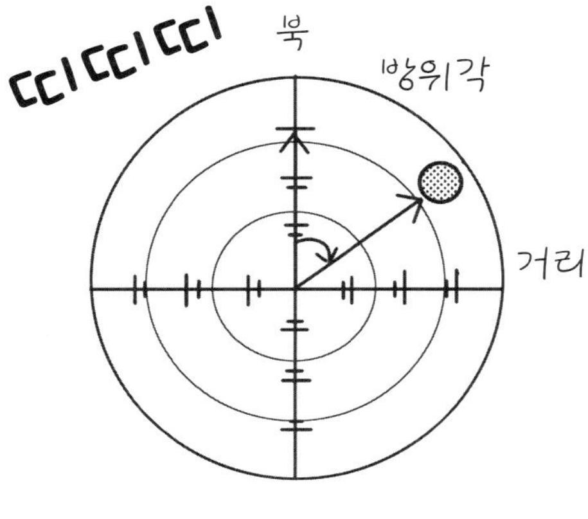

또한, 물체까지의 거리와 더불어
물체의 방위를 조사하기 위해
파라볼라 안테나를 회전한다.
이렇게 하여 물체까지의 거리와
그 방위를 옆의 그림과 같이
브라운관 등에 표시한다.

레이다는 통신과 더불어 대표적인 전자기파의 응용이다.
현재 레이다는 선박, 항공기의 운행이나 유도, 태풍 등의 기상관측, 인공위성에 의한 지구 표면의 관측 등에 널리 이용되고 있다.

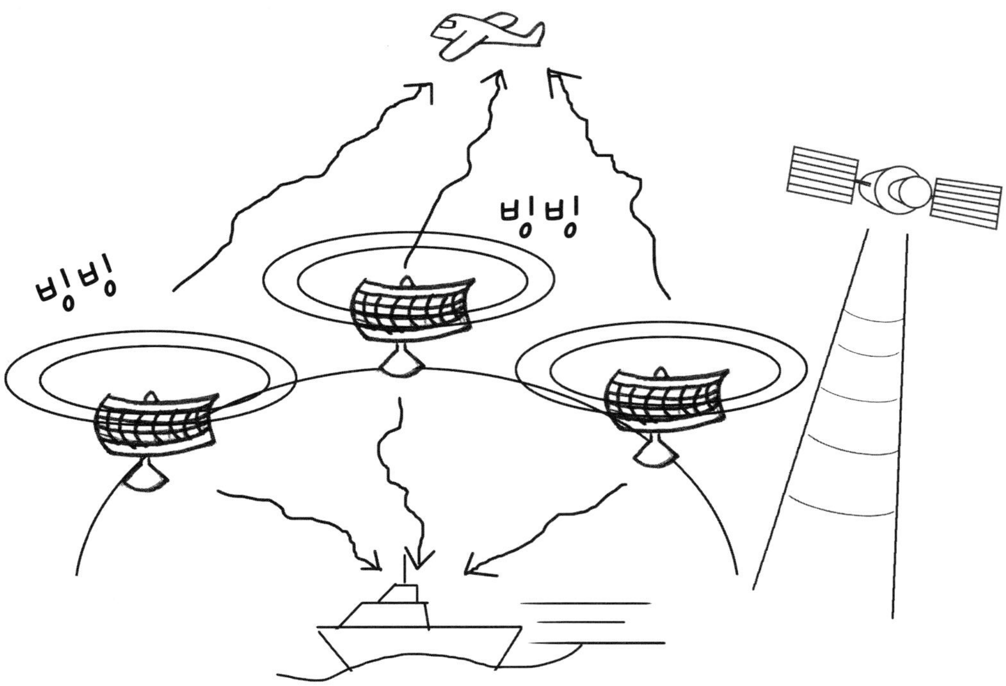

기상 레이다에서는 대기 속의 비나 구름의 물방울로부터의 반사를 조사하여 비나 구름의 분포를 알아내어, 태풍이 오는지 등을 관측한다.

항해 중인 선박이나 비행 중인 항공기는 자신의 위치를 알기 위해 여러 가지 전파항법시스템을 사용한다.
전파항법에서는 지상국으로부터 계속해서 전파를 발사시키고, 선박이나 항공기는 몇 개의 지상국으로부터의 전파를 수신하여 자신의 위치를 알아낸다.

인공위성으로부터 지구 표면을 조사하는 리모트센싱에서도 가시광선 이외의 전자기파를 사용하여 여러 가지 정보를 얻고 있다.
예를 들면 지표로부터의 적외선 분포를 조사하면 지표의 온도를 알 수 있다.

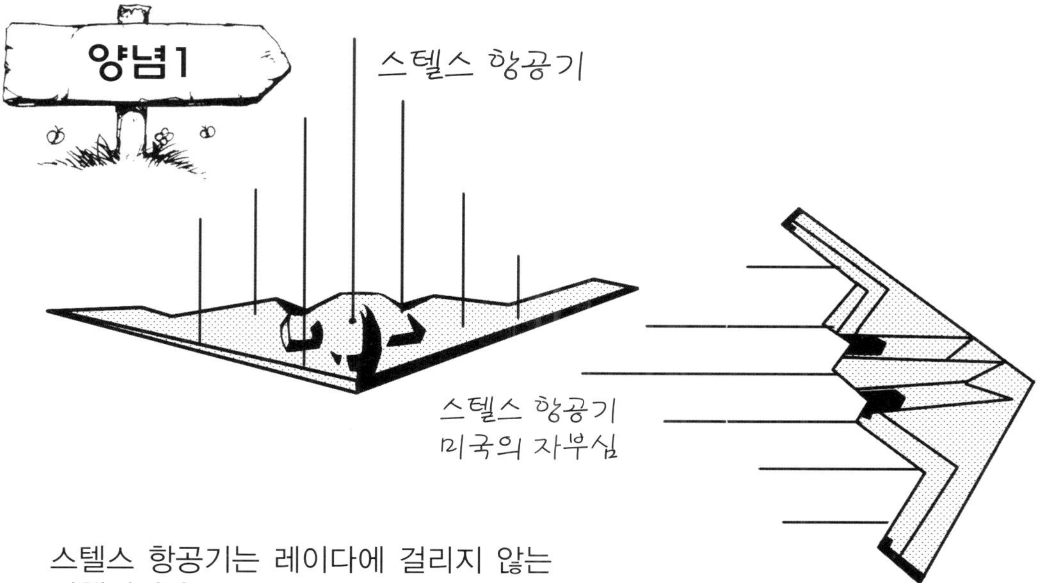

스텔스 항공기는 레이다에 걸리지 않는 비행기이다.

스텔스 항공기의 표면에는 전파를 반사하지 않고 흡수하는 페인트가 칠해져 있고 비행기의 모양도 전파가 잘 반사되지 않도록 만들어졌다.

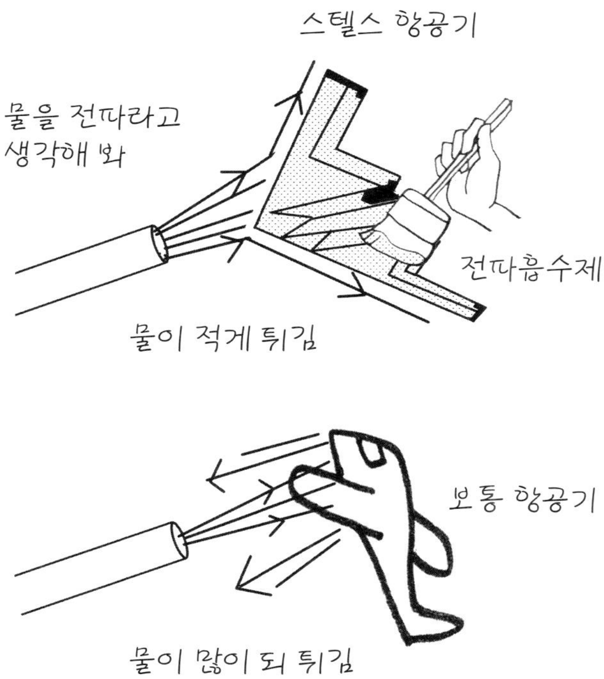

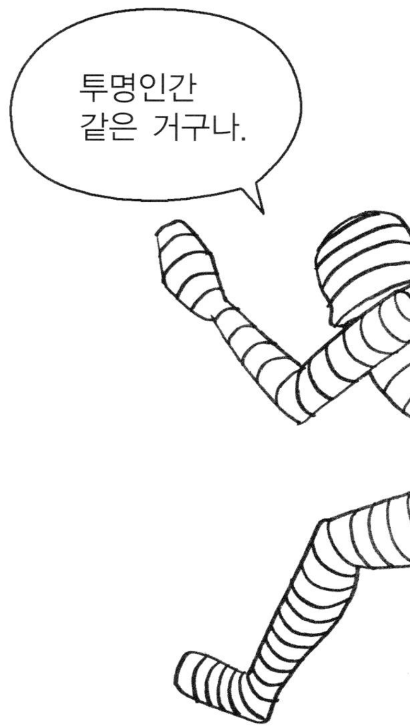

양념2
전자기학 그 이후
보통 파동이란 매질(전달하는 물질)을 진동시켜서 전파해나간다.
퐁
이 경우 매질은 물
야, 같이 가.
이 파동의 매질은 현
야호!
음파의 매질은 공기
전자기파는 무엇을 진동시키며 전파해 나갈까?
전자기파의 매질이 뭐냐 이거지?
옛날 사람들은 전자기파도 파동이니까 매질이 있을 거라고 생각해서, 이 가상적인 매질을 에테르라고 불렀다.
우주는 에테르로 채워져 있을거야.
정말?
글쎄…
그러나 에테르라는 것은 실제로는 존재하지 않고, 전자기파는 매질이 없어도 전파된다는 것을 나중에 알게 되었다.
이것은 아인슈타인의 상대성원리의 모태가 되었다.
상대성원리는 다른 책에서
아인슈타인

부 록

벡터해석 엑기스

1. 구배
2. 발산
3. 회전
4. 델연산자

1. 구배

구배의 속뜻은 어떤 점에서의 최대로 증가하는 방향은 어느쪽이고, 얼마만큼 증가하는가이다.

예를 들어 이와 같은 산 표면(함수 f)상의 점 P에서의 국부적 최대 증가방향과 크기를 구해보자.

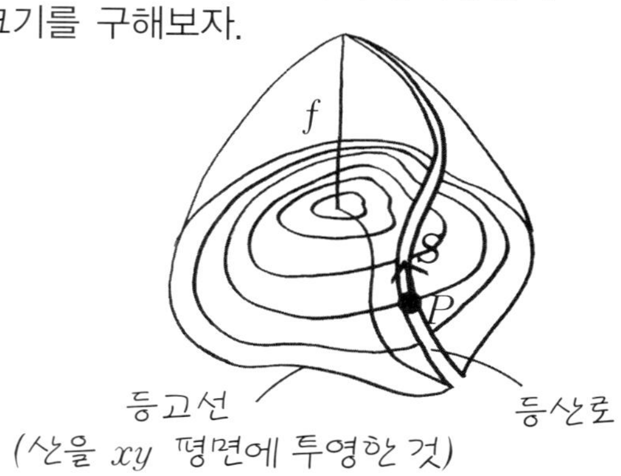

점 P에서의 국부적 최대 증가방향과 크기를 나타내는 벡터 S를 확대해서 그리면

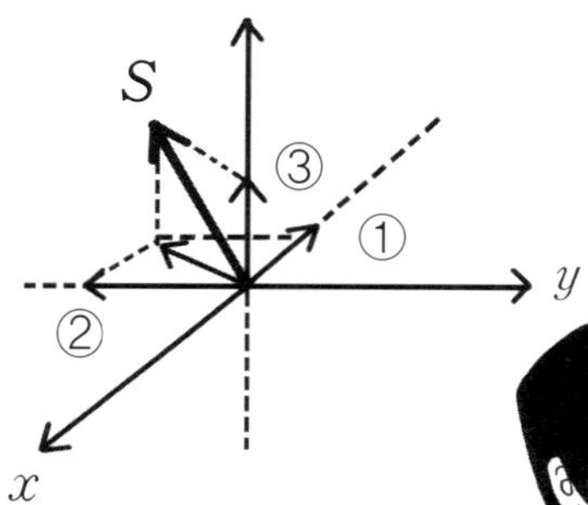

수식으로 쓰면

① 은 x축 방향의 기울기 $\dfrac{\partial f}{\partial x}\boldsymbol{i}$

② 는 y축 방향의 기울기 $\dfrac{\partial f}{\partial y}\boldsymbol{j}$

③ 은 z축 방향의 기울기 $\dfrac{\partial f}{\partial z}\boldsymbol{k}$

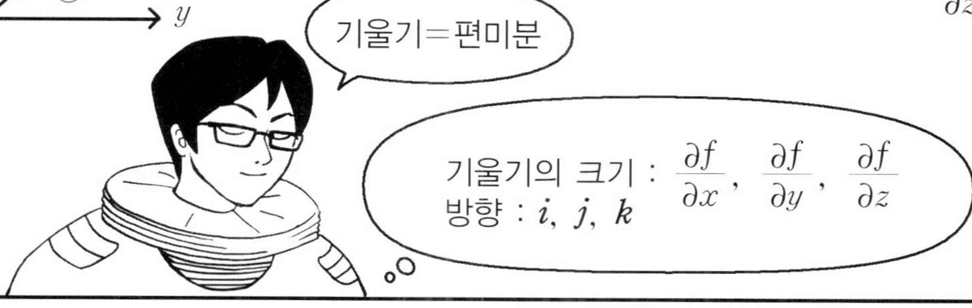

따라서 벡터 S는

$$S=\frac{\partial f}{\partial x}\boldsymbol{i}+\frac{\partial f}{\partial y}\boldsymbol{j}+\frac{\partial f}{\partial z}\boldsymbol{k}$$

이 벡터 S를 스칼라함수(산의표면)의 구배라고 하고, $gradf$ 또는 ∇f라고 쓴다.

즉 $$\boxed{gradf=\nabla f=\frac{\partial f}{\partial x}\boldsymbol{i}+\frac{\partial f}{\partial y}\boldsymbol{j}+\frac{\partial f}{\partial z}\boldsymbol{k}}$$

따라서 $$\nabla=\frac{\partial}{\partial x}\boldsymbol{i}+\frac{\partial}{\partial y}\boldsymbol{j}+\frac{\partial}{\partial z}\boldsymbol{k}$$

구배는 이와 같은 물리적인
기울기 이외에도 여러 가지에
사용된다.
예를 들면,
모닥불 주위의
온도분포 함수를
T라고 하면,
따뜻하다
T
P
T의 구배를 취한 후,
$\nabla T = \frac{\partial T}{\partial x}\boldsymbol{i} + \frac{\partial T}{\partial y}\boldsymbol{j} + \frac{\partial T}{\partial z}\boldsymbol{k}$
P점의 좌표를 대입하면, P점에서
열이 전달되는 방향과 크기를 구할
수 있다.
왜냐하면, 열은 온도의 경사가
가장 가파른 쪽을 따라 흐르기 때문이다.
[주의] 열의 경우는
온도가 높은 데서 낮은
데로 흐르므로 구배에
(−)를 취해야 된다.
$-\nabla T = -\frac{\partial T}{\partial x}\boldsymbol{i} - \frac{\partial T}{\partial y}\boldsymbol{j} - \frac{\partial T}{\partial z}\boldsymbol{k}$
(−)를 붙이는 이유는
구배는 항상 증가하는 방향으로
정의하기 때문이다.
구배
=국부적 최대 증가

또 다른 예를 들면, 정전 퍼텐셜 (전위) V의 구배를 취하면 전기장 $\boldsymbol{E}$가 된다.

$$-\nabla V=\boldsymbol{E}$$

높은쪽에서 낮은 쪽으로 가기 때문에(−)

$$-\frac{\partial V}{\partial x}\boldsymbol{i}-\frac{\partial V}{\partial y}\boldsymbol{j}-\frac{\partial V}{\partial z}\boldsymbol{k}=\boldsymbol{E}$$

왜냐하면, 전기장은 하전입자(전기를 띤 입자)가 움직이는 방향인데, 하전입자는 전위의 경사가 가장 가파른 쪽으로 이동하기 때문이다.

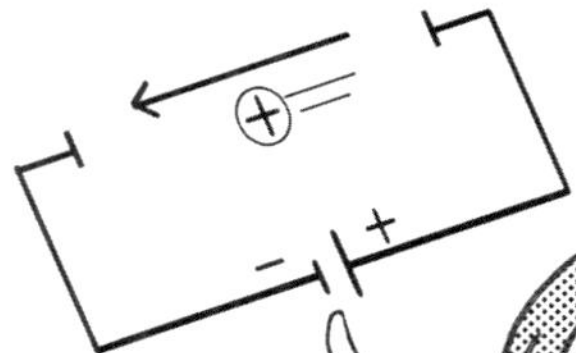

아함!

실제로 구배를 계산해 보기 위한 간단한 예를 들어보자.

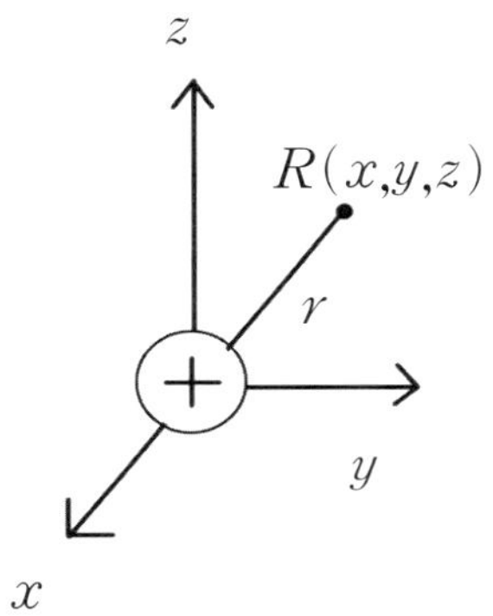

그림과 같이 공간에 양의 전하가 존재할 때, 임의의 점 R에서의 정전 피텐셜 V는

$$V(x,\ y,\ z)=\frac{c}{\gamma}\quad\text{——}(*)$$

로 주어진다.

c는 상수

통상 정전피텐셜은 무한원(∞)을 $0V$로 잡고, 전하에 가까워질수록 높게 잡기 때문이다.

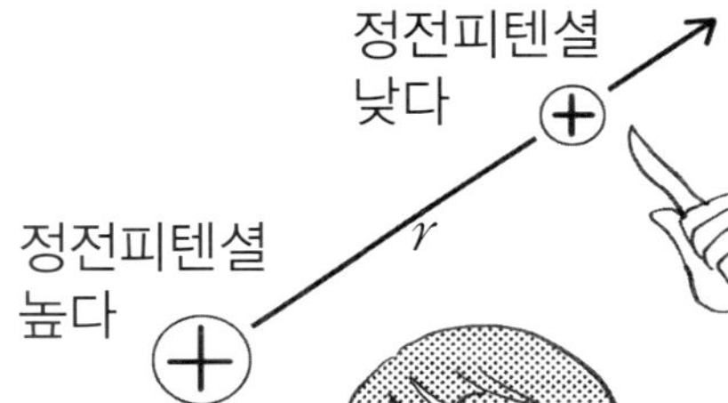

이 경우의 전기장을 구하기 위하여 정전 피텐셜의 구배를 구해보자.
$(*)$식의 거리 r은

$$r=\sqrt{x^2+y^2+z^2}=(x^2+y^2+z^2)^{\frac{1}{2}}$$

이므로

$$V(x,y,z)=c(x^2+y^2+z^2)^{-\frac{1}{2}}$$

$$\nabla V=\frac{\partial V}{\partial x}\boldsymbol{i}+\frac{\partial V}{\partial y}\boldsymbol{j}+\frac{\partial V}{\partial z}\boldsymbol{k}$$

여기서,

$$\frac{\partial V}{\partial x}=\left(-\frac{1}{2}\right)c(x^2+y^2+z^2)^{-\frac{3}{2}}(2x)$$
$$=-cx(x^2+y^2+z^2)^{-\frac{3}{2}}$$

$$\frac{\partial V}{\partial y}=-cy(x^2+y^2+z^2)^{-\frac{3}{2}}$$

$$\frac{\partial V}{\partial z}=-cz(x^2+y^2+z^2)^{-\frac{3}{2}}$$

그러므로

$$-\nabla V = cx(x^2+y^2+z^2)^{-\frac{3}{2}}\,\boldsymbol{i} + cy(x^2+y^2+z^2)^{-\frac{3}{2}}\,\boldsymbol{j} + cz(x^2+y^2+z^2)^{-\frac{3}{2}}\,\boldsymbol{k}$$

가 된다. 이것이 임의의 점 $R(x,\ y,\ z)$에서의 전기장 $\boldsymbol{E}$의 크기와 방향이다.

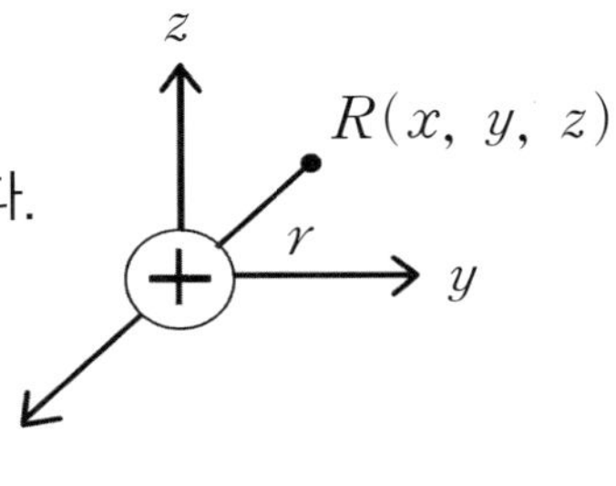

만약 그림과 같은 점 P에서의 전기장을 구하려면 점 P의 좌표$(0,\ 0,\ 1)$을 대입하면 된다.

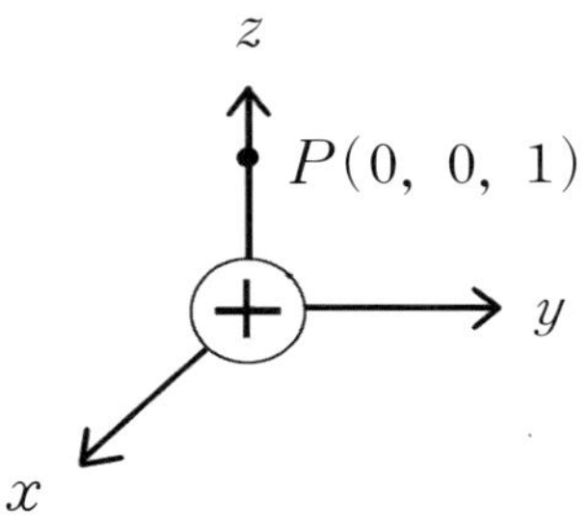

대입하면

$$-\nabla V(0,\ 0,\ 1) = \boldsymbol{E}(0,\ 0,\ 1) = 0\boldsymbol{i} + 0\boldsymbol{j} + c\boldsymbol{k}$$

가 된다.

왜냐하면, 이 방향이 정전피텐셜(전위)의 기울기가 가장 큰 구배 방향이기 때문이란다.

2. 발산

발산의 속뜻은 어떤 점에서
순수하게 나오는 양(용출량, 양(+)의
발산) 또는 순수하게 들어가는 양
(흡수량, 음(−)의 발산이다)
열이
발산되네
발산은 수학적으로
$\nabla \cdot \boldsymbol{E}$ 이렇게 표시하고
$\nabla \cdot \boldsymbol{E} = \frac{\partial Ex}{\partial x} + \frac{\partial Ey}{\partial y} + \frac{\partial Ez}{\partial z}$
라고 정의하는데, 그 이유를 알아보자.
▽ 다음에 점(벡터의 내적이라는 의미)이 찍혀 있는 것에 주의하세요.
구배는 점이 없어요.
공간에 전하가 놓여져 있으면
전기장이 발산된다.
E
이 공간내의 작은 체적을 생각해서,
이 체적으로부터의 용출량을 계산한
후, 이 체적을 0으로 만들면,
한 점에서의 용출량을
계산할 수 있다.
미소체적
즉, 이 작은 체적을 계산하기 편리하게 직육면체라고 한 후, 확대해서 그리고, 세 변의 길이를 $\triangle x$, $\triangle y$, $\triangle z$ 라고 해보죠.
△를 붙인 것은 작다는 의미!
$\triangle z$
$\triangle y$
$\triangle x$

이 미소체적으로부터의 전기장의 용출량은 용출량 = 유출량 − 유입량이다.
즉, 들어오는 쪽에 있는 세 변으로 유입되는 양과, 나가는 쪽에 있는 세 변으로 유출되는 양의 차를 구하면 되죠.
E_y
E_x
E_z
비유를 들면
아들아, 100만원을 밑천으로 장사를 해 봐라.
네, 감사합니다. 아버님.
아버님, 장사를 열심히 해서 300만원을 만들었습니다.
기특하구나.
정의식당
실제로 번 돈(용출량) = 300만원(유출량) − 100만원(유입량) = 200만원
발산>0
만약 돈이 줄었다면 발산<0이 되는 거죠.

미소체적으로 돌아가서, 우선 x축 방향에 대해서 생각해보자.
$\triangle z$
$E_x(x)$
x
$\triangle y$
P_1
x축 방향
빗금친 앞면상의 점 P_1의 x 좌표를 x라고 하면, 빗금친 앞면으로 유입되는 전기장의 세기는, 전기장 $\boldsymbol{E}$의 x성분인 E_x의 x 좌표에서의 값 $E_x(x)$이다.
그런데 빗금친 면의 면적은 $\triangle y \triangle z$이므로, 이 면으로 **유입되는 양**은 $E_x(x) \triangle y \triangle z$ 이다.
이 빗금친 면의 경우, 이 면에 수직인 성분 E_x만을 생각하면 되죠.
왜냐하면, 그 이외의 성분 Ey, Ez는 이 면을 통하여 유입되는데 기여하지 않으므로.
한편, x축 방향으로 유출되는 양은 뒷면을 생각하면 되는데, 뒷면상의 점 P_2의 x 좌표는 $x + \triangle x$이므로, 이 면으로부터 유출되는 전기장의 세기는 $E_x(x + \triangle x)$이고,
면적은 마찬가지로 $\triangle y \triangle z$이니까, **유출량**은 $E_x(x + \triangle x) \triangle y \triangle z$ 이다.
$E_x(x + \triangle x)$
$\triangle x$
P_2

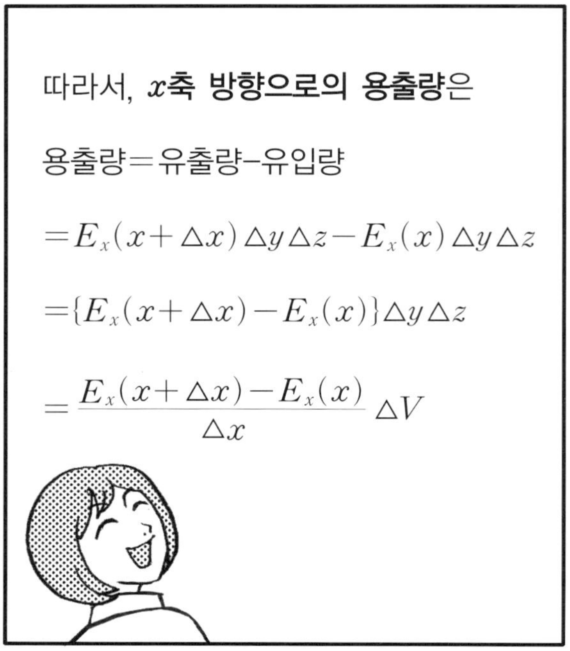

그러므로 직육면체 전체로부터의 용출량
＝x축 방향의 용출량＋y축 방향의 용출량＋z축 방향의 용출량

$$=\frac{E_x(x+\Delta x)-E_x(x)}{\Delta x}\Delta V+\frac{E_y(y+\Delta y)-E_y(y)}{\Delta y}\Delta V+\frac{E_z(z+\Delta z)-E_z(z)}{\Delta z}\Delta V$$

$$=\left\{\frac{E_x(x+\Delta x)-E_x(x)}{\Delta x}+\frac{E_y(y+\Delta y)-E_y(y)}{\Delta y}+\frac{E_z(z+\Delta z)-E_z(z)}{\Delta z}\right\}\Delta V$$

또한, 이 직육면체가 미소전하 $\triangle q$를 가지고 있다면,
뒤의 실제 용출량은 이 미소전하 $\triangle q$에 의해 용출되는
것이므로, $\triangle q$와 같아야 한다. 즉,

$$\varepsilon_o\left\{\frac{E_x(x+\triangle x)-E_x(x)}{\triangle x}+\frac{E_y(y-\triangle y)-E_y(y)}{\triangle y}+\frac{E_z(z+\triangle z)-E_z(z)}{\triangle z}\right\}\triangle V$$

$$=\triangle q$$

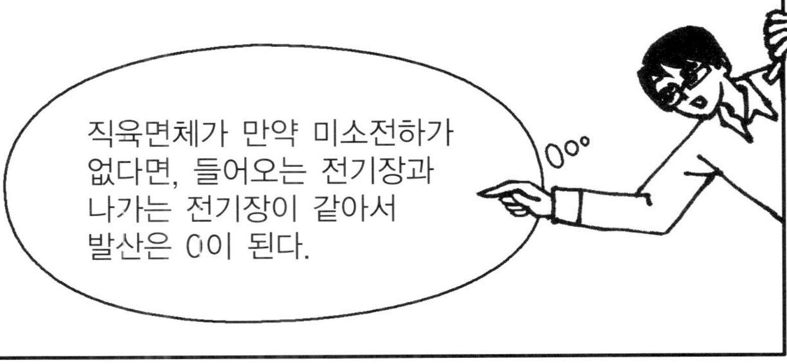

따라서

$$\frac{E_x(x+\triangle x)-E_x(x)}{\triangle x}+\frac{E_y(y+\triangle y)-E_y(y)}{\triangle y}+\frac{E_z(z+\triangle z)-E_z(z)}{\triangle z}$$

$$=\frac{1}{\varepsilon_o}\frac{\triangle q}{\triangle V}$$

최종적으로 직육면체의 체적을 0으로 만들어서, 한 점으로부터의 용출량을 계산하기 위해서 양변에 극한을 취하면,
$$\lim_{\substack{\Delta x \to 0 \\ \Delta y \to 0 \\ \Delta z \to 0}} \left\{ \frac{E_x(x+\Delta x)-E_x(x)}{\Delta x} + \frac{E_y(y+\Delta y)-E_y(y)}{\Delta y} + \frac{E_z(z+\Delta z)-E_z(z)}{\Delta z} \right\}$$
$$= \lim_{\Delta V \to 0} \frac{1}{\varepsilon_0} \frac{\Delta q}{\Delta V}$$
팍
여기서, 좌변의 $\lim_{\Delta x \to 0} \frac{E_x(x+\Delta x)-E_x(x)}{\Delta x}$ 은 편미분 $\frac{\partial E_x}{\partial x}$ 의 정의에요.
따라서 $\lim_{\Delta y \to 0} \frac{E_y(y+\Delta y)-E_y(y)}{\Delta y} = \frac{\partial E_y}{\partial y}$ $\lim_{\Delta z \to 0} \frac{E_z(z+\Delta z)-E_z(z)}{\Delta z} = \frac{\partial E_z}{\partial z}$ 가 되죠.
그러므로 좌변은 $\left(\frac{\partial E_x}{\partial x} + \frac{\partial E_y}{\partial y} + \frac{\partial E_z}{\partial z} \right)$ 가 되는 거죠.
이것이 결국 한 점에서의 용출량이야.
이것을 전기장 $\boldsymbol{E}$의 발산 $\nabla \cdot \boldsymbol{E}$라고 정의합니다.
$$\nabla \cdot \boldsymbol{E} = \frac{\partial E_x}{\partial x} + \frac{\partial E_y}{\partial y} + \frac{\partial E_z}{\partial z}$$
▽ 다음에 꼭 점(·)이 있어야 해요.
점(·)은 내적을 의미!

한편, 우변은
$\lim_{\triangle V \to 0} \frac{1}{\varepsilon_o} \frac{\triangle q}{\triangle V} = \frac{1}{\varepsilon_o} \lim_{\triangle V \to 0} \frac{\triangle q}{\triangle V} = \frac{1}{\varepsilon_o} \rho_v = \frac{\rho_v}{\varepsilon_o}$
가 된다.
$\lim_{\triangle V \to 0} \frac{\triangle q}{\triangle V}$는 **체적전하밀도** ρ_v의 정의
우변과 좌변을 정리하면
$\nabla \cdot \boldsymbol{E} = \frac{\rho_v}{\varepsilon_o}$
라는 가우스법칙이 얻어진다.
어때요, 이해하겠어요?
따라서 임의의 점에 전기장의 용출원천 (양의 전하)이 있으면, 우변의 ρ_v가 플러스이므로 $\nabla \cdot \boldsymbol{E} > 0$이 되고,
흡수원천 (음의 전하)가 있다면, 우변의 ρ_v가 마이너스이므로 $\nabla \cdot \boldsymbol{E} < 0$가 되며,
아무것도 없으면 $\rho_v = 0$이므로 $\nabla \cdot \boldsymbol{E} = 0$이 되죠.

$$\nabla \cdot \boldsymbol{E} = \left(\frac{\partial}{\partial x}\boldsymbol{i} + \frac{\partial}{\partial y}\boldsymbol{j} + \frac{\partial}{\partial z}\boldsymbol{k}\right) \cdot (E_x\boldsymbol{i} + E_y\boldsymbol{j} + E_z\boldsymbol{k})$$

$$= \frac{\partial E_x}{\partial x} + \frac{\partial E_y}{\partial y} + \frac{\partial E_z}{\partial z}$$

로 발산의 정의가 되기 때문이다.

발산의 실제 계산 예를 들어보자.
전기장 $\boldsymbol{E}$가
$\boldsymbol{E}=x^2 y\boldsymbol{i}+x^2 y\boldsymbol{j}+yz^2\boldsymbol{k}$로 주어질 때,
점 $P(2, 0, 1)$에서의
$\nabla\cdot\boldsymbol{E}$를 구해보세요.
$\nabla\cdot\boldsymbol{E}=div\boldsymbol{E}$
$=\frac{\partial E_x}{\partial x}+\frac{\partial E_y}{\partial y}+\frac{\partial E_z}{\partial z}$
인데,
$E_x=x^2 y,\ E_y=x^2 y,\ E_z=yz^2$
이므로,
대입하면
$\nabla\cdot\boldsymbol{E}=\frac{\partial(x^2 y)}{\partial x}+\frac{\partial(x^2 y)}{\partial y}+\frac{\partial(yz^2)}{\partial z}=2xy+x^2+2yz$
예를 들어
$\frac{\partial(x^2 y)}{\partial x}$를 계산할 때 y는 상수
취급을 하므로 x^2만 미분해서
$2xy$가 되는거죠.
여기에 점 P의 좌표 $(2, 0, 1)$을
각각 x, y, z에 대입하면
$\nabla\cdot\boldsymbol{E}=2(2)(0)+(2)^2+2(0)(1)$
$=4$
가 된다.
따라서 P점에는 전기장의
용출원천이 있다는 것이고
($\nabla\cdot\boldsymbol{E}>0$이므로),
용출량은
$4\ (N/C)$이라는
거군요.

3. 회전

회전이란 어떤 점에서 회전이 어느 방향으로 돌고, 얼마나 센지를 나타낸다.
예를 들어, 전선에 전류가 흐르면 회전하는 자기장이 생긴다.
J
H
이것을 식으로 나타내면 $\boldsymbol{J}=\nabla\times\boldsymbol{H}=curl\,\boldsymbol{H}$
$\boldsymbol{J}$는 전류밀도
맥스웰 방정식
이때, 자기장의 회전 $\nabla\times\boldsymbol{H}$은 다음과 같이 정의한다.
$\nabla\times\boldsymbol{H}=\begin{vmatrix} \boldsymbol{i} & \boldsymbol{j} & \boldsymbol{k} \\ \frac{\partial}{\partial x} & \frac{\partial}{\partial y} & \frac{\partial}{\partial z} \\ H_x & H_y & H_z \end{vmatrix}$
여기서, $\nabla\times\boldsymbol{H}$는 델 연산자($\nabla$)와 자기장 $\boldsymbol{H}$의 **벡터적**이다.
벡터적이란 다음과 같이 정의된다.
$\boldsymbol{a}$, $\boldsymbol{b}$ 두 벡터의 성분이 아래와 같다면
$\boldsymbol{a}=a_x\boldsymbol{i}+a_y\boldsymbol{j}+a_z\boldsymbol{k}$
$\boldsymbol{b}=b_x\boldsymbol{i}+b_y\boldsymbol{j}+b_z\boldsymbol{k}$
$\boldsymbol{a}\times\boldsymbol{b}=\begin{vmatrix} \boldsymbol{i} & \boldsymbol{j} & \boldsymbol{k} \\ a_x & a_y & a_z \\ b_x & b_y & b_z \end{vmatrix}$
$\boldsymbol{i}$, $\boldsymbol{j}$, $\boldsymbol{k}$는 x, y, z축 방향의 축 벡터 (단위벡터)
c b a
이 벡터적의 방향은 $\boldsymbol{a}$, $\boldsymbol{b}$ 두 벡터에 모두 수직인 $\boldsymbol{c}$벡터 방향이 된다.
$|\ |$는 행렬식

따라서 자기장의 회전 $\nabla\times\boldsymbol{H}$는
델 연산자(∇)가
$\nabla=\frac{\partial}{\partial x}\boldsymbol{i}+\frac{\partial}{\partial y}\boldsymbol{j}+\frac{\partial}{\partial z}\boldsymbol{k}$ 이고
정의
자기장 벡터 $\boldsymbol{H}$가
$\boldsymbol{H}=H_x\boldsymbol{i}+H_y\boldsymbol{j}+H_z\boldsymbol{k}$
이므로
벡터적의 정의에 따라
$\nabla\times\boldsymbol{H}=\begin{vmatrix}\boldsymbol{i} & \boldsymbol{j} & \boldsymbol{k}\\ \frac{\partial}{\partial x} & \frac{\partial}{\partial y} & \frac{\partial}{\partial z}\\ H_x & H_y & H_z\end{vmatrix}$
델 연산자(∇) 의 성분
자기장벡터 $\boldsymbol{H}$의 성분
그러면 이제, 자기장의 회전을 왜 $\nabla\times\boldsymbol{H}$라고 정의했는지 알아보자.
즉,
$\nabla\times\boldsymbol{H}=\begin{vmatrix}\boldsymbol{i} & \boldsymbol{j} & \boldsymbol{k}\\ \frac{\partial}{\partial x} & \frac{\partial}{\partial y} & \frac{\partial}{\partial z}\\ H_x & H_y & H_z\end{vmatrix}$
가 무엇을 의미하는지 살펴보자.

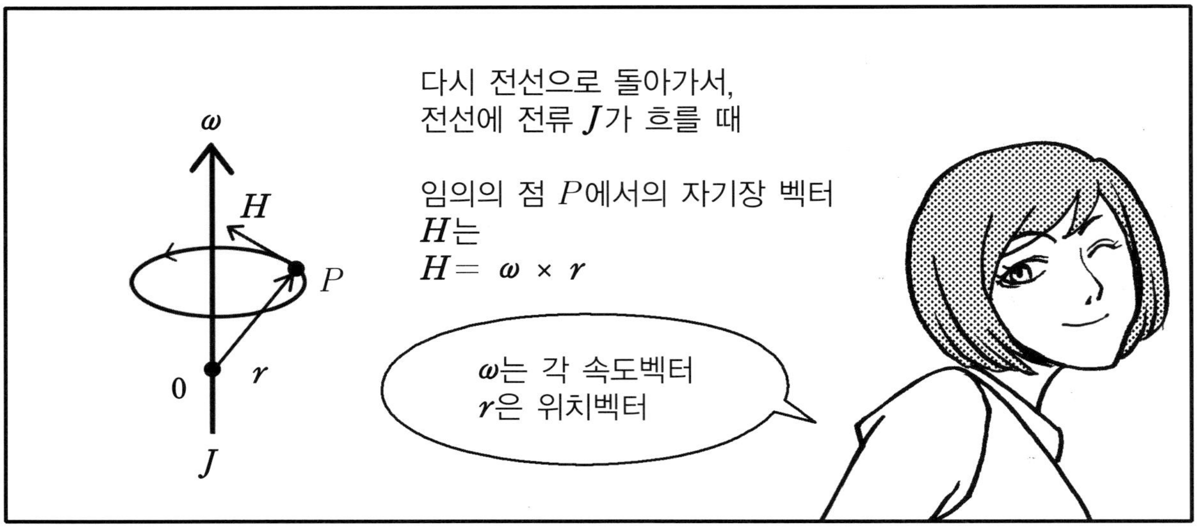
다시 전선으로 돌아가서,
전선에 전류 J가 흐를 때
임의의 점 P에서의 자기장 벡터
$\boldsymbol{H}$는
$\boldsymbol{H} = \boldsymbol{\omega} \times \boldsymbol{r}$
$\boldsymbol{\omega}$는 각 속도벡터
$\boldsymbol{r}$은 위치벡터
ω
H
P
0
r
J

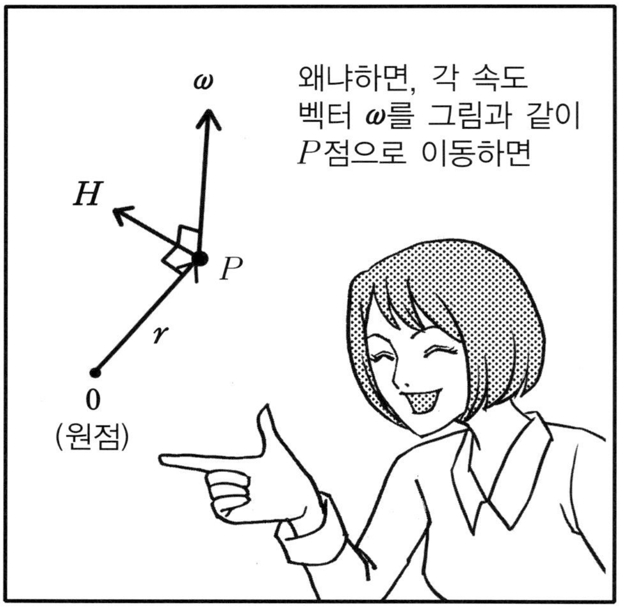
왜냐하면, 각 속도
벡터 $\boldsymbol{\omega}$를 그림과 같이
P점으로 이동하면
ω
H
P
r
0
(원점)

자기장벡터 $\boldsymbol{H}$는 각 속도벡터 $\boldsymbol{\omega}$와
위치벡터 $\boldsymbol{r}$에 모두 수직이므로,
이 두 벡터의 벡터적이 된다.

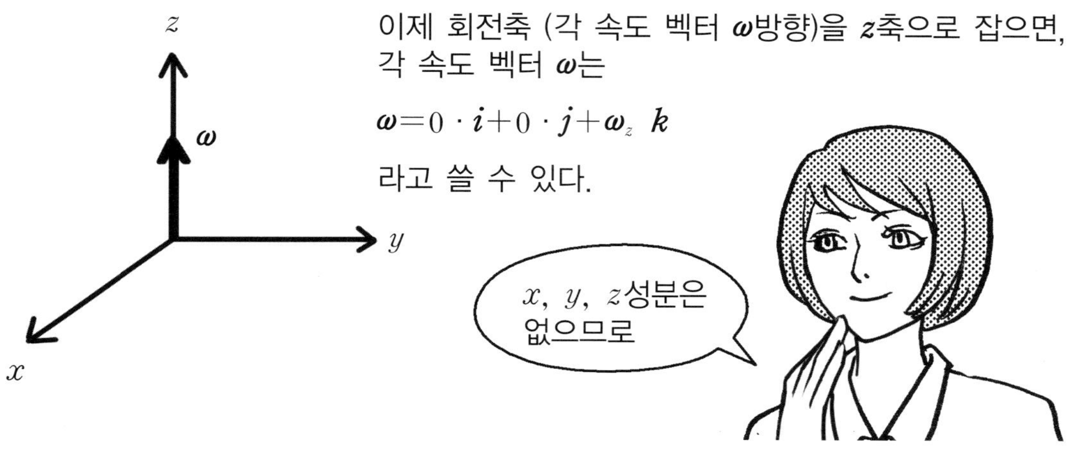
이제 회전축 (각 속도 벡터 $\boldsymbol{\omega}$방향)을 z축으로 잡으면,
각 속도 벡터 $\boldsymbol{\omega}$는
$\boldsymbol{\omega} = 0 \cdot \boldsymbol{i} + 0 \cdot \boldsymbol{j} + \omega_z \, \boldsymbol{k}$
라고 쓸 수 있다.
x, y, z성분은
없으므로
z
ω
y
x

이것을 계산하기 위하여 2×2 행렬식으로 분해하여 계산하면

$$\boldsymbol{H}=\begin{vmatrix} \boldsymbol{i} & \boldsymbol{j} & \boldsymbol{k} \\ 0 & 0 & \omega_z \\ x & y & z \end{vmatrix}=\boldsymbol{i}\begin{vmatrix} 0 & \omega_z \\ y & z \end{vmatrix}-\boldsymbol{j}\begin{vmatrix} 0 & \omega_z \\ x & z \end{vmatrix}+\boldsymbol{k}\begin{vmatrix} 0 & 0 \\ x & y \end{vmatrix}$$

$$=-\omega_z y\boldsymbol{i}+\omega_z x\boldsymbol{j}+0\cdot\boldsymbol{k}$$

를 얻는다.

최종적으로 자기장 벡터 H의 회전 $\nabla\times\boldsymbol{H}$를 계산하면
$$\nabla\times\boldsymbol{H}=\begin{vmatrix}\boldsymbol{i} & \boldsymbol{j} & \boldsymbol{k}\\ \frac{\partial}{\partial x} & \frac{\partial}{\partial y} & \frac{\partial}{\partial z}\\ H_x & H_y & H_z\end{vmatrix}=\begin{vmatrix}\boldsymbol{i} & \boldsymbol{j} & \boldsymbol{k}\\ \frac{\partial}{\partial x} & \frac{\partial}{\partial y} & \frac{\partial}{\partial z}\\ -\omega_z y & \omega_z x & 0\end{vmatrix}$$
$$=\boldsymbol{i}\begin{vmatrix}\frac{\partial}{\partial y} & \frac{\partial}{\partial z}\\ \omega_z x & 0\end{vmatrix}-\boldsymbol{j}\begin{vmatrix}\frac{\partial}{\partial x} & \frac{\partial}{\partial z}\\ -\omega_z y & 0\end{vmatrix}+\boldsymbol{k}\begin{vmatrix}\frac{\partial}{\partial x} & \frac{\partial}{\partial y}\\ -\omega_z y & \omega_z x\end{vmatrix}$$
$$=-\boldsymbol{i}\frac{\partial}{\partial z}(\omega_z x)-\boldsymbol{j}\frac{\partial}{\partial z}(-\omega_z y)+\boldsymbol{k}\left\{\frac{\partial}{\partial x}(\omega_z x)-\frac{\partial}{\partial y}(-\omega_z y)\right\}$$
여기서, 앞의 두 항은 0, 왜냐하면 z로 미분하는데 z가 없으므로
$$=\boldsymbol{k}\left\{\frac{\partial}{\partial x}(\omega_z x)-\frac{\partial}{\partial y}(-\omega_z y)\right\}$$
$$=\boldsymbol{k}(\omega_z+\omega_z)$$
$$=2\omega_z\boldsymbol{k}$$
$$=2\boldsymbol{\omega}$$
$\omega_z\boldsymbol{k}$ 가 $\boldsymbol{\omega}$벡터이므로
따라서
$$\nabla\times\boldsymbol{H}=2\boldsymbol{\omega}$$
가 된다.
즉, $\nabla\times\boldsymbol{H}$을 계산해 보니, 각 속도 벡터의 2배가 된다.
옛날에는 회전을 $rot\boldsymbol{H}$ 라고 불렀대요.
$rot=rotation$
그런데 각 속도 벡터 $\boldsymbol{\omega}$란, 도는 방향과 크기를 나타내므로, $\nabla\times\boldsymbol{H}$을 자기장 $\boldsymbol{H}$의 회전이라고 부른다.
$\boldsymbol{\omega}$
$\boldsymbol{\omega}$

회전의 간단한 계산 예를 들어보자.
전기장 $\boldsymbol{E}$가 벡터함수
$\boldsymbol{E}=y^2\boldsymbol{i}+z^2\boldsymbol{j}+x^2\boldsymbol{k}$
로 주어질 때, 점 $P(1,\ 0,\ 1)$ 에서의 전기장의 회전 $\nabla\times\boldsymbol{E}$를 구해보세요.
벡터함수란 변수를 포함하는 벡터야.
성분에 미지수가 포함된 벡터
$\nabla\times\boldsymbol{E}=\begin{vmatrix} \boldsymbol{i} & \boldsymbol{j} & \boldsymbol{k} \\ \frac{\partial}{\partial x} & \frac{\partial}{\partial y} & \frac{\partial}{\partial z} \\ y^2 & z^2 & x^2 \end{vmatrix}$
$=\boldsymbol{i}\begin{vmatrix} \frac{\partial}{\partial y} & \frac{\partial}{\partial z} \\ z^2 & x^2 \end{vmatrix}-\boldsymbol{j}\begin{vmatrix} \frac{\partial}{\partial x} & \frac{\partial}{\partial z} \\ y^2 & x^2 \end{vmatrix}+\boldsymbol{k}\begin{vmatrix} \frac{\partial}{\partial x} & \frac{\partial}{\partial y} \\ y^2 & z^2 \end{vmatrix}$
$=\boldsymbol{i}\left\{\frac{\partial}{\partial y}(x^2)-\frac{\partial}{\partial z}(z^2)\right\}-\boldsymbol{j}\left\{\frac{\partial}{\partial x}(x^2)-\frac{\partial}{\partial z}(y^2)\right\}+\boldsymbol{k}\left\{\frac{\partial}{\partial x}(z^2)-\frac{\partial}{\partial y}(y^2)\right\}$
$=-2z\boldsymbol{i}-2x\boldsymbol{j}-2y\boldsymbol{k}$
점 P의 좌표가 $(1,\ 0,\ 1)$ 이므로 $x\to1,\ y\to0,\ z\to1$ 을 대입하면 $\nabla\times\boldsymbol{E}\ (1,\ 0,\ 1)=-2\boldsymbol{i}-2\boldsymbol{j}$
y
x
−2
−2
이것이 P점에서 전기장이 어느 방향으로 얼마나 세게 도는가를 나타내지.
만약 $\nabla\times\boldsymbol{E}=0$이라면 회전이 없다는 의미지.

4. 델 연산자

왜냐하면

$$\nabla V = \left(\frac{\partial}{\partial x}\boldsymbol{i} + \frac{\partial}{\partial y}\boldsymbol{j} + \frac{\partial}{\partial z}\boldsymbol{k}\right)V$$

$$= \frac{\partial V}{\partial x}\boldsymbol{i} + \frac{\partial V}{\partial y}\boldsymbol{j} + \frac{\partial V}{\partial z}\boldsymbol{k}$$

가 되니까

발산의 정의는 아래와 같다.
$divE = \frac{\partial E_x}{\partial x} + \frac{\partial E_y}{\partial y} + \frac{\partial E_z}{\partial z}$
$div = divergence$
E는 벡터함수
$E = E_x i + E_y j + E_z k$
이것을 델 연산자로 나타내면
$\nabla \cdot E$
가 된다.
그 이유는
$\nabla \cdot E = \left(\frac{\partial}{\partial x} i + \frac{\partial}{\partial y} j + \frac{\partial}{\partial z} k \right) \cdot (E_x i + E_y j + E_z k)$
$= \frac{\partial}{\partial x}(E_x) + \frac{\partial}{\partial y}(E_y) + \frac{\partial}{\partial z}(E_z)$
$= \frac{\partial E_x}{\partial x} + \frac{\partial E_y}{\partial y} + \frac{\partial E_z}{\partial z}$
되기 때문이다.
두 벡터 ∇와 E의 내적
예를 들어 두 벡터 a, b가
$a = a_x i + a_y j + a_z k$
$b = b_x i + b_y j + b_z k$
로 주어진다면
이것들의 내적은
$a \cdot b = (a_x i + a_y j + a_z k) \cdot (b_x i + b_y j + b_z k) = a_x b_x + a_y b_y + a_z b_z$
내적은 각 성분끼리 곱해서 더한 것

회전의 정의는 다음과 같다.
$curl\,\boldsymbol{E} = \begin{vmatrix} \boldsymbol{i} & \boldsymbol{j} & \boldsymbol{k} \\ \frac{\partial}{\partial x} & \frac{\partial}{\partial y} & \frac{\partial}{\partial z} \\ E_x & E_y & E_z \end{vmatrix}$
$curl\,\boldsymbol{E} = rot\,\boldsymbol{E}$
$\boldsymbol{E} = E_x\boldsymbol{i} + E_y\boldsymbol{j} + E_z\boldsymbol{k}$
$\boldsymbol{E}$는 벡터함수
이것을 델 연산자로 나타내면
$\nabla \times \boldsymbol{E}$
가 된다.
그 이유는
$\nabla \times \boldsymbol{E} = \left(\frac{\partial}{\partial x}\boldsymbol{i} + \frac{\partial}{\partial y}\boldsymbol{j} + \frac{\partial}{\partial z}\boldsymbol{k}\right) \times (E_x\boldsymbol{i} + E_y\boldsymbol{j} + E_z\boldsymbol{k})$
$= \begin{vmatrix} \boldsymbol{i} & \boldsymbol{j} & \boldsymbol{k} \\ \frac{\partial}{\partial x} & \frac{\partial}{\partial y} & \frac{\partial}{\partial z} \\ E_x & E_y & E_z \end{vmatrix}$
가 되므로
두 벡터 ∇와 $\boldsymbol{E}$의 외적(벡터적)
예를 들어 두 벡터 a, b가
$\boldsymbol{a} = a_x\boldsymbol{i} + a_y\boldsymbol{j} + a_z\boldsymbol{k}$
$\boldsymbol{b} = b_x\boldsymbol{i} + b_y\boldsymbol{j} + b_z\boldsymbol{k}$
라면
이것들의 외적은
$\boldsymbol{a} \times \boldsymbol{b} = (a_x\boldsymbol{i} + a_y\boldsymbol{j} + a_z\boldsymbol{k}) \times (b_x\boldsymbol{i} + b_y\boldsymbol{j} + b_z\boldsymbol{k})$
$= \begin{vmatrix} \boldsymbol{i} & \boldsymbol{j} & \boldsymbol{k} \\ a_x & a_y & a_z \\ b_x & b_y & b_z \end{vmatrix}$
외적=벡터적의 정의

– END –

발산의 정의는 아래와 같다.

$$div\boldsymbol{E}=\frac{\partial E_x}{\partial x}+\frac{\partial E_y}{\partial y}+\frac{\partial E_z}{\partial z}$$

이것을 델 연산자로 나타내면

$$\nabla\cdot\boldsymbol{E}$$

가 된다.

그 이유는

$$\nabla\cdot\boldsymbol{E}=\left(\frac{\partial}{\partial x}\boldsymbol{i}+\frac{\partial}{\partial y}\boldsymbol{j}+\frac{\partial}{\partial z}\boldsymbol{k}\right)\cdot(E_x\boldsymbol{i}+E_y\boldsymbol{j}+E_z\boldsymbol{k})$$
$$=\frac{\partial}{\partial x}(E_x)+\frac{\partial}{\partial y}(E_y)+\frac{\partial}{\partial z}(E_z)$$
$$=\frac{\partial E_x}{\partial x}+\frac{\partial E_y}{\partial y}+\frac{\partial E_z}{\partial z}$$

되기 때문이다.

예를 들어 두 벡터 a, b가

$$\boldsymbol{a}=a_x\boldsymbol{i}+a_y\boldsymbol{j}+a_z\boldsymbol{k}$$
$$\boldsymbol{b}=b_x\boldsymbol{i}+b_y\boldsymbol{j}+b_z\boldsymbol{k}$$

로 주어진다면

이것들의 내적은

$$\boldsymbol{a}\cdot\boldsymbol{b}=(a_x\boldsymbol{i}+a_y\boldsymbol{j}+a_z\boldsymbol{k})\cdot(b_x\boldsymbol{i}+b_y\boldsymbol{j}+b_z\boldsymbol{k})=a_xb_x+a_yb_y+a_zb_z$$

회전의 정의는 다음과 같다.
$curl\,\boldsymbol{E} = \begin{vmatrix} \boldsymbol{i} & \boldsymbol{j} & \boldsymbol{k} \\ \frac{\partial}{\partial x} & \frac{\partial}{\partial y} & \frac{\partial}{\partial z} \\ E_x & E_y & E_z \end{vmatrix}$
$curl\,\boldsymbol{E} = rot\,\boldsymbol{E}$
$\boldsymbol{E} = E_x\boldsymbol{i} + E_y\boldsymbol{j} + E_z\boldsymbol{k}$
$\boldsymbol{E}$는 벡터함수
이것을 델 연산자로 나타내면
$\nabla \times \boldsymbol{E}$
가 된다.
그 이유는
$\nabla \times \boldsymbol{E} = \left(\frac{\partial}{\partial x}\boldsymbol{i} + \frac{\partial}{\partial y}\boldsymbol{j} + \frac{\partial}{\partial z}\boldsymbol{k}\right) \times (E_x\boldsymbol{i} + E_y\boldsymbol{j} + E_z\boldsymbol{k})$
$= \begin{vmatrix} \boldsymbol{i} & \boldsymbol{j} & \boldsymbol{k} \\ \frac{\partial}{\partial x} & \frac{\partial}{\partial y} & \frac{\partial}{\partial z} \\ E_x & E_y & E_z \end{vmatrix}$
가 되므로
두 벡터 ∇와 $\boldsymbol{E}$의 외적(벡터적)
예를 들어 두 벡터 a, b가
$\boldsymbol{a} = a_x\boldsymbol{i} + a_y\boldsymbol{j} + a_z\boldsymbol{k}$
$\boldsymbol{b} = b_x\boldsymbol{i} + b_y\boldsymbol{j} + b_z\boldsymbol{k}$
라면
이것들의 외적은
$\boldsymbol{a} \times \boldsymbol{b} = (a_x\boldsymbol{i} + a_y\boldsymbol{j} + a_z\boldsymbol{k}) \times (b_x\boldsymbol{i} + b_y\boldsymbol{j} + b_z\boldsymbol{k})$
$= \begin{vmatrix} \boldsymbol{i} & \boldsymbol{j} & \boldsymbol{k} \\ a_x & a_y & a_z \\ b_x & b_y & b_z \end{vmatrix}$
외적=벡터적의 정의

– END –

조 재 경

1957년 서울에서 태어나
서울대학교 무기재료공학과 및 동 대학원을 졸업하고,
주식회사 SKC와 일본 쯔쿠바대학교 물리공학과에서
자기기록매체에 대해 연구한 후, 일본 동경공업대학
전자물리공학과에서 광자기기록매체에 관해 연구하여
공학박사학위를 받고,
미국 카네기멜론대학교 전기컴퓨터공학과에서
연구원으로 근무하면서
공간 광 변조기에 대해서 연구했다.
현재, 국립 경상대학교 전기전자공학부 교수로
근무하면서 자기 및 광 소자 등에 대해서
연구하고 있다.

전자기학이라면 이제 만화로 공부하세요

2008년 5월 10일 1판 1쇄 발행
2023년 6월 15일 1판 3쇄 발행

저 자 / 조재경
그 림 / 전정미
펴낸이 / 오판근
펴낸곳 / 교우사

주 소 / 서울 동대문구 제기2동 148-19
전 화 / 925-2861(代), 편집부 / 925-2825
팩 스 / 925-2860
전자우편 / kyowoo@kyowoo.co.kr
홈페이지 / http://www.kyowoo.co.kr
출판등록 / 1994년 3월 24일(제 6-0256호)

ISBN 978-89-8172-743-7
(93560)

값 **20,000**원